高等学校“十三五”规划教材

Visual Basic 程序设计教程

周 冰 邓 娟 刘永真 主 编
李 欣 石义良 刘 芳 副主编
聂玉峰 主 审

中国铁道出版社
CHINA RAILWAY PUBLISHING HOUSE

内 容 简 介

本书以 Visual Basic 6.0 中文版为背景，详细介绍了 Visual Basic 程序设计的基本知识、基本语法、编程方法和常用算法，同时将可视化界面设计与程序设计语言有机地结合，通过内容丰富的实例较系统地介绍了使用 Visual Basic 开发 Windows 应用程序的方法，使学生逐步领会面向对象程序设计的编程思想和程序设计技巧。

本书与《Visual Basic 程序设计实验指导》（刘永真、李欣、石义良主编，中国铁道出版社出版）配套使用，适合作为高等院校非计算机专业本、专科学生的教学用书，也可作为全国计算机等级考试（二级 Visual Basic）的培训教材，以及相关工程技术人员和计算机爱好者学习计算机程序设计的参考书。

图书在版编目（CIP）数据

Visual Basic 程序设计教程/周冰，邓娟，刘永真主编. —北京：中国铁道出版社，2016.2（2018.1重印）

高等学校“十三五”规划教材

ISBN 978-7-113-21314-5

Ⅰ. ①V… Ⅱ. ①周… ②邓… ③刘… Ⅲ. ①BASIC 语言－程序设计－高等学校－教材 Ⅳ. ①TP312

中国版本图书馆 CIP 数据核字（2016）第 003319 号

书　　名：Visual Basic 程序设计教程

作　　者：周　冰　邓　娟　刘永真　主编

策　　划：徐海英　　　**读者热线**：（010）63550836

责任编辑：翟玉峰　包　宁

封面设计：付　巍

封面制作：白　雪

责任校对：汤淑梅

责任印制：李　佳

出版发行：中国铁道出版社（100054，北京市西城区右安门西街 8 号）

网　　址：http://www.thprss.com/51eds/

印　　刷：北京鑫正大印刷有限公司

版　　次：2016 年 2 月第 1 版　　2018 年 1 月第 3 次印刷

开　　本：787 mm×1092 mm　1/16　**印张**：16.5　**字数**：406 千

印　　数：5 001～8 000册

书　　号：ISBN 978-7-113-21314-5

定　　价：38.00 元

前言

FOREWORD

Microsoft 公司推出的 Visual Basic 是一种面向对象和采用事件驱动方式的结构化高级程序设计语言。Visual Basic 是在 BASIC 语言基础上的进一步扩充，是当前被广泛使用的计算机高级程序设计语言。

目前许多高等院校对 Visual Basic 课程建设十分重视，针对非计算机专业的本、专科学生，采用 Visual Basic 6.0 中文企业版授课，目的是使学生了解和掌握面向对象程序设计的基本方法和技能，能够通过全国计算机等级考试二级 Visual Basic 程序设计，或能够获得职业程序员初级证书，这也正是编者编写本书的宗旨。

本书是编者长期从事计算机技术基础课程教学的结晶，在编写内容上努力做到循序渐进，详略得当，重点、难点突出，尽可能与全国计算机等级考试二级考试紧密结合；在编写风格上以程序结构为主线，各章内容完整、前后呼应；针对性强，可读性好；例题丰富，一题多解（即对于选择结构、循环结构、数组和过程等章节的一些例题，采用多种思路或技巧编写出不同的程序）是本书的一个突出特点。编者认为，本书的这种编写风格有助于调动学生学习“VB 程序设计”课程的兴趣和积极性，开拓学生的思维，培养学生阅读程序和编写程序的能力，以期达到学生通过对 Visual Basic 编程语言的学习，掌握面向对象程序设计的基本技能。本书配有《Visual Basic 程序设计实验指导》（刘永真、李欣、石义良主编，中国铁道出版社出版），以方便学生复习、测试和实验教学。

本书由周冰、邓娟、刘永真任主编，李欣、石义良、刘芳任副主编，由聂玉峰主审。参加本书编写工作的编者多年来从事高等院校计算机类专业本、专科的教学工作。本书的第 1 章、第 3 章、第 11 章由邓娟编写；第 2 章、第 7 章、附录 A 由周冰编写；第 4 章、第 9 章由刘永真编写；第 5 章、第 12 章由石义良编写；第 6 章由刘芳编写；第 8 章、第 10 章由李欣编写。全书由周冰统稿，徐慧娴、宋志肖做部分辅助工作。

在本书的编写过程中，得到了武汉科技大学城市学院教务部及信息工程学部领导的大力支持与帮助。信息工程学部的杨艳霞、曾志华、黄丽、朱倩等老师对本书的编写提出了不少修改意见，在此，编者对他们付出的辛勤劳动表示衷心的感谢。

由于时间仓促，书中的不足和疏漏之处在所难免，诚望有关专家和读者不吝批评指正。

编　者

2015 年 12 月

目录

CONTENTS

第1章 Visual Basic 概述

本章重点	☑ Visual Basic 的特点和版本 ☑ Visual Basic 6.0 的启动与退出 ☑ Visual Basic 的开发环境 ☑ 对象的概念 ☑ 事件驱动机制

1.1 Visual Basic 的产生和发展

Visual Basic 是 Microsoft 公司于 1991 年推出的基于 BASIC 语言的软件开发工具，是一种基于对象的可视化编程语言。

Visual 的英文含义是可视化，即“所见即所得”，指的是开发图形用户界面（Graphic User Interface，GUI）的方法。Basic 是指 BASIC（Beginners All-Purpose Symbolic Instruction Code，初学者通用符号指令代码）语言。BASIC 语言短小精悍、易学易用，是编程人员的首选入门语言，并且被广泛用作教学语言。Visual Basic 既继承了 BASIC 程序设计的优点，又增加了面向对象、事件驱动的编程机制，提供可视化界面设计方法，使得开发 Windows 环境下的应用程序更简单、快捷。

Visual Basic 的出现背景是，1985 年问世的 Windows 操作系统在 20 世纪 90 年代迅速普及，程序员对快速图形化应用开发的需求越来越强烈。1987 年，A.Cooper 和他的同事们在 Microsoft 编写了一个可视化开发工具的原型，名为 Cooper，它就是 Visual Basic 的前身。1991 年，Visual Basic 1.0 问世。Visual Basic 集成了 QuickBASIC 的语法特性、编译功能和 A.Cooper 的可视化开发环境，允许程序员在一个所见即所得的图形界面中迅速完成开发任务。这对于以往几十年里程序员所熟悉的“编码—编译—连接—运行”的开发体验来说，称得上是一个全新的变革。

Visual Basic 从 1991 年的 1.0 版开始，共经历了 1992 年 2.0 版、1993 年 3.0 版、1995 年 4.0 版、1997 年 5.0 版、1998 年 6.0 版共 6 种版本。各版本在开发环境和功能上都有扩充和完善。其中 6.0 版以其数据库和网络方面的优势成为目前应用最为广泛的版本。2000 年，Microsoft 又推出了 Visual Basic.NET，该版本加强了面向对象的特性。

本书以 6.0 版为软件环境进行讲解。

1.2 Visual Basic 的基本特点

Visual Basic 之所以能成为被广泛应用的系统开发软件，主要是因为其具有以下特点。

1. 可视化设计

在 Visual Basic 6.0 中使用了 Microsoft Windows 图形用户界面的许多先进特性和设计思想，在可视化环境下可以很容易地创建一个前端界面，剩下的只是在程序中加入完成所需功能的代码而已。

2. 面向对象

传统的 C 语言、BASIC 语言、Pascal 语言使用的是结构化程序设计方法，设计程序的主要工作就是设计算法和编写代码。

面向对象编程（Object-Oriented Programming，OOP）是 20 世纪 80 年代提出来的概念，立意于创建软件重用代码，具备更好的模拟现实世界环境的能力，这使它被公认为是自上而下编程的快捷工具。

Visual Basic 6.0 的对象是建立在类的基础上的，一般来说，类是一些内容的抽象表示形式，而对象是类所表示内容的可用示例。Visual Basic 通过类的封装而使源程序更加便于维护。因此可视化界面的设计过程其实就是对象的建立过程。

3. 事件驱动

Visual Basic 6.0 通过事件来执行对象的操作。一个对象可能会产生多个事件，每个事件驱动一段程序的运行。因此，在事件驱动模式下，程序的执行是依靠系统能够被识别的触发事件启动的。

在设计好前端界面和对象后，就可以利用事件驱动的特点来编写对应的代码。程序也会根据事件发生的先后次序依次执行对应的代码。

4. 结构化程序设计语言

因为 Visual Basic 6.0 起源于 BASIC，所以 BASIC 简单易用的特性和结构化设计的特性被很好地保留下来，不需要很多的计算机专业知识也可轻松上手。

5. 多种数据库访问方式

很多应用程序都需要处理大量的数据，数据库的作用就是对数据进行管理、存储和访问。Visual Basic 6.0 采用 JET 数据库引擎和 ODBC 技术进行数据库的访问，支持多种类型的数据库系统，包括 SQL Server、Oracle、FoxPro、Access 等，也可以访问 Excel 等电子表格。

6. 网络支持

在应用程序中，可以使用结构化查询语言（Struct Query Language，SQL）直接访问服务器上的数据库，并提供简单的面向对象的库操作命令、多用户数据库的加锁机制和网络数据库的编程技术，为单机上运行的数据库提供 SQL 网络接口，以便在分布式环境中快速而有效地实现客户/服务器（Client/Server，C/S）方案。

7. ActiveX 技术

ActiveX 技术发展了原有支持对象的链接与嵌入（Object Linking and Embedding，OLE）技术。通过 ActiveX 技术，可以使用其他应用程序提供的功能，如 Word 字处理软件、Excel 电子表格及其他 Windows 应用程序，使开发人员可以方便地使用标准的 ActiveX 部件，调用标准接口，实现特定功能。

1.3　Visual Basic 的版本

Visual Basic 6.0 包括三个版本，分别是学习版（Learning Edition）、专业版（Professional Edition）和企业版（Enterprise Edition）。

1. 学习版

Visual Basic 6.0 的基础版本，主要供初学者使用。可以用来开发 Windows 9x 和 Windows NT(R)应用程序。该版本包括所有的内部控件（标准控件）及网格、选项卡和数据绑定控件。

2. 专业版

向计算机专业人员提供了一套功能完整的工具，包括学习版的所有功能，还加入了附加的 ActiveX 控件、Internet Information Server 应用程序设计器、集成数据工具和数据环境、Active Data Objects 及动态 HTML 页面设计器。

3. 企业版

允许专业人员以小组的形式来创建强健的分布式应用程序，是 Visual Basic 6.0 的最高版本。它包括专业版的所有特性，加上 Back Office 工具，如结构化查询语言服务器(SQL Server)、Microsoft 共享服务器（Microsoft Transaction Server）、网络信息服务器（Internet Information Server）等。

本书主要介绍 Visual Basic 6.0 中文企业版。

1.4　Visual Basic 6.0 的启动和退出

1.4.1　Visual Basic 6.0 的启动

Visual Basic 6.0 中文企业版安装完成后，有如下几种方式可以启动该项目。

1. 使用"开始"→"程序"命令

选择"开始"→"程序"→Microsoft Visual Basic 6.0 命令，即可启动 Visual Basic 6.0。启动 Visual Basic 6.0 后弹出"新建工程"对话框，如图 1-1 所示。选择"新建"选项卡，单击"打开"按钮后，即可进入 Visual Basic 6.0 集成开发环境。

2. 使用"开始"→"运行"命令

使用此方式必须确切地掌握 Visual Basic 6.0 的安装路径。若已知 Visual Basic 6.0 安装在 D:\VB6.0\下，则可选择"开始"→"运行"命令，在弹出的对话框中输入"D:\VB6.0\ VB6.exe"（见图 1-2），即可启动 Visual Basic 6.0。

3. 使用"我的电脑"

双击"我的电脑"图标，在 Visual Basic 6.0 安装目录下面找到可执行文件 VB6.exe，双击该图标，即可启动该程序。如第二种打开方式所示，若安装路径为“D:\VB6.0\”，则应进入 D 盘的 VB6.0 文件夹下，双击 VB6.exe 图标即可。

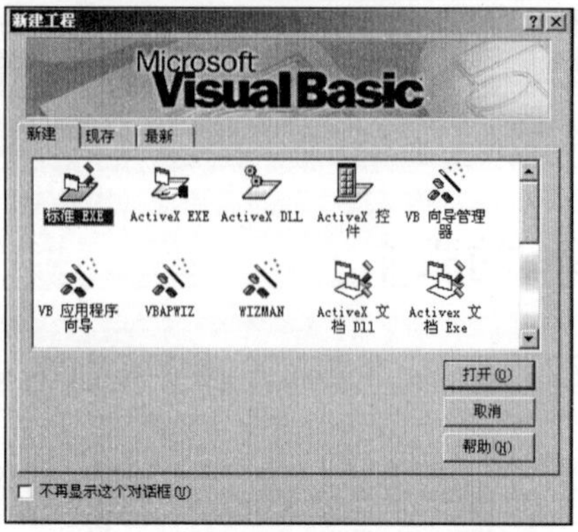

图 1-1 “新建工程”对话框

图 1-2 “运行”对话框

1.4.2 Visual Basic 的退出

退出 Visual Basic 时，主要有如下两种方式：

① 单击 Visual Basic 集成开发环境窗口右上角的“关闭”按钮☒。

② 选择“文件”→“退出”命令。

退出时会弹出对应的保存提示对话框，如图 1-3 所示，保存或放弃保存文件后即会退出 Visual Basic 6.0。

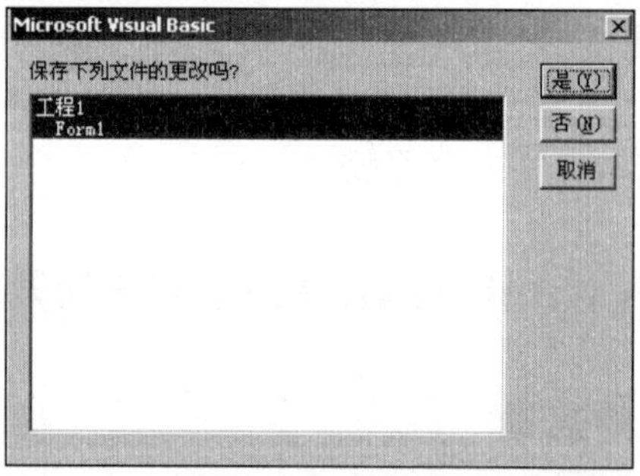

图 1-3 退出程序

1.5 集成开发环境

1.5.1 主窗口

启动 Visual Basic 6.0 后，弹出“新建工程”对话框（见图 1-1），其中有 3 个选项卡，分别是“新建”选项卡、“现存”选项卡和“最新”选项卡。

“新建”选项卡用以建立新的工程或应用程序（见图 1-1），可以选择标准 EXE 工程、ActiveX EXE 工程等一系列不同的工程类别，以创建各种不同类型的应用程序；“现存”选项卡用以打开原来已经存在的工程，如图 1-4 所示，可以打开 VB98 文件夹中存在的现有工程文件；“最新”选项卡用以打开最近建立或使用过的工程，如图 1-5 所示，可以非常方便地找到并打开最近的工程文件。

图 1-4　“现存”选项卡

图 1-5　“最新”选项卡

在“新建”选项卡中单击“标准 EXE”图标，然后单击“打开”按钮或者双击“标准 EXE”图标，即可新建标准 EXE 工程。此时出现集成开发环境的主界面，在集成开发环境中集成了菜单栏、工具栏、工具箱、窗体设计器、工程资源管理器面板、属性窗口、窗体布局窗口等，它们都按照默认显示方式显示在集成开发环境中，如图 1-6 所示。

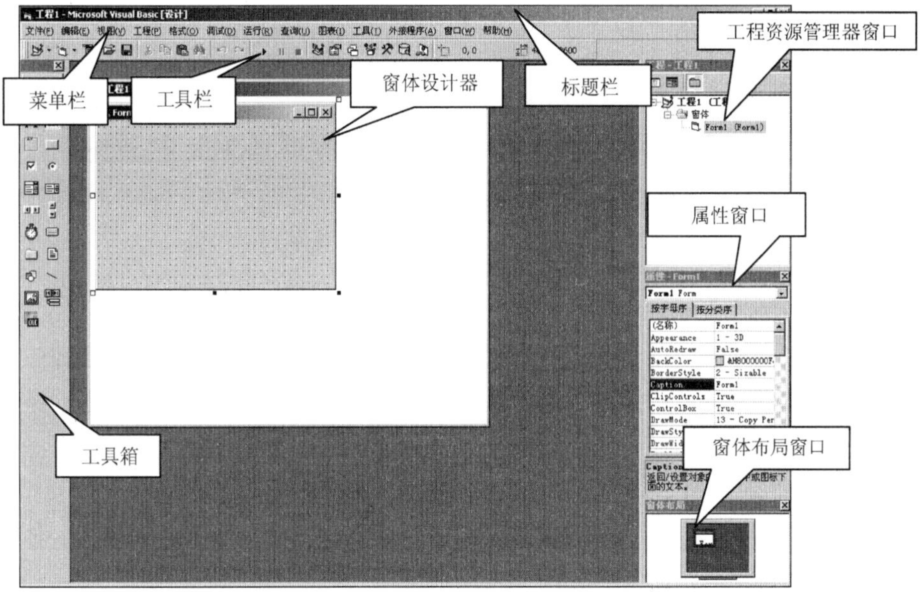

图 1-6　Visual Basic 集成开发环境

1.5.2　其他窗口

Visual Basic 6.0 集成开发环境的操作界面与 Office 等软件操作界面类似，都采用窗口操作方式。

1. 标题栏

标题栏可以显示当前的工程名称和当前工程的状态。窗口标题栏中最左边图标的旁边显示的是当前工程的名称，如图 1-7 所示，“工程 1”为当前工程的名称。在 Microsoft Visual Basic 后面显示的是当前的工程状态。工程的状态可以分为设计状态、运行状态和中断（break）状态，分别在状态栏中显示“[设计]”“[运行]”和“[break]”，如图 1-7 ~ 图 1-9 所示。

图 1-7　设计状态下的标题栏

图 1-8　运行状态下的标题栏

图 1-9　中断（break）状态下的标题栏

在这 3 种工作状态下，用户可以进行的操作各不相同。在设计状态下，用户可以进行用户界面的设计和代码的编制，以完成应用程序的开发；在运行状态下，用户可以运行应用程序，使用应用程序功能，但是这时不可编辑代码，也不可编辑界面；在中断状态下，应用程序运行暂时中断，用户可以编辑部分代码，以调试程序，但不能编辑界面。在学习 Visual Basic 编程的过程中，应该注意自己的程序所处的状态以便能够正确地处理需要的操作。

2. 菜单栏

在 Visual Basic 6.0 菜单栏中，有 13 个菜单，如图 1-10 所示。单击展开菜单内容，可以选择所需要的菜单命令。菜单旁边括号中的字母表示菜单的快捷键，同时按【Alt】键和该菜单项后带下画线的字母键就可以打开与之对应的菜单。展开菜单后可以利用上、下、左、右方向键分别移动到某个菜单项，再按【Enter】键选择相应的菜单项以执行相关命令。菜单栏中各菜单项的作用如表 1-1 所示。

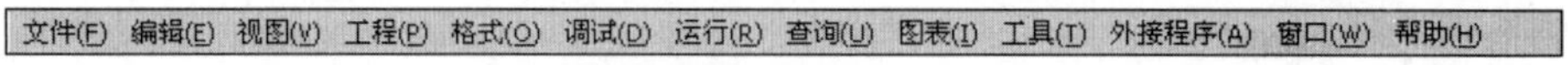

图 1-10　菜单栏

表 1-1　菜单栏中各菜单项的作用

菜单项	功能
文件	用于创建、打开、保存、显示最近的工程及生成可执行文件
编辑	用于输入或修改程序源代码
视图	用于查看集成开发环境下程序源代码、控件
工程	用于处理控件、模块和窗体等对象
格式	用于窗体控件的对齐等格式化操作
调试	用于程序调试和查错
运行	用于程序启动、中断和停止等
查询	用于数据库表的查询及相关操作
图表	使用户能够用可视化的手段来表示表及其相互关系，而且可以创建和修改应用程序所包含的数据库对象
工具	用于集成开发环境下工具的扩展
外接程序	用于为工程增加或删除外接程序
窗口	用于屏幕窗口的层叠、平铺等布局及列出所有已打开的文档窗口
帮助	帮助用户系统地学习和掌握 Visual Basic 的使用方法及程序设计方法

3. 工具栏

工具栏提供了对常用命令快速访问的简单方式。当鼠标指针停留在工具按钮上方时会有相应的按钮功能提示信息出现。单击工具栏上的按钮，就会执行该按钮所代表的操作。Visual Basic 的标准工具栏如图 1-11 所示，标准工具栏各按钮的功能如表 1-2 所示。除此之外，Visual Basic 还提供了编辑、窗体编辑器和调试等专用的工具栏。若要显示其他工具栏，可以右击标准工具栏，或者选择“视图”→“工具栏”命令显示或隐藏相应的编辑、窗体编辑器和调试等专用的工具栏。各工具栏显示状态分别如图 1-12～图 1-15 所示。工具栏可以紧贴于菜单栏之下，也可以拖放到窗体的其他任何地方，或者浮动于窗体之上。

图 1-11　标准工具栏

表 1-2　各工具按钮的作用

图　标	功　能	图　标	功　能
	添加标准 EXE 工程到工程组中，单击下拉按钮可以弹出下拉列表以供选择需要的工程类型		添加新的窗体到工程中，单击下拉按钮可以弹出下拉列表，选择需要的窗体类型
	打开“菜单编辑器”对话框		打开已有的工程文件
	保存当前工程		剪切对象或文本
	复制对象或文本		粘贴对象或文本
	查找指定文本		撤销上一次操作
	重复上一次撤销操作		开始运行当前工程
	暂时中断当前工程的运行		结束当前工程的运行
	打开工程资源管理器窗口		打开属性窗口
	打开窗体布局窗口		打开对象浏览器窗口
	打开工具箱		打开数据视图窗口
	打开可视化部件管理器	0, 0　4800 x 3600	数字显示当前对象的位置与大小

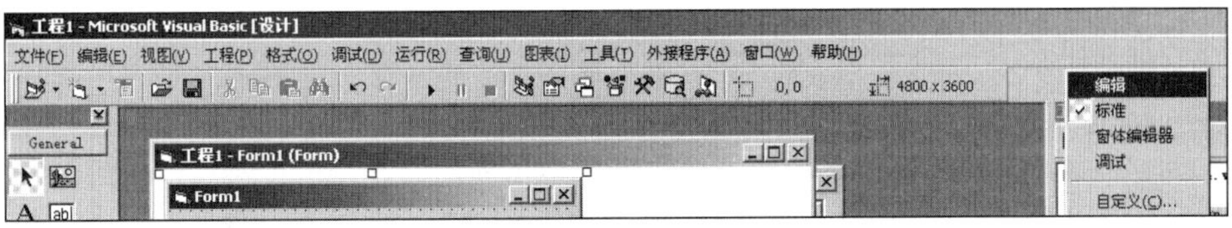

图 1-12　其他工具栏的调用

图 1-13　“编辑”工具栏

图 1-14　“窗体编辑器”工具栏

图 1-15　“调试”工具栏

4. 工程资源管理器窗口

工程就是各种文件的集合。工程资源管理器窗口默认在 Visual Basic 集成开发环境的右上方。在该窗口中，可以看到该工程及工程中的各种文件。这些文件包括工程文件（*.vbp）、窗体文件（*.frm）、类模块文件（*.cls）、标准模块文件（*.bas）和资源文件（*.res）等，Visual Basic 中的常用文件扩展名及其说明如表 1-3 所示。工程资源管理器窗口上方有 3 个按钮，分别是“查看代码”按钮、“查看对象”按钮和“切换文件夹”按钮。单击“查看代码”按钮，可以切换到当前所选择的窗体对象或其他对象的代码窗口；单击“查看对象”按钮，可以切换到当前所选择对象的对象设计窗口；单击“切换文件夹”按钮，可以将工程中的文件在按类型分层显示或不分层显示两种模式之间切换，如图 1-16 所示。

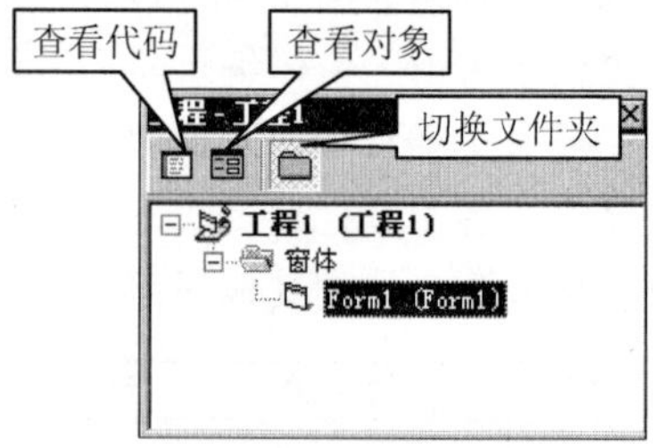

图 1-16　工程资源管理器窗口（按类型分层显示文件）

表 1-3　Visual Basic 中常用文件扩展名及其说明

扩展名	说明
.vbp	工程文件
.frm	窗体模块文件，包含窗体及其控件的正文描述、属性设置，也含有窗体级的常数、变量和外部过程（事件过程和一般过程）的声明
.frx	窗体的二进制数据文件，包含窗体上控件的属性数据。对含有二进制属性（如图片或图标）的任何.frx 文件均是不可编辑的，这些文件都是自动产生的
.cls	类模块文件，与窗体模块类似，但没有可见的用户界面。可以使用类模块创建含有方法和属性代码的自己的对象。该文件是可选项
.bas	标准模块文件，可以包含类型、常数、变量、外部过程和公共过程的公共的或模块级的声明。该文件是可选项
.res	资源文件，包含无须重新编辑代码便可以改变的位图、字符串和其他数据。例如，如果计划用一种外语将应用程序本地化，可以将用户界面的全部正文串和位图存放在资源文件里，然后将资源文件本地化，而不是将整个应用程序本地化。一个工程最多包含一个资源文件。该文件是可选项

5. 属性窗口

属性窗口默认在工程资源管理窗口的下方。按【F4】键，或者单击工具栏中的图标，打开属性窗口，或者选择“视图”→“属性窗口”命令都可以打开或者隐藏属性窗口。

在 Visual Basic 6.0 中，窗体及窗体上的控件都有不同的属性。通过属性窗口可以设置每个对象的外观和各种数据。在初始化时，每个控件都有一组默认的值，称为默认值，属性窗口如图 1-17 所示。

属性窗口从上至下的组成部分如下。

① 对象下拉列表：单击其右侧的下拉按钮可弹出所选窗体及窗体所包含的所有对象的下拉列表。选中其中一个对象，下面的属性列表则显示对应该对象的所有可编辑属性。

② 选项卡：可以根据自己的习惯选择对象属性的排列方式，该排列方式有“按字母序”

和“按分类序”两种，通常属性默认按照字母排序。

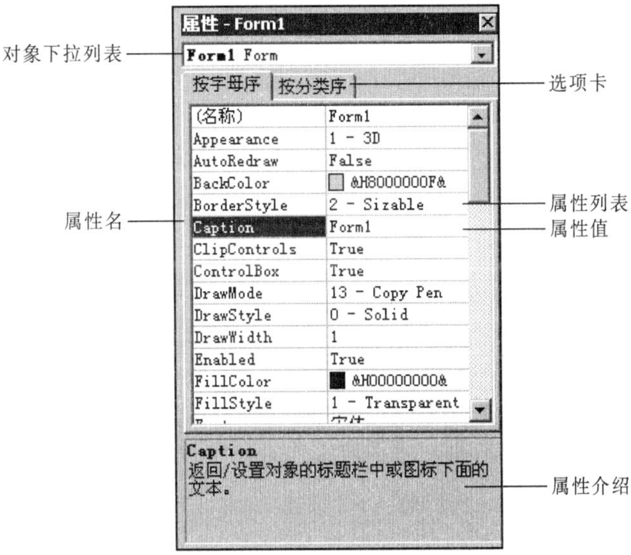

图 1-17 属性窗口

③ 属性列表：在属性列表中，左边显示的是属性名，右边显示的是每种属性所对应的属性值，可以查看或修改相应属性的属性值。具有固定属性值的属性可在其下拉列表中选择其中的一种作为属性值。对于某些属性，可直接输入相应数据作为其属性值。

④ 属性介绍：利用鼠标选择某个对象的某种属性后，在属性窗口最下方可以显示该属性的简要介绍信息。

6. “窗体布局”窗口

在属性窗口的下方是“窗体布局”窗口，如图 1-18 所示。“窗体布局”窗口中有一个小屏幕图标，用来布置各窗体在运行时相对显示器所显示的位置，将鼠标指针放置在“窗体布局”窗口里，当鼠标指针变成十字箭头时，可以直接在该窗口中用鼠标拖动小窗体图标以调整窗体运行时的位置。

图 1-18 “窗体布局”窗口

7. 窗体设计窗口

窗体设计窗口主要用来在窗体上设计应用程序的界面，如图 1-19 所示。工程中的每一个窗体都有自己的窗体设计窗口，窗体上的对象可以随意移动或者改变大小。在窗体设计窗口中的窗体可以通过改变窗体边框上的 3 个实心控制点（亦称“句柄”）放大或缩小窗体。运行时窗体的大小即为所设定的窗体大小。在设计状态下的窗体上有网格显示，方便对齐窗体上的对象。若不希望显示网格，可以选择“工具”→“选项”命令，弹出“选项”对话框，选择“通用”选项卡，将“窗体网格设置”选项组中的“显示网格”复选框取消勾选；若需要更改网格大小，则在“显示网格”复选框被勾选的前提下对网格单位的宽度和高度进行适当调整即可，如图 1-20 所示。

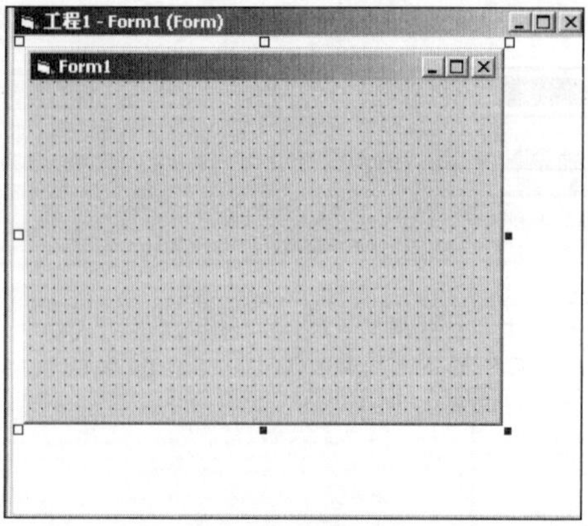

图 1-19 窗体设计窗口

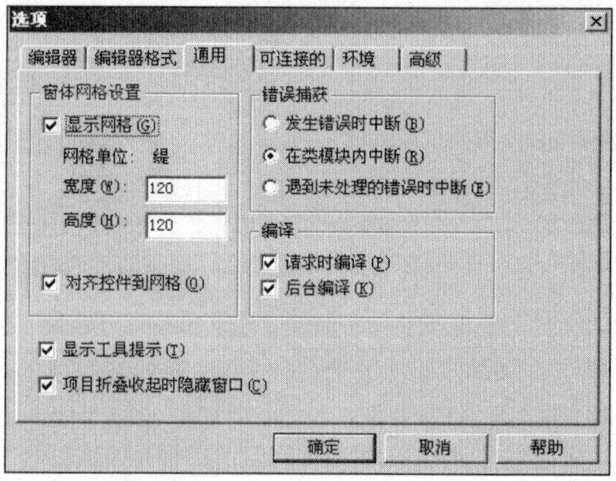

图 1-20 “选项”对话框

8. 代码窗口

代码窗口是对代码进行编辑的窗口，每一个窗体都有自己的代码窗口。双击某窗体或窗体的任意对象，或者单击工程资源管理器窗口的“查看代码”按钮，或者选择“视图”→“代码窗口”命令都可以打开某个窗体所对应的代码窗口。代码窗口包括 3 部分：左上方的下拉列表是对象列表，该列表列出了所有该窗体上的对象（包括窗体本身）；右上方的下拉列表是事件列表，列出了左边选择的对象的所有事件；下方的空白区域是代码编写区，程序都写在这个区域中，如图 1-21 所示。在代码编写区中编辑代码的时候，系统会自动根据用户所输入的对象列出相应的成员或者提示函数语法等，以方便用户编写代码，如图 1-22 所示。

9. 工具箱

工具箱中提供了常用的标准控件，如图 1-23 所示。若有需要，也可以通过单击工具菜单添加部件的方法添加需要的工具按钮。

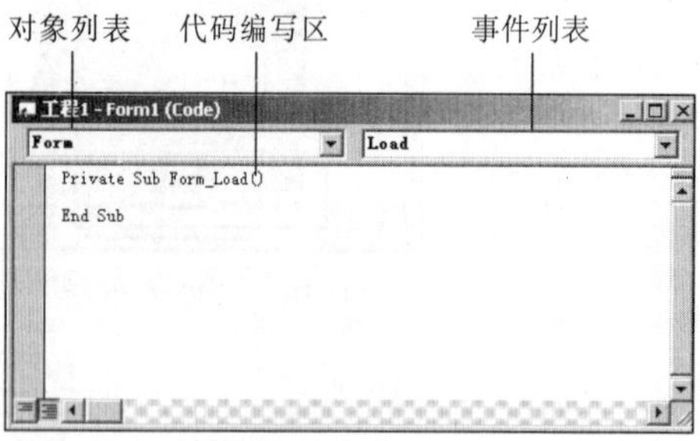

图 1-21 代码窗口

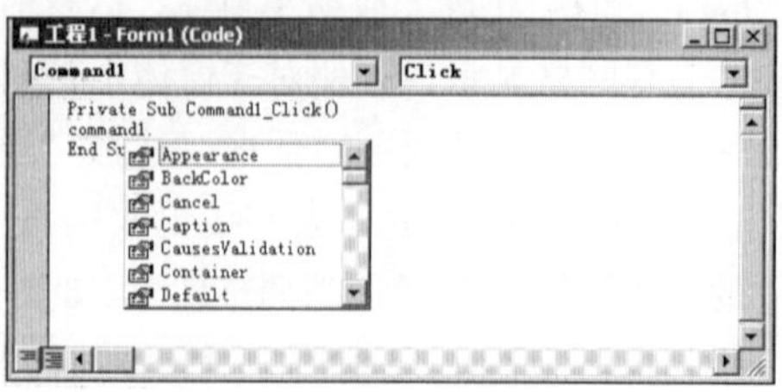

图 1-22 代码编写状态

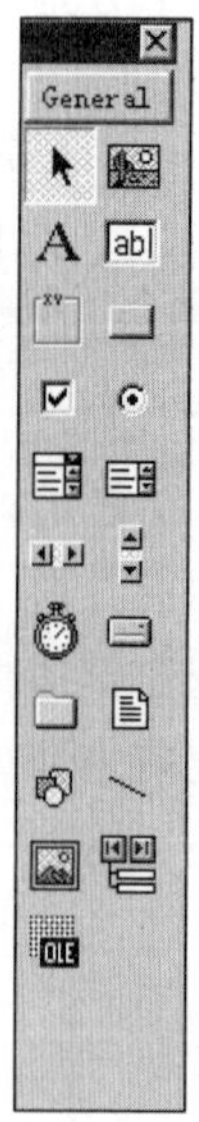

图 1-23 工具箱

1.6 可视化程序设计的基本概念

1.6.1 对象的基本概念

Visual Basic 中的对象（Object）是代码和数据的集合。现实生活中的任何实体都是一个对象，如一本书、一个人、一台计算机。一台计算机又可以分为很多不同的部件，如主板、CPU 等，这些部件可以分别看成单独的对象，因此计算机对象也可称为一个对象容器。

在 Visual Basic 环境中，任何窗体、菜单、应用程序和可以添加到窗体中的任何控件及数据库都是一个对象，这些对象都具有属性、事件和方法。其中窗体是一个对象，窗体中的任何控件也分别是一个对象，因此窗体也可以称为对象容器。

1.6.2 对象的属性、事件和方法

1. 对象的属性

现实生活中的每一个对象都有自己的一系列特征，这些特征可以称为属性。不同的对象具有不同的属性。因此，各种对象才会有区别。在 Visual Basic 中，每个对象的属性是指描述该对象的各种状态的性质，如名称（Name）、字体（Font）等，通过修改对象的属性能够控制对象的外观和各种操作。设置对象的属性有以下两种方法。

（1）通过属性窗口设置属性

这种方法可以很容易设置某个对象的属性，如图 1-24（a）所示，首先在对象下拉列表中选择需要修改属性的对象，然后在属性列表中选择需要修改的属性，在右边修改对应的属性值即可。例如，可将对象 Form1 的 Caption 属性修改为“欢迎”，修改后的效果如图 1-24（b）所示。

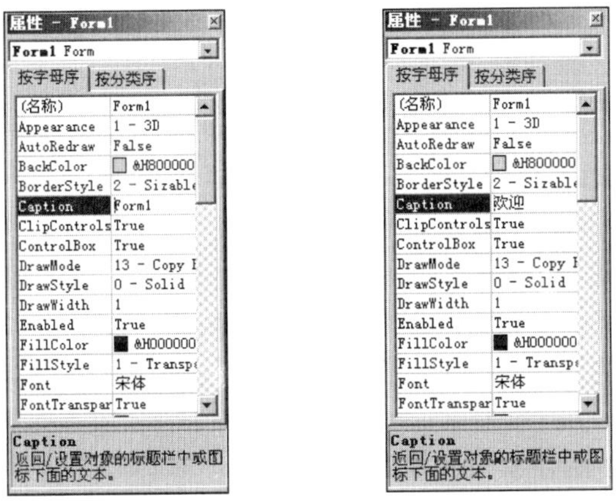

（a）设置前　　（b）设置后

图 1-24　在属性窗口中设置 Caption 属性

（2）通过编写代码修改属性

通过代码方式修改属性就是利用赋值的方法改变对应属性的属性值，语法格式为：

对象名.属性名 = 属性值

例如，若要设置名称为 Command1 的按钮的标题（Caption）为“确认”，相应的代码为

```
Command1.Caption = "确认"
```

2. 对象的事件

事件可以看作在对象上所发生的动作。例如，启动计算机，就是在计算机对象上所发生的事件。Visual Basic 中的对象也有相应的事件，只不过这些对应的事件都是预先定义好的能够被对象所识别的操作。例如，单击对象的动作就能够触发对应对象的单击（Click）事件，不同的对象所能够响应的事件也不一样。在 Visual Basic 中，对象的事件是固定的，用户不能自己建立。但是用户可以描述发生某个事件后所实现的功能，即用户可以编写对象的事件过程代码，让对象发生相应事件后，执行相应的代码。如果希望实现单击某个按钮弹出一个对话框，就应该在这个按钮对象的 Click 事件中编辑弹出对话框的代码，对象的事件过程的语法格式为

```
Sub 对象名_事件名()
   程序代码
End Sub
```

编写代码时，打开某窗体的代码窗口，在左边的对象列表中选择需要的对象名，然后在右边的事件列表中找到对应的事件，则上述事件过程的代码框架会出现在代码编写区，用户只要在事件过程的相应位置编写程序代码即可。以下代码是已经由 Visual Basic 完成的事件过程，只需要完成其中的代码，如 Dim a As Integer 即可，如图 1-25 所示。

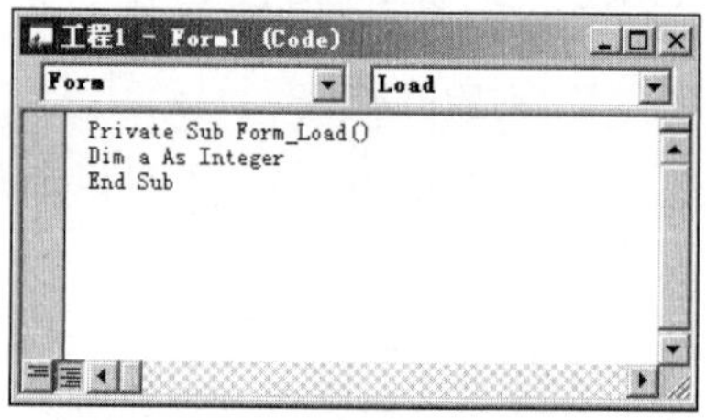

图 1-25　事件过程的添加

```
Private Sub Form_Load()
End Sub
```

注 意

若对象为本窗体，则事件过程中的对象名为 Form，因为本窗体对代码窗口而言是唯一的，不需要用名称来区分，但是在程序编写过程中是需要用对象名来区别不同对象的。

3. 对象的方法

方法是对象针对事件所执行的动作。例如，按下电源键后计算机开机即为一种方法。对于方法的实现，用户只关心其最终的效果，并不关心中间的过程实现。例如，人（对象）可以走动（方法），我们并不关心这个人是以多快的速度在走，只是关心这个人最后走到什么地方。对象的方法也可以看作执行了一系列动作，只是关注最后的结果。

Visual Basic 中对象的方法也是如此，将某些操作集成为固定的方法，可以由用户调用完成某些功能，如对象的 Move 方法就具备实现移动对象的功能，用户调用该方法可以移动指定的对象。调用对象方法的语法格式为

对象名.方法[(参数)]

① 当方法不需要参数或参数可选但无返回值时，其命令的语法格式为

对象名.方法

例如，Form1.Show 语句表示调用对象名为 Form1 窗体的 Show 方法，Show 方法用来显示窗体。调用该方法后，可以显示 Form1 窗体。

② 当方法有多个参数时，用逗号分隔各个参数。

例如，Command1.Move 100, 100, 1000, 800 语句表示移动 Command1 对象，并改变其大小。

Move 方法后的 4 个参数分别表示 Command1 对象移动后横坐标为 100 Twip、纵坐标为 100 Twip，移动后 Command1 对象的宽度为 1000 Twip，高度为 800 Twip。

注 意

在 Visual Basic 中的窗口模式下，单位默认值为 Twip，即“缇”，1 像素约等于 15 缇，如分辨率为 1024，那么实际在 Visual Basic 中表示相同大小的尺寸需要使用 1024×15 缇。

1.7 可视化程序设计的基本步骤

可视化程序设计按以下 4 个基本步骤进行：①设计界面；②设置属性；③编写代码；④调试运行。

下面通过一个简单的程序来具体说明这 4 个基本步骤。

【例】 设计图 1-26 所示的程序，当单击“显示”按钮时，文本框中出现“武汉科技大学城市学院”；当单击“清除”按钮时，文本框内的文字消失；当单击“退出”按钮时，对话框关闭。

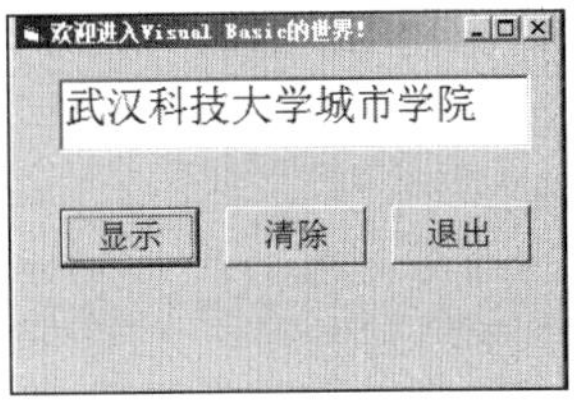

图 1-26 例 1.1 运行结果

实现本例的可视化程序设计的基本步骤如下：

1. 设计界面

首先建立一个工程。按照前面介绍的启动 Visual Basic 的步骤启动 Visual Basic 6.0，新建一个标准 EXE 工程。在新建的工程中有一个名称为“Form1”的窗体，在这个窗体上进行所需要的界面设计。界面是用户和应用程序交互的场所，所以设计界面时一定要考虑用户的可操作性和方便性。在这个程序中，需要 4 个控件对象，它们分别是 1 个文本框控件和 3 个按钮控件。单击工具箱中的文本框图标 abl，当鼠标指针变成十字形后可以在窗体合适的位置拖动鼠标，拖出一个矩形区域，表示当前控件的大小，松开鼠标后，在刚刚出现的矩形区域就出现了一个文本框，文本框中默认出现文字“Text1”；或者双击文本框图标也同样可以添加一个文本框控件，当选中某个控件对象时，会出现 8 个控制点，然后直接通过拖动鼠标来调整控件大小，如图 1-27 所示。

用同样的方法单击工具箱中的按钮图标，在窗体上添加 3 个按钮，分别调整按钮至合适大小。其默认值在按钮上分别自动出现 Command1、Command2、Command3，如图 1-28 所示。

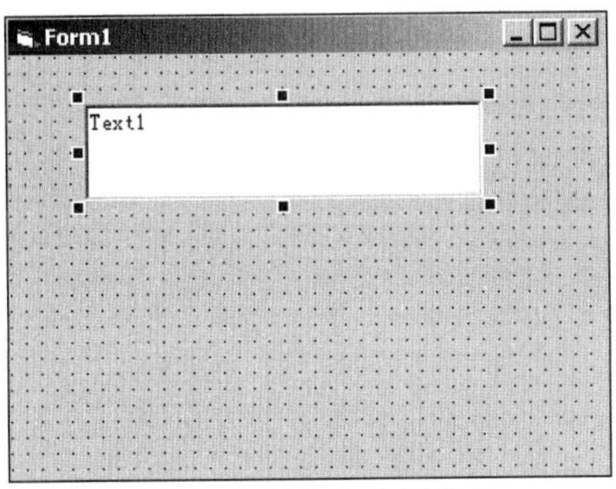

图 1-27 添加文本框控件

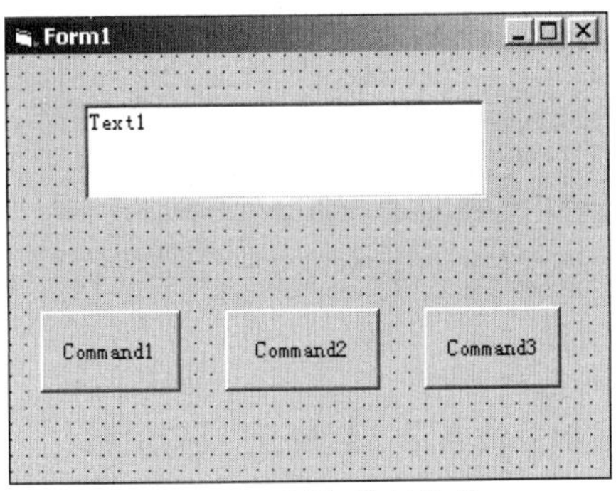

图 1-28 添加按钮控件

2. 设置属性

添加好需要的控件后，为每个控件修改对应的属性。修改属性可以改变控件的外观和各种可操作属性，方便用户和应用程序交互。修改属性的方法就是利用属性窗口分别修改每个对象需要的属性。

① 单击窗体（Form1）的任一空白位置（不含文本框和按钮所在位置），在对应的属性窗口中修改 Caption 属性的值为“欢迎进入 Visual Basic 的世界！”。修改后的属性窗口如图 1-29 所示。

② 用鼠标选中文本框控件。此时文本框四周出现 8 个控制点，如图 1-30 所示。它表明现在可以对当前文本框控件进行操作。此时在属性窗口的对象下拉列表中显示的就是当前选中文本框对象的名称 Text1，表明当前属性窗口列出的是文本框 Text1 的所有属性。在属性窗口中将 Text 属性清空，如图 1-31 所示。单击 Font 属性后的 ... 按钮，或者双击前面的 Font 属性名，都可以打开“字体”对话框，如图 1-32 所示。可以根据需要修改控件所显示的字体，将字体（Font）属性值改为宋体、二号、粗体。

图 1-29　Form1 属性修改

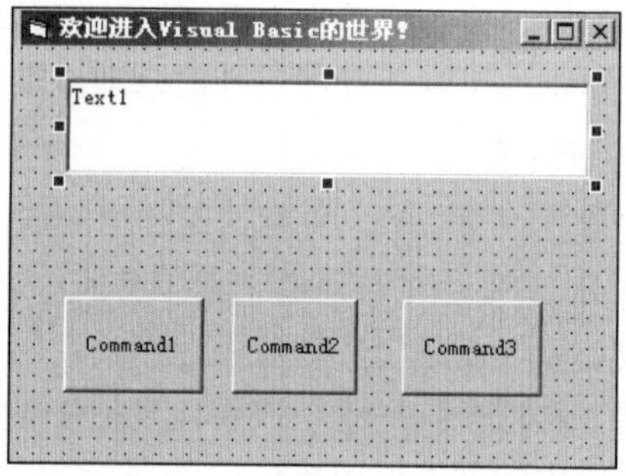

图 1-30　选择文本框控件

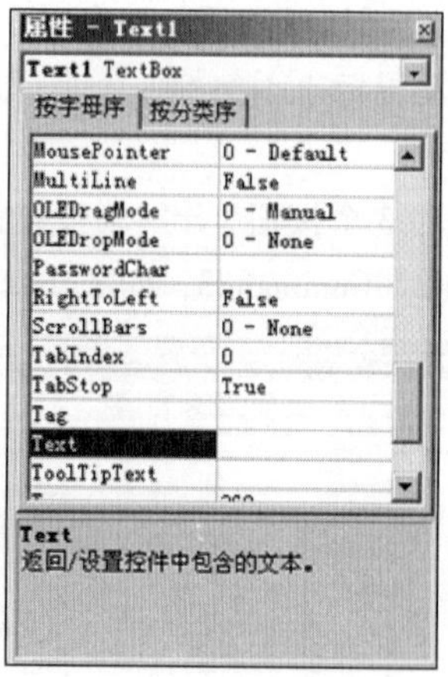

图 1-31　修改文本框属性

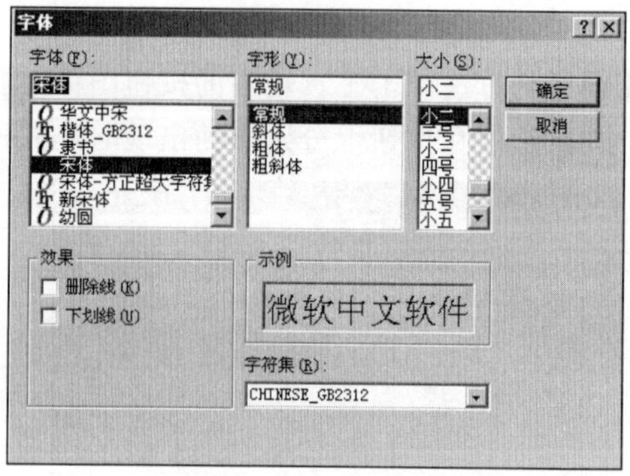

图 1-32　“字体”对话框

③ 修改命令按钮属性。分别选择 3 个命令按钮，用同样的方法修改 3 个按钮的属性，修改 Command1 的 Caption 属性值为“显示”、Command2 的 Caption 属性值为“清除”、Command3 的 Caption 属性值为“退出”。修改后各命令按钮的属性如图 1-33 所示。各控件的属性值如表 1-4 所示。

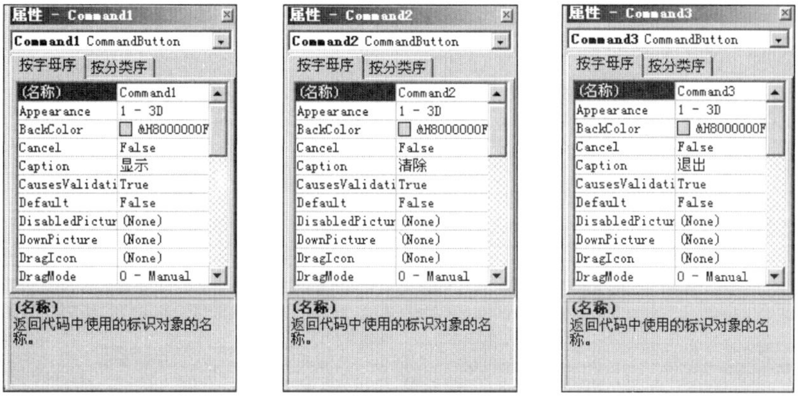

（a）Command1 属性　　（b）Command2 属性　　（c）Command3 属性

图 1-33　命令按钮属性设置

表 1-4　控件属性值

控　　件	属　　性	属　性　值
Form	Name	Form1
	Caption	欢迎进入 Visual Basic 的世界！
TextBox	Name	Text1
	Text1	空白
CommandButton	Name	Command1
	Caption	显示
CommandButton	Name	Command2
	Caption	清除
CommandButton	Name	Command3
	Caption	退出

各控件属性设置完成后，设计状态下的窗体如图 1-34 所示，此时完成了属性修改步骤。

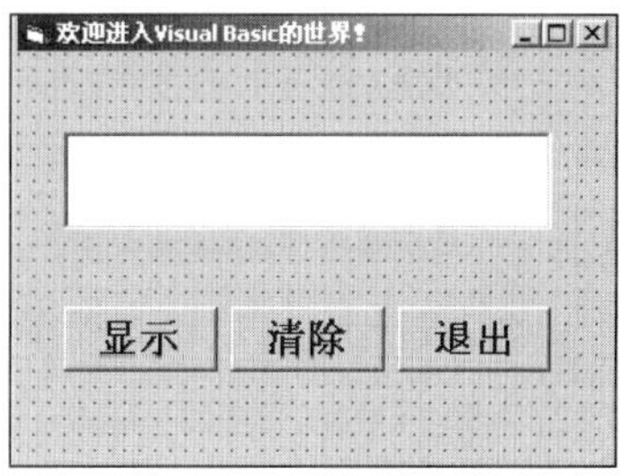

图 1-34　设置好属性的设计界面

3. 编写代码

应用程序要完成用户需要的功能，仅仅设计出界面是不够的，还必须编写相关的代码，由代码来实现相应的功能，这样才完成了应用程序与用户的交互。所以在设计好用户界面后，就要考虑用代码来完成用户需要的功能了。Visual Basic 中的代码是和对象的事件过程分不开的，明确了响应对象的什么事件去完成什么工作，就可以清楚地编写出代码。下面分别为 3 个按钮添加相关的单击事件代码，以响应用户单击按钮时完成相应的工作。

① 用户单击“显示”按钮后，应在文本框中显示文本。在代码窗口的对象列表中选择名称为 Command1 的对象，在事件列表中选择 Click 事件。在响应 Click 事件的过程中添加的代码

如下：

```
Text1.Text = "武汉科技大学城市学院"
```

表示设置文本框里显示的文本为“武汉科技大学城市学院”。代码窗口如图 1-35 所示。

② 用户单击“清除”按钮后，清除文本框中的文本内容。为此在代码窗口中选择 Command2 对象，在事件列表中同样选择 Click 事件，添加代码如下：

```
Text1.Text = ""
```

表明设置文本框中的文本为空，两个引号之间无任何内容，表明为空。代码窗口如图 1-36 所示。

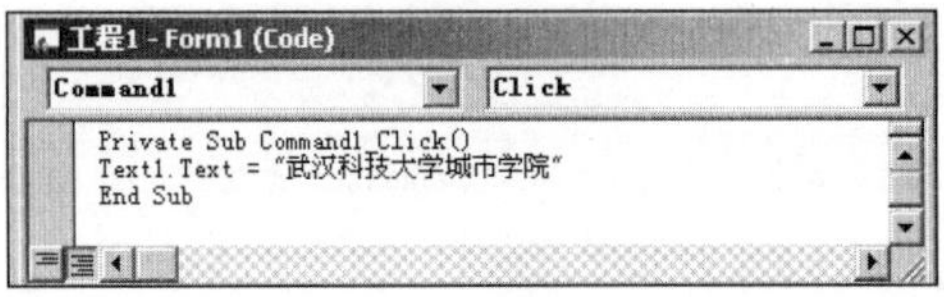

图 1-35　Command1 的 Click 事件代码

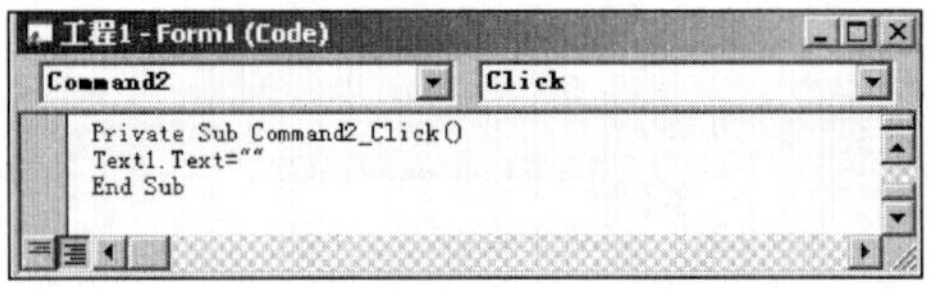

图 1-36　Command2 的 Click 事件代码

③ 用户单击“退出”按钮后，退出应用程序。同样，在 Command3 的 Click 事件中描述要完成的工作，即退出应用程序。可以利用 End 结束语句实现此功能。代码窗口如图 1-37 所示。

4. 调试运行

在编写完应用程序代码后还需要调试应用程序以保证其能够正确执行。选择“运行”→“启动”命令，或直接单击工具栏中的“启动”按钮；也可以直接按【F5】键。若程序无误，则可以看到正确的运行结果。如图 1-38 所示，分别单击 3 个按钮测试是否实现了需要的功能。若运行过程中有错误需要中断，可选择“运行”→“中断”命令，或直接单击工具栏中的“中断”按钮。若运行过程中需要强行结束返回设计状态，可选择“运行”→“结束”命令，或直接单击工具栏中的“结束”按钮。

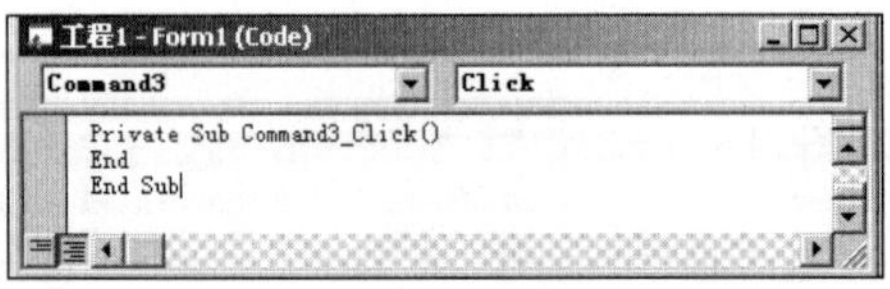

图 1-37　Command3 的 Click 事件代码

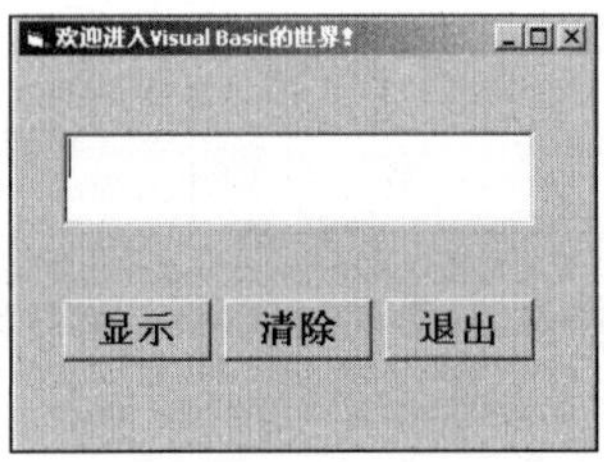

图 1-38　运行状态

调试过程还可以检查程序中出现的错误。若在程序运行中出现错误，程序会在出现错误的地方提示错误。如图 1-39 和图 1-40 所示，此时可以单击“调试”按钮进入中断状态检查程序，单击“结束”按钮结束当前程序运行状态回到设计状态。有关程序调试的基本知识和具体操作，本书配套实验指导书给出了详细的介绍。

实际上，用 Visual Basic 设计程序的时候，编写代码步骤和调试运行步骤经常重叠。在代码量比较大的程序中，可能无法将全部代码一次性编写完成。可以将编写代码步骤和调试运行步骤反复进行，不断完善代码，从而完成整个工程的代码编写工作。在今后的学习中，建议读者养成良好的编程习惯，按照上述步骤进行程序设计的全过程。

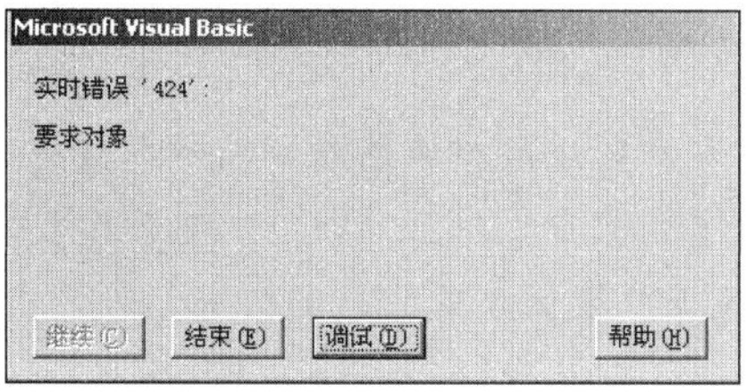

图 1-39　错误提示

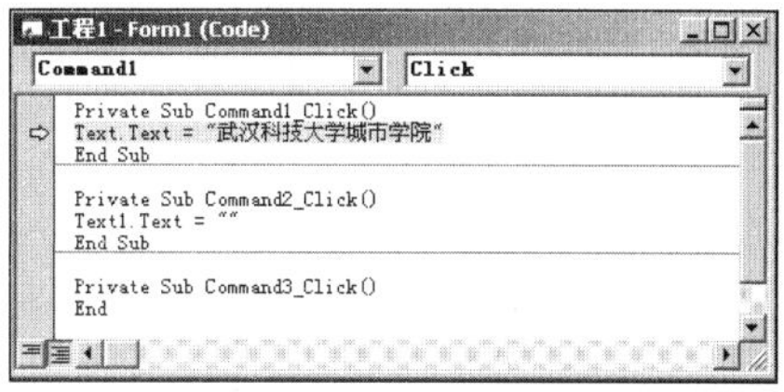

图 1-40　系统标记错误行

习　　题

一、选择题

1. 以下叙述中错误的是（　　）。

   A. Visual Basic 是事件驱动型可视化编程工具

   B. Visual Basic 应用程序不具有明显的开始和结束语句

   C. Visual Basic 工具箱中的所有控件都具有宽度（Width）和高度（Height）属性

   D. Visual Basic 中控件的某些属性只能在运行时设置

2. 以下叙述中错误的是（　　）。

   A. 一个工程可以包括多种类型的文件

   B. Visual Basic 应用程序既能以编译方式执行，又能以解释方式执行

   C. 程序运行后，在内存中只能驻留一个窗体

   D. 对于事件驱动型应用程序，每次运行时的执行顺序可以不一样

3. 在下面的操作中，不能退出 Visual Basic 的是（　　）。

   A. 在系统控制菜单中选择"关闭"命令

   B. 按【Alt+Q】组合键

   C. 单击 Visual Basic 集成开发环境窗口的"关闭"按钮

   D. 按【F10】键

4. 英文 Visual 的含义是（　　）。

   A. 结构化　　B. 可视化　　C. 集成　　D. 调试

5. Visual Basic 6.0 共有 3 个版本，按功能从弱到强的顺序排列应是（　　）。

   A. 学习版、专业版和企业版　　B. 学习版、工程版和专业版

   C. 学习版、企业版和专业版　　D. 学习版、专业版和工程版

6. Visual Basic 中工程文件的扩展名是（　　）。

   A. .vbp　　B. .frm　　C. .vbw　　D. .frx

7. Visual Basic 中窗体文件的扩展名是（　　）。

   A. .vbp　　B. .frm　　C. .vbw　　D. .pdm

8. 下列不能打开属性窗口的操作是（　　）。

   A. 选择"视图"→"属性窗口"命令

   B. 按【F4】键

C. 按【Ctrl+T】组合键

D. 单击工具栏中的“属性窗口”按钮

9. 在设计应用程序时，通过（　　）窗口可以查看到应用程序工程中的所有组成部分。

A. 代码　　B. 窗体设计　　C. 属性　　D. 工程资源管理器

10. 通过以下（　　）窗口可以在设计时直观地调整窗体在屏幕上的位置。

A. 代码　　B. 窗体布局　　C. 窗体设计　　D. 属性

二、填空题

1. Visual Basic 应用程序中标准模块文件的扩展名是________。
2. Visual Basic 6.0 的主窗口由标题栏、菜单栏和________组成。
3. ________窗口用于显示和修改一个对象的属性。
4. ________提供对常用命令的快速访问按钮。
5. Visual Basic 集成开发环境的 3 种工作状态是________、________和________。

三、简答题

1. 简述 Visual Basic 6.0 的主要特点。
2. 简述启动和退出 Visual Basic 6.0 的方法。
3. 一个工程在 Visual Basic 中有几种工作状态，分别是什么？
4. 什么是对象？对象的三要素是什么？
5. 如何为工程添加代码？
6. 如何运行一个程序？

四、编程题

编写一个程序，界面和运行结果如图 1-41 所示，在文本框中输入自己的姓名，单击“确定”按钮后，姓名出现在按钮上。

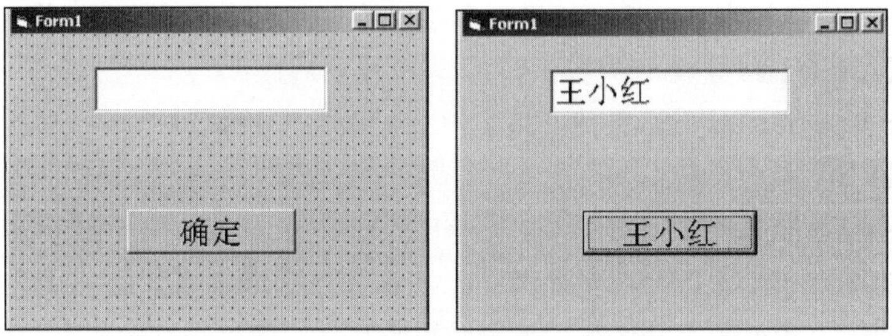

图 1-41　程序界面及运行结果

第2章 窗体及基本控件

本章重点	☑ 窗体的结构 ☑ 窗体的属性、事件、方法 ☑ 文本控件：标签、文本框的常用属性、事件、方法 ☑ 命令按钮：常用属性、事件和方法

窗体（Form）是一个存放控件的窗口容器，是一个可以包含其他对象的对象。在程序运行时，窗体是用户与应用程序进行交互操作的界面。在 Visual Basic 中，窗体使用灵活，既可以同时显示程序中的所有窗体，也可以按程序的需要显示或隐藏某些窗体。

控件是放置在窗体上的程序能够直接使用的对象。它在 Visual Basic 程序设计中扮演着重要的角色，是 Visual Basic 程序的基本组成部分。每个控件都有自己的属性、事件和方法。学会使用各种不同的控件，熟练地对各个控件的常用属性、事件和方法进行设置，是进行 Visual Basic 可视化程序设计的基础，同时合理地应用控件可让应用程序界面美观，使操作更方便。

2.1 窗体的结构

本书采用以下符号规约来描述 Visual Basic 语句（或函数）的语法格式：

① [ ]：可选项，表示其中的内容根据需要可有可无。

② {|}：任选项，表示可以任选其中所罗列的内容。

③ ……：重复，表示其前面的内容重复出现若干项。

窗体的结构与 Windows 下的窗口十分类似，在程序运行前（即设计阶段），称为窗体；在程序运行后，也可以称为窗口。

在“新建工程”对话框中选择“标准 EXE”选项，单击“确定”按钮，即可创建第一个窗体。这个窗体就像一块空白画布，用户可以在其上创建自己的界面，窗体的结构如图 2-1 所示。

系统菜单位于窗体的左上角，双击其图标将关闭窗体；如果单击其图标，将显示系统下拉菜单。标题栏是窗体的标题。单击窗体的“最大化”按钮，将使窗体扩大到整个屏幕；单击“最小化”按钮，将使窗体缩小为一个图标；单击“关闭”按钮，将关闭窗体。

若需要创建新窗体，具体操作步骤如下：

① 选择“工程”→“添加窗体”命令。

② 在“添加窗体”对话框中选择“新建”选项卡，再选择“窗体”选项。

此时用户界面中出现 Form2，工程资源管理器窗口中出现两个窗体，如图 2-2 所示。

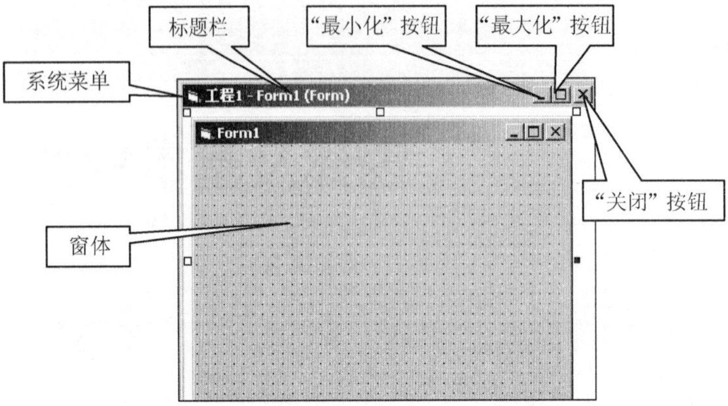

图 2-1 窗体结构

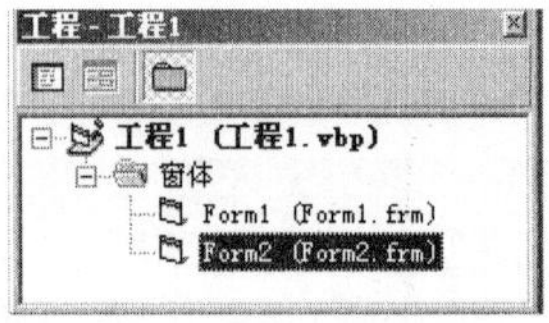

图 2-2 工程资源管理器窗口

2.2 窗体的三要素

2.2.1 窗体的属性

窗体属性决定了窗体的外观和操作，可以用两种方法来设置窗体属性：一是通过属性窗口设置；二是在窗体事件过程中通过程序代码设置。大部分属性既可以通过属性窗口设置，又可以通过程序代码设置，而有些属性只能通过程序代码或属性窗口设置。通常把只能通过属性窗口设置的属性称为只读属性。窗体的常用属性如下：

1. Name（名称）属性

功能：设置窗体的名称。此属性值只能在设计时在属性窗口中更改。运行时为只读状态，不能调整。

建议对窗体取一个有意义的名称，以体现窗体的类型和用途等，便于日后识别。

2. AutoRedraw（自动重画）属性

功能：设置窗体被遮盖后是否要自动重绘窗体上的内容。

语法格式：

```
窗体名.AutoRedraw = {True | False}
```

运行时，如果把 AutoRedraw 属性设置为 False（默认值），则当一个窗体被其他窗体覆盖，又显示该窗体时，将擦掉该窗体上的所有图形；如果把 AutoRedraw 属性设置为 True，则当上述情况发生时，将自动刷新或重画该窗体上的所有图形。例如：

```
Form1.AutoRedraw = True
```

3. BackColor（背景色）属性和 ForeColor（前景色）属性

功能：BackColor 属性用于返回或设置对象的背景颜色，ForeColor 属性用于返回或设置在对象里显示的图片和文本的前景颜色。

BackColor 属性的语法格式：

```
窗体名.BackColor[ = Color]
```

ForeColor 属性的语法格式：

```
窗体名.ForeColor[ = Color]
```

在程序代码中可用 Windows 运行环境的 RGB 颜色方案，使用调色板或在代码中使用 RGB 或 QBColor 函数指定标准 RGB 颜色。颜色是一个十六进制常量，每种颜色都用一个常量表示。不过，在设计程序时，不必用颜色常量来设置背景色，可以通过调色板来直观地设置。其操作是：选择属性窗口中的 BackColor 属性，单击右端的下拉按钮，将显示一个对话框，在该对话框中选择"调色板"选项卡，即可显示调色板，此时只要单击调色板中的某个色块，即可把这种颜色设置成窗体的背景色。

例如，将窗体 Form1 的背景色设置为红色，则可使用下面 3 种设置方法：

```
Form1.BackColor = RGB(255,0,0)
Form1.BackColor = &HFF&  (低字节到高字节分别表示红、绿、蓝的值)
Form1.BackColor = vbRed
```

4. BorderStyle（边框）属性

功能：设置窗体的边框样式。

语法格式：

```
窗体名.BorderStyle = {0 | 1 | 2 | 3 | 4 | 5}
```

Visual Basic 中窗体的边框样式有 6 种不同风格，如表 2-1 所示。

表 2-1　边 框 样 式

属 性 值	功　　能
0-None	窗体无边框
1-Fixed Single	固定单边框，包含控制菜单栏、标题栏、"最大化"按钮和"最小化"按钮，其大小只能用"最大化"按钮和"最小化"按钮改变
2-Sizable	（默认值）可调整的边框，窗体大小可变，并有标准的双线边界
3-Fixed Dialog	固定对话框，包含控制菜单栏和标题栏，但没有"最大化"按钮和"最小化"按钮，窗体大小不变（设计时设定），并有双线边界
4-Fixed ToolWindow	固定工具窗口，窗体大小不能改变，只显示"关闭"按钮，并用缩小的字体显示标题栏
5-Sizable ToolWindow	可调工具窗口，窗体大小可变，只显示"关闭"按钮，并用缩小的字体显示标题栏

注 意

在运行期间，BorderStyle 属性是"只读"属性，即只能在设计阶段设置，不能在运行期间改变。

5. Caption（标题）属性

功能：设置窗体标题栏中显示的内容。

语法格式：

```
窗体名.Caption = 字符串
```

Caption 属性和 Name 属性的区别如下：

① Name 是系统用来识别对象的，编程时需要用它来指代各对象；Caption 是给用户看的，提示用户了解该对象的作用。

② Name 可以采用系统默认的名称，但 Caption 应根据实际情况改成意义明确的内容。

③ 所有对象都有 Name 属性，但不一定都有 Caption 属性。

两者之间的区别可参见图 2-3。

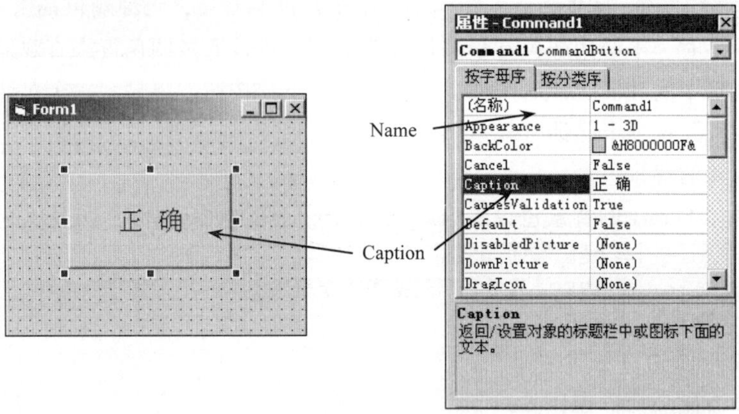

图 2-3 Name 属性与 Caption 属性的区别

6. Enabled（响应）属性

功能：设置窗体是否被响应。

语法格式：

```
窗体名.Enabled = {True|False}
```

运行时，当窗体的 Enabled 属性值为 True（默认值）时，表示响应；为 False 时，表示不响应。响应即鼠标指针移动到窗体标题栏或单击窗体上的控件时，窗体会做出相应的变化；不响应即通过鼠标无法操作窗体。

7. Font（字体）属性

功能：设置窗体上文本的字体、字号、字形等样式。

Font 属性如表 2-2 所示。

表 2-2 Font 属 性

属　　性	属性值类型	功　　　能
FontName（字体名称）	字符型	决定对象上正文的字体（默认为宋体）
FontSize（字号大小）	整型	决定对象上正文的字号大小
FontBold（加粗）	逻辑型	决定对象上正文是否是粗体
FontItalic（倾斜）	逻辑型	决定对象上正文是否是斜体
FontUnderline（下画线）	逻辑型	决定对象上正文是否带下画线
FontStrikeThru（删除线）	逻辑型	决定对象上正文是否加一删除线

注 意

FontBold、FontItalic、FontUnderline 的属性值均为逻辑值 True 或 False。

例如：

```
Form1.FontName = "宋体"              'Form1 窗体中的字体为“宋体”
Form1.FontSize = 40                  'Form1 窗体中的字号大小为 40
Form1.FontBold = True                'Form1 窗体中的字加粗
Form1.FontUnderline = True           'Form1 窗体中的字加下画线
```

8. Left、Top、Height、Width 属性

功能：决定窗体的位置和大小。

语法格式：

```
窗体名.Left[ = x]
窗体名.Top[ = y]
窗体名.Height[ = Number]
窗体名.Width[ = Number]
```

注 意

单位为 Twip，1Twip=1/20 点=1/1440in=1/567cm。

Left、Top 属性决定窗体的位置。当单击并拖动窗体时，便可修改这两个属性的属性值。

Height、Width 属性决定窗体的大小。当选中控件时，控件周围出现 8 个控制点，鼠标指针移动到这些方块上时会变成双向箭头形状，这时按下鼠标左键并拖动，可改变窗体的大小，即改变了 Height、Width 属性值。具体如表 2-3 所示。

表 2-3　Left、Top、Height、Width 属性

属　　性	功　　能
Left	设定窗体左边界和控件左边框的相对距离
Top	设定窗体上边界和控件上边框的相对距离
Height	设定窗体的高度
Width	设定窗体的宽度

9. Icon（控制图标）属性

功能：返回或设置窗体左上角显示的图标或当窗体最小化（WindowState=1）时显示的图标。通常该属性设置为.ico 格式的图标文件。

语法格式：

```
窗体名.Icon = LoadPicture(IconPath)
```

注 意

Icon 属性必须在 ControlBox 属性值设置为 True 时才有效。

10. MaxButton（“最大化”按钮）属性

功能：设置窗体在执行时“最大化”按钮是否有效。

语法格式：

```
窗体名.MaxButton = {True | False}
```

运行时，当窗体的 MaxButton 属性值为 True（默认值）时，表示“最大化”按钮有效；为 False 时，表示“最大化”按钮无效。

11. MinButton（“最小化”按钮）属性

功能：设置窗体在执行时“最小化”按钮是否有效。

语法格式：

```
窗体名.MinButton = {True | False}
```

运行时，当窗体的 MinButton 属性值为 True（默认值）时，表示“最小化”按钮有效；为 False 时，表示“最小化”按钮无效。

例如，若希望窗体 Form1 的“最大化”按钮无效（即 Form1 的“最大化”按钮呈淡灰色 ），则 Form1.MaxButton=False；若希望窗体 Form1 的“最小化”按钮无效（即 Form1 的“最小化”按钮呈淡灰色 ），则 Form1.MinButton=False。

12. MDIChild（子窗体）属性

功能：设置这个窗体是否含有另一个 MDI 子窗体。

语法格式：

```
窗体名.MDIChild = {True|False}
```

当窗体的 MDIChild 属性值为 True 时，表示有另一个 MDI 子窗体；为 False（默认值）时，表示没有另一个 MDI 子窗体，关于 MDI 的详细介绍可参见第 10 章。

13. Picture（图片）属性

功能：设置窗体的背景图片。

语法格式：

```
窗体名.Picture = LoadPicture("图形文件名")
```

例如：

```
Form1.Picture = LoadPicture("D:\Graphics\BEANY.bmp")
```

其含义是将计算机中路径“D:\Graphics\BEANY.bmp”指向的图片通过 LoadPicture（加载图片），添加到窗体中作为窗体的背景。用该属性可以显示多种格式的图形文件，包括 .ico、.bmp、.wmf、.gif、.jpg、.cur、.emf、.dib 等。

14. Visible（可视）属性

功能：设置窗体在执行时是否可见。

语法格式：

```
窗体名.Visible = {True|False}
```

当窗体的 Visible 属性值为 True（默认值）时，表示窗体可见；为 False 时，表示窗体隐藏。只有在运行程序时，该属性才起作用，即在设计阶段，即使把窗体的 Visible 属性设置为 False，窗体也仍然可见，程序运行后才消失。

15. WindowState（窗体状态）属性

功能：设置窗体在执行时的状态。

语法格式：

```
窗体名.WindowState = {0 | 1 | 2}
```

Visual Basic 窗体执行时有 3 种不同状态如表 2-4 所示。

表 2-4　WindowState 属性

属　性　值	功　　能
0	表示有窗口边界的正常窗口状态
1	表示以图标方式显示的最小化状态
2	表示无边框充满整个屏幕的最大化状态

2.2.2　窗体的事件

不同的对象对应不同事件的发生，Visual Basic 中窗体有很多事件，通过执行相应的代码来响应相应的事件。窗体常用的事件如下：

① Activate（激活）事件：当窗体为被激活的当前窗口时，触发本事件。在 Load 事件发生后，系统自动触发 Activate 事件。

② Click（单击）事件：当用户单击窗体时触发本事件。

③ DblClick（双击）事件：当用户双击窗体时触发本事件。

注　意

双击实际上触发两个事件，第一次按鼠标按键时触发 Click 事件，第二次按鼠标按键时触发 DblClick 事件。

④ Deactivate（失去激活）事件：当窗体失去激活状态，即另一个窗体成为当前窗口时，触发本事件。

⑤ Load（加载）事件：当加载窗体时触发本事件。往往用于在启动程序时对属性和变量进行初始化。

语法格式：

```
Private Sub Form_load()
  ……
End Sub
```

注　意

Load 事件发生时，窗体是不活动的，即 Form_Load 发生在装载窗体对象时；而 Activate 事件发生时，窗体是活动的，即 Form_Activate 发生在窗体得到焦点时。

打开一个窗口，会触发 Load 和 Activate 两个事件，但如果让窗口失去焦点，然后获得焦点，只会触发 Activate 事件。

⑥ Unload（卸载）事件：当关闭窗体时，触发本事件，将窗体从内存中卸载。当窗体被卸载再重新装入时，窗体中所有控件都将重新初始化。

语法格式：

```
Private Sub Form_Unload(Cancel As Integer)
  ……
End Sub
```

2.2.3　窗体的方法

窗体有多个方法，如 Show、Hide、Cls、Move、Print 等。

1. Show（显示）方法和 Hide（隐藏）方法

Show 方法用于在屏幕上显示一个窗体，如果调用方法时指定的窗体没有装载，Visual Basic 自动装载。调用 Show 方法与设置窗体 Visible 属性为 True 具有相同的效果。

语法格式：

```
[窗体名].Show
```

Hide 方法用于隐藏显示在屏幕上的窗体，但不能使其卸载。当一个窗体从屏幕上隐去时，其 Visible 属性被设置为 False，并且该窗体上的控件也变得不可访问，但对运行程序期间的数据引用无影响。若要隐去的窗体没有装入，则 Hide 方法会装入该窗体但不显示。

语法格式：

```
[窗体名].Hide
```

例如：

```
Form1.Hide        '表示隐藏窗体 Form1
Form2.Show        '表示显示窗体 Form2
```

2. Cls（清屏）方法

该方法用于清除运行时窗体上或图形上用 Print 方法生成的文本和图形。

语法格式：

```
[对象名].Cls
```

对象名可以是窗体或图片框。当对象名省略时，表示清除当前窗体。例如：

```
Form1.Cls
Cls
Picture1.Cls
```

3. Move（移动）方法

该方法用于移动对象，并且可以在移动时变化对象的大小。

语法格式：

```
[对象名.]Move  Left[,Top[,Width[,Height]]]
```

其中，对象名可以是窗体和除时钟、菜单以外的所有控件。窗体名省略（即未选对象名）时，默认为当前窗体。Move 方法中的 Left、Top、Width、Height 4 个参数的单位为 Twip。

注 意

① Left 参数值是必须被设置的。

② 如果后面参数被指定，此参数前的其他参数也必须被指定，即如果不先指定 Left 和 Top 参数，则无法指定 Width 参数。

③ 对象坐标系的坐标原点在左上角顶点，越向下 Top 值越大，越向右 Left 值越大。例如：

```
Private Sub Form_Click()
  Move Left - 100, Top - 100, Width - 100, Height - 100
End Sub
```

运行时，每单击一次窗体，窗体就会向左上方移动 100 单位，并且宽、高都减少 100 单位。

4. Print（打印）方法

该方法用于输出文字信息。

语法格式：

```
[对象名.]Print[输出项列表][{; | ,} ]
```

其中，对象名省略时默认为当前窗体。

注 意

① 输出项列表可以由 0 个、1 个或多个输出的数值表达式或字符串表达式构成。若有多个输出项，彼此间可用逗号或分号分隔来指定输出内容格式；若 Print 后什么都没有，则输出一空行。

② 逗号“,”表示分区格式，下一个输出项将与上一个输出项间隔 14 列。

③ 分号“;”表示下一个输出项将以紧凑格式紧跟着上一个输出项输出。

【例 2.1】 Print 的使用。

程序代码：

```
Private Sub Form_Click()
    Print 1, 2, 3
    Form1.Print
    Print "We"; "Study"; "VB"
    Print
    Print "***************"
End Sub
```

运行结果如图 2-4 所示。

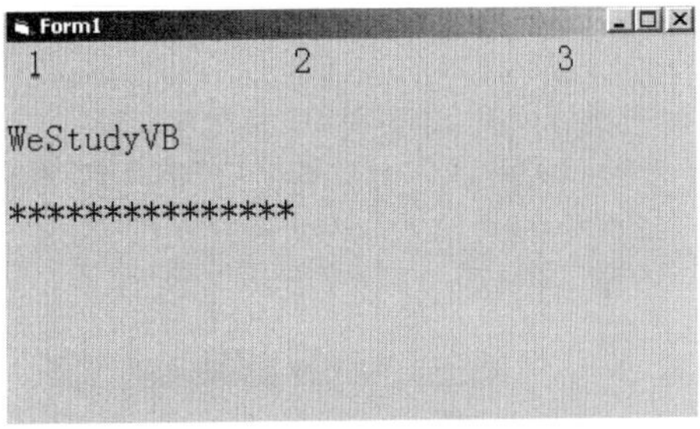

图 2-4 例 2.1 运行结果

2.2.4 运行窗体

运行窗体有如下 3 种方法：

① 单击工具栏中的“启动”按钮▸。

② 选择“运行”→“启动”命令。

③ 按【F5】键。

【例 2.2】 窗体的简单应用。

界面设计如图 2-5 所示。该界面中各控件及其属性设置如表 2-5 所示。

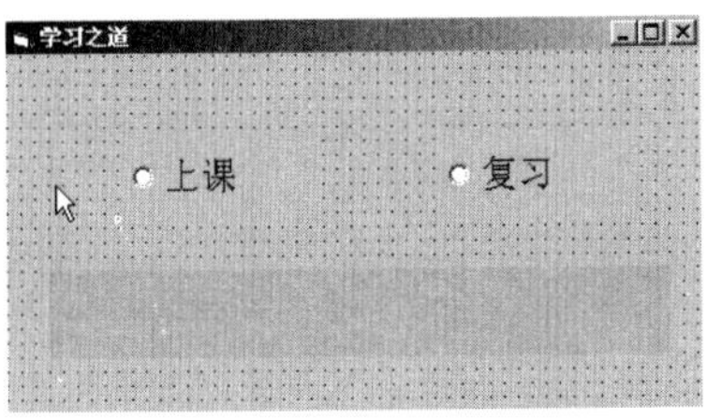

图 2-5 例 2.2 界面设计

表 2-5 属 性 设 置

控件	属性	属性值
Form	Name	Form1
	Caption	学习之道
Label	Name	Label1
	Caption	空白
	BackColor	&H00FFC0C0&
OptionButton	Name	Option1
	Caption	上课
OptionButton	Name	Option2
	Caption	复习

程序代码：

```
Private Sub Form_Click()
   Label1.Caption = "成功通过考试!"
End Sub

Private Sub Form_DblClick()
   Form1.Caption = "欢迎你学习 VB!!"
End Sub

Private Sub Option1_Click()
   Label1.Caption = "听明白 勤思考 记下来!"
End Sub

Private Sub Option2_Click()
   Label1.Caption = "多上机 善提问 多总结!"
End Sub
```

单击窗体运行效果如图 2-6 所示，双击窗体运行效果如图 2-7 所示。

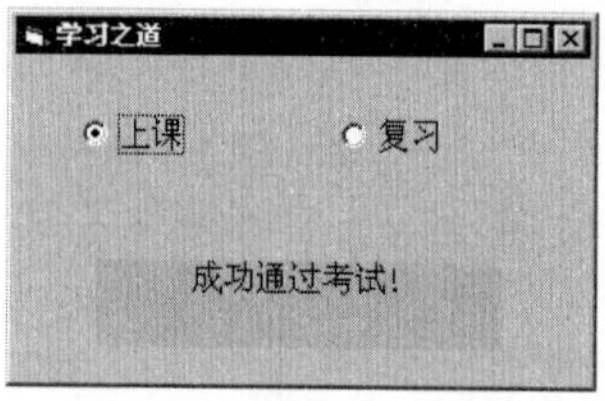

图 2-6　单击 Form

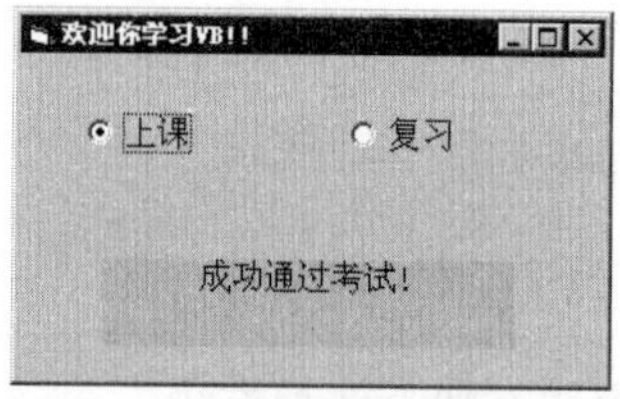

图 2-7　双击 Form

单击“上课”单选按钮运行效果如图 2-8 所示，单击“复习”单选按钮运行效果如图 2-9 所示。

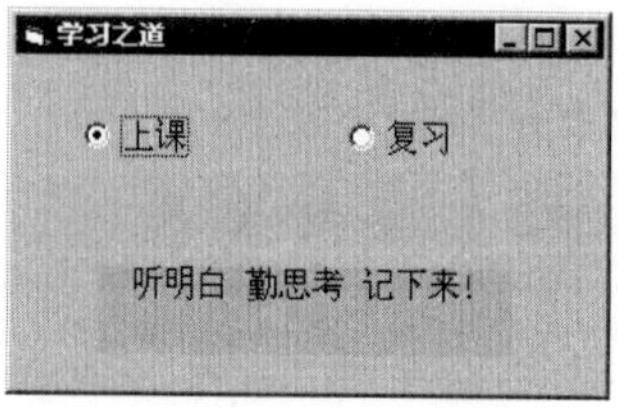

图 2-8　单击 Option1

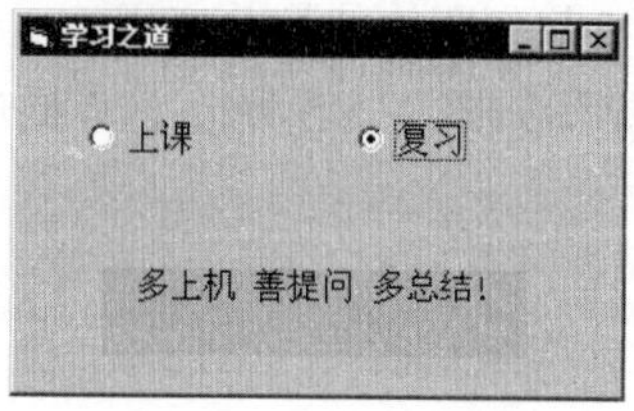

图 2-9　单击 Option2

2.3　控件概述

1. Visual Basic 中的控件分类

（1）标准控件

标准控件是工具箱中默认出现的控件，如命令按钮、标签、文本框等，这些控件在 Visual Basic 的可执行文件中，因此也称为 Visual Basic 的基本控件。标准控件始终出现在工具箱中，不能从工具箱中删除。标准控件中每个控件具体功能如表 2-6 所示。

表 2-6 控件功能表

序号	控件	图标	功能
1	Pointer 指针		这是工具箱中唯一不绘制控件的项。在选定指针后只能改变窗体中绘制的控件的大小，或移动这些控件
2	PictureBox 图片框		显示图形图像，该控件可作为图形方法的输出容器，或作为其他控件的容器
3	Label 标签		显示不想让其他用户改变的文本信息
4	TextBox 文本框		显示可以进行编辑的文本，与标签控件相比，用户可以改变文本框中的内容
5	Frame 框架		允许从图形方面或功能方面对控件分组。为了将控件分组，首先要创建框架，然后在框架中添加控件
6	CommandButton 命令按钮		创建按钮，可以通过它来执行某项命令
7	CheckBox 复选框		创建一个复选框，用它很容易指出某项的真假，有多个选择时，可用于显示这些选择，并可选中多个选项
8	OptionButton 单选按钮		允许显示多个选项，但只能从中选择一项
9	ComboBox 组合框		允许绘制一个组合列表框和文本框。使用时可从下拉列表中选择一项，也可在文本框中输入值
10	ListBox 列表框		用于显示选项的列表，可从这些选项中选择一项。如果包含的选项太多而无法一次显示出来，则可滚动显示
11	HScrollBar 水平滚动条		水平滚动条是一个图形工具，在项目列表很长或者信息量很大时，可以使用滚动条提供简便的定位。它还可以模拟当前所在的位置。滚动条可以作为输入设备，或者速度、数量、颜色等的指示器来使用。例如，可以用它来控制计算机游戏的音量，或者查看定时处理中已用的时间
12	VScrollBar 垂直滚动条		垂直滚动条是一个图形工具，在项目列表很长或者信息量很大时，可以使用滚动条提供简便的定位。它还可以指示当前所在的位置
13	Timer 定时器		在指定的时间间隔内产生定时器事件。该控件在设计时可见，但在运行时不可见
14	DriveListBox 驱动器列表框		显示有效的磁盘驱动器
15	DirListBox 目录列表框		显示目录和路径
16	FileListBox 文件列表框		显示文件列表
17	Shape 形状		在设计时，允许在窗体上绘制多种形状的图形。可在其中选择矩形、圆角矩形、正方形、圆角正方形、椭圆形或圆形
18	Line 直线		在设计时用来在窗体上绘制各种样式的线
19	Image 图像框		在窗体上显示位图、图标或元文件中的图形图像。Image 控件中显示的图像可以仅是装饰性的，与 PictureBox 相比，它使用的资源要少一些
20	Data 数据		通过窗体上被绑定的控件来访问数据库中的数据
21	OLE		允许把其他应用程序的对象链接和嵌入 Visual Basic 应用程序中

（2）ActiveX 控件

ActiveX 控件指扩展名为.ocx 的文件提供的控件，包括各种版本 Visual Basic 提供的控件和仅在专业版和企业版中提供的控件，另外还有许多第三方提供的 ActiveX 控件，如动画、公用对话框。ActiveX 控件就是一段可以重复使用的编程代码和数据，是由 ActiveX 技术创建的一个或多个对象所组成的，通常放在 Windows 的 System 目录下，如图 2-10 所示。

（3）可插入对象

有些对象能够添加到工具箱中，如一个 Excel 工作表，这时可以把它们当作控件使用，这样的对象称为可插入对象。其中一些对象还支持 OLE 自动化，使用这种控件就可以在 Visual Basic 应用程序中通过编程控制另一个应用程序的对象。

2. 向工具箱中添加控件的方法

如果希望使用标准工具箱中没有的控件，则选择“工程”→“部件”命令，在弹出的“部件”对话框中勾选需添加的控件对应的复选框，单击“确定”按钮，对应的控件图标则出现在工具箱中。“部件”对话框如图 2-11 所示。

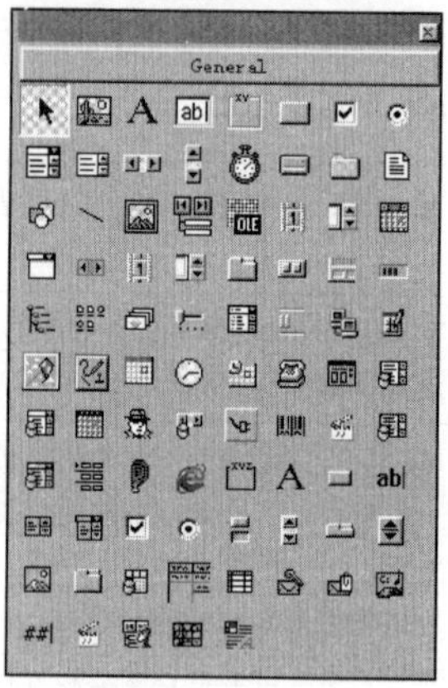

图 2-10 增加了内部控件和 ActiveX 控件的工具箱

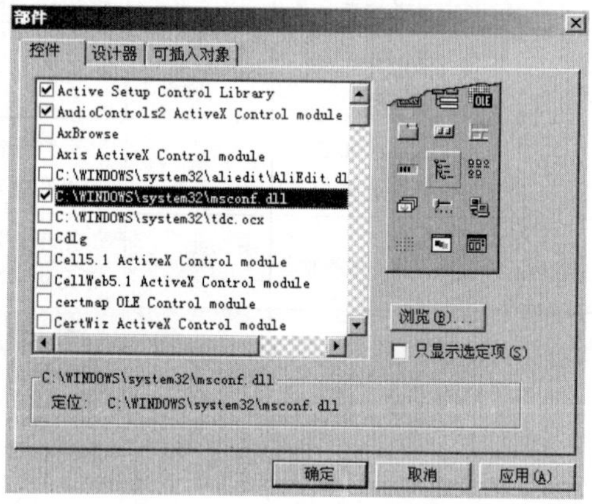

图 2-11 “部件”对话框

3. 向窗体上添加控件的方法

向窗体上添加文本框控件的方法有如下 3 种。

方法一：

① 单击工具箱中的文本框图标，该图标反相显示。

② 把鼠标指针移到窗体上，变为“+”时，按下鼠标左键，向右下方拖动鼠标，窗体上出现一个方框。

③ 拖动方框到合适大小，松开鼠标，就在窗体上添加了一个文本框控件。

方法二：双击工具箱中的文本框图标，则可在窗体中显示该控件，与第一种方法不同的是，利用该方法所添加控件大小、位置是固定的。

方法三：用第一种方法时，每单击一次工具箱中的某个图标，只能在窗体上添加一个相应的控件。如果要添加多个某种类型的控件，必须多次单击相应的控件图标。为了能单击一次控件图标即可在窗体上添加多个相同类型的控件，可按如下步骤操作。

① 按住【Ctrl】键不放，单击工具箱中要创建的控件图标，然后松开【Ctrl】键。

② 用前面介绍的方法在窗体上添加控件（可以添加一个或多个）。

③ 添加完控件后，单击工具箱中的指针图标（或其他图标）。

2.4　基 本 控 件

2.4.1　标签

标签（Label）A主要用于显示文字说明、提示信息等不需要用户修改的文本。标签在运行时不具有交互性，其显示内容一般只在设计状态通过标题（Caption）属性来修改。

通常用标签来标注本身不具有 Caption 属性的控件。例如，可用标签为文本框、列表框、组合框等控件添加描述性文字。

1. 标签控件的属性

（1）Alignment（对齐）属性

功能：设置标签中文本的对齐方式。

语法格式：

```
对象名.Alignment = {0|1|2}
```

其中，0、1、2 表示有 3 种对齐模式，如表 2-7 所示。

表 2-7　Alignment 属性设置

属　性　值	功　　能
0	（默认值）从标签的左边开始显示标题，即左对齐
1	从标签的右边开始显示标题，即右对齐
2	从标签的中间开始显示标题，即居中对齐

（2）AutoSize（大小自动适应）属性

功能：设置标签是否能够自动调整大小以显示所有的内容。

语法格式：

```
对象名.AutoSize = { True | False}
```

其中，属性值为 False（默认值），表示显示控件的原始大小；属性值为 True，表示根据控件中的内容自动调整控件大小。

（3）BackStyle（背景样式）属性

功能：设置标签的背景样式。

语法格式：

```
对象名.BackStyle = {0|1}
```

其中，属性值为 1（默认值），表示背景是不透明的；属性值为 0，表示背景是透明的。

（4）BorderStyle（边框样式）属性

功能：设置标签的边框样式。

语法格式：

```
对象名.BorderStyle = {0|1}
```

其中，属性值为 0（默认值），表示无边框；属性值为 1，表示单线边框。

（5）Caption（标题）属性

功能：设置标签的文本内容。

语法格式：

```
对象名.Caption [ = 字符串]
```

2. 标签控件的事件

标签可以接受 Click（单击）、DblClick（双击）等事件，但一般不需要编写代码。

【例 2.3】 设计一个界面说明标签的基本属性的使用方法，界面设计如图 2-12 所示。该界面中各控件及其属性设置如表 2-8 所示。

运行结果如图 2-13 所示。

表 2-8 控件属性设置

控　件	属　性	属 性 值
Label	Name	Label1
	Caption	Label1
Label	Name	Label2
	Caption	学习 VB
	AutoSize	True
	BackStyle	0（透明）
	BorderStyle	1（单线边框）

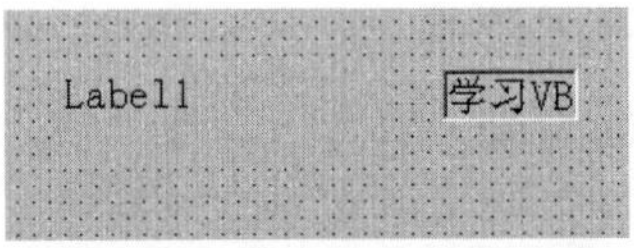

图 2-12 例 2.3 界面设计

图 2-13 例 2.3 运行结果

2.4.2 文本框

文本框（TextBox）abl 是一个文本编辑区域，主要用于接受用户的输入、输出、修改等信息，可以输入单行文本，也可以输入多行文本，在程序运行过程中具有良好的交互性。

1. 文本框控件的属性

（1）Name（名称）属性

功能：设置文本框的名称。

（2）Text（文本）属性

功能：设置文本框中显示的文本内容。

语法格式：

```
对象名.Text[ = 字符串]
```

用户输入、修改的文本内容与 Text 属性相关。

注 意

文本框没有 Caption 属性。

（3）Locked（锁定）属性

功能：设置文本框是否可以被编辑。

语法格式：

```
对象名.Locked = { True | False}
```

其中，属性值为 False（默认值），表示文本内容可以编辑；属性值为 True，表示文本内容只能读但不能修改。

（4）MaxLength（最大长度）属性

功能：设置文本框中输入的字符串最大长度。

如果属性值为 0（默认值），表示文本框中字符串的长度不限，只受操作系统内存的限制；属性值为大于 0 的整数，该整数表示能够输入的最大字符数目。

（5）MultiLine（多行）属性

功能：设置文本框是否可以输入多行文本。

语法格式：

```
对象名.MultiLine = { True | False }
```

其中，属性值为 False（默认值），表示只能单行显示，超出文本框宽度的部分被截除；属性值为 True，表示可以多行显示文本，若文本行数超过文本框宽度，系统会自动为文本框添加滚动条。

（6）PasswordChar（口令）属性

功能：设置是否在文本框中显示用户所输入的字符串。

如果该属性被设置为某一字符，如“*”，则无论在 Text 属性值中输入什么，在文本框中都只显示“*”。PasswordChar 属性和 MaxLength 属性经常联合用于设置口令（俗称“密码”），以保证输入口令的安全性。

注 意

PasswordChar 属性有效的前提是 MultiLine 属性值必须设置为 False。

（7）ScrollBars（滚动条）属性

功能：设置文本框滚动条的模式。

语法格式：

```
对象名.ScrollBars = {0 | 1 | 2 | 3}
```

其中，属性值为 0、1、2、3，表示滚动条有 4 种模式，如表 2-9 所示。

表 2-9　ScrollBars 属性设置

属　性　值	功　　能
0	（默认值）表示没有滚动条
1	表示只有水平滚动条
2	表示只有垂直滚动条
3	表示既有水平滚动条，又有垂直滚动条

注 意

ScrollBars 属性有效的前提是 MultiLine 属性值必须设置为 True。

（8）SelLength（选中字符数）、SelStart（起始位置）和 SelText（选中的字符串）属性

功能：控制文本框中的插入点和文本选定操作，这些属性仅能在运行时使用。

语法格式：

```
对象名.SelLength [ = number]
```

```
对象名.SelStart [ = index]
对象名.SelText [ = value]
```

说 明

① SelLength 设置选定文本的长度，若值为 0，表示未选中任何内容。

② SelStart 设置选定文本的起始点，第一个字符位置是 0。

③ SelText 设置当前选定文本的内容。

2. 文本框控件的事件和方法

（1）文本框控件的事件

文本框常用事件有 Change 和 KeyPress。

① Change（变化）事件。当用户改变文本框的内容时，文本框的 Change 事件被触发，该事件对应的代码结构如下：

```
Private  Sub  Text1_Change()
  ……
End  Sub
```

【例 2.4】 实现标签的标题和文本框的内容同步显示。

思路：用文本框接收用户输入的内容，用文本框的 Change 事件将文本框内容赋予窗体的标题属性 Caption，即可达到窗体的标题与文本框内容一致的效果。

界面设计如图 2-14 所示。该界面中控件及其属性设置如表 2-10 所示。

表 2-10　控件属性设置

控　件	属　性	属 性 值
Label	Name	Label1
	Caption	Label1
	BackColor	&H00FFFFC0&
TextBox	Name	Text1
	Text	Text1

当在文本框中输入“大家好”时，标签中的文字也同步显示为“大家好”，代码如下：

```
Private Sub Text1_Change()
  Label1.Caption = Text1.Text
End Sub
```

运行结果如图 2-15 所示。

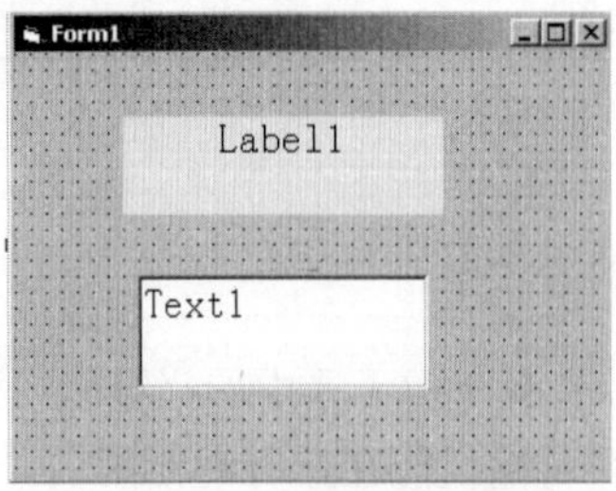

图 2-14　例 2.4 界面设计

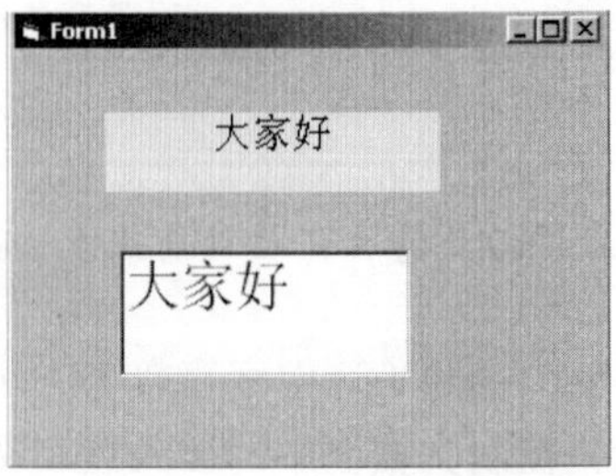

图 2-15　例 2.4 运行结果

② KeyPress（按键）事件。当文本框被选中时，按任意键该文本框的 KeyPress 事件被触发，

该事件对应的代码结构如下：

```
Private  Sub  Text_KeyPress(KeyAscii As Integer)
  ……
End  Sub
```

其中，KeyAscii 是 KeyPress 事件的参数，反映了按键对应键名的 ASCII 码值，输入数据时，通过 KeyPress 事件过程来识别输入字符是否正确，达到判断检查的功能。

（2）文本框控件的方法

文本框常用的方法是 SetFocus 方法。SetFocus 方法可以设置焦点，其获得焦点的显示效果是焦点（光标）在文本框中闪动。例如，Text1.SetFocus 表示文本框 Text1 获得焦点。

【例 2.5】 设计一个界面说明文本框的属性、事件、方法的使用。

界面设计如图 2-16 所示。该界面中各控件及其属性设置如表 2-11 所示。

表 2-11　控件属性设置

控　件	属　性	属 性 值
Label	Name	Label1
	Caption	姓名
Label	Name	Label2
	Caption	密码
Label	Name	Label3
	Caption	显示密码
Label	Name	Label4
	Caption	留言
TextBox	Name	Text1
	Text	空白
TextBox	Name	Text2
	Text	空白
	PasswordChar	*
	MaxLength	6
TextBox	Name	Text3
	Text	空白
	Lock	True
TextBox	Name	Text4
	Text	空白
	MultiLine	True

Text2 文本框的 Change 事件实现文本框变化功能，其事件代码如下：

```
Private Sub Text2_Change()
  Text3.Text = Text2.Text
End Sub
```

运行结果如图 2-17 所示。

图 2-16　例 2.5 界面设计

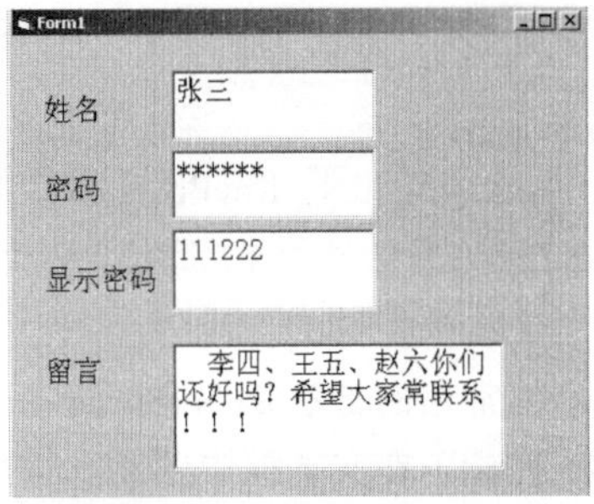

图 2-17　例 2.5 运行结果

2.4.3　命令按钮

命令按钮（CommandButton）是 Visual Basic 应用程序中使用较多的控件，通常在其 Click 事件中编写程序，当用户单击这个按钮时，就会根据这段代码来启动、中断、结束该程序所定义的某个任务，从而执行具体的操作，如计算结果、清除界面、移动图片、关闭窗体等。

1. 命令按钮控件的属性

（1）Caption（标题）属性

功能：设置命令按钮的标题。

（2）Cancel（取消）属性

功能：设置命令按钮是否为取消按钮。

语法格式：

```
对象名.Cancel = { True | False}
```

其中，属性值为 True，表示当用户按【Esc】键时，与单击该按钮效果相同，即响应该按钮对应的 Click 事件；属性值为 False（默认值），表示该按钮非取消按钮。

注 意

一个窗体内，只有一个命令按钮能设置 Cancel 属性值为 True，即只能有一个取消按钮。

（3）Default（确定）属性

功能：设置命令按钮是否为默认按钮。

语法格式：

```
对象名.Default = {True | False}
```

其中，属性值为 True，表示当用户按【Enter】键时，与单击该按钮效果相同，即响应该按钮对应的 Click 事件；属性值设为 False（默认值），表示该按钮非默认按钮。

注 意

在一个窗体内，只能将一个命令按钮的 Default 属性值设置为 True，即只能有一个确定按钮。

（4）Enabled（是否响应）属性

功能：设置命令按钮是否能被按下。

语法格式：

```
对象名.Enabled = {True | False}
```

其中，属性值为 True（默认值），表示该按钮能被响应；属性值为 False，表示该按钮不能被响应，以灰色显示。

（5）Picture（图片）属性

功能：设置命令按钮上显示的图形。

语法格式：

```
对象名.Picture = LoadPicture("图形文件名")
```

（6）Style（风格）属性

功能：设置命令按钮的类型。

语法格式：

```
对象名.Style = {0|1}
```

其中，属性值 0、1 表示命令按钮的两种风格，如表 2-12 所示。

表 2-12　Style 属性

属性值	功能
0	（默认值）表示标准按钮，按钮上只显示 Caption 属性设置的文本
1	表示图形风格，按钮上会显示由 Picture 属性指定的图形

注 意

只有在命令按钮的 Style 属性值设置为 1 时，才会在命令按钮上显示图形。

（7）ToolTipText（解释）属性

功能：设置当鼠标指针在命令按钮上暂停时显示的文本。

2. 命令按钮控件的事件和方法

（1）命令按钮控件的事件

命令按钮最重要的事件是 Click 事件，其次是 MouseDown（鼠标按下）事件和 MouseUp（鼠标弹起）事件。这 3 个事件发生的顺序为 MouseDown 事件、MouseUp 事件和 Click 事件。

MouseDown 事件：鼠标指针位于按钮上并按下时所触发的事件。

MouseUp 事件：释放鼠标时按钮所触发的事件。

Click 事件：此事件被触发有以下几种情况：

① 单击按钮时发生。

② 按钮控件具有焦点时，按【Space】键（空格键）或【Enter】键。

③ 在程序中按钮的 Value 属性为 True 值的命令运行时，触发此事件。

注 意

命令按钮没有 DblClick（双击）事件。

Click 事件代码结构如下：

```
Private  Sub  Command1_Click()
  ……
End  Sub
```

（2）命令按钮控件的方法

命令按钮控件的方法主要是 SetFocus 方法。SetFocus 方法的功能是设置焦点，其获得焦点的显示效果是按钮上有一个虚线边框。例如：

```
Command1.SetFocus
```

【例 2.6】 设计一个计算器，在 Text1 和 Text2 中分别输入两个数，单击“+”“-”“×”“/”按钮则在 Text3 中显示相应的结果。

界面设计如图 2-18 所示。该界面中各控件及其属性设置如表 2-13 所示。

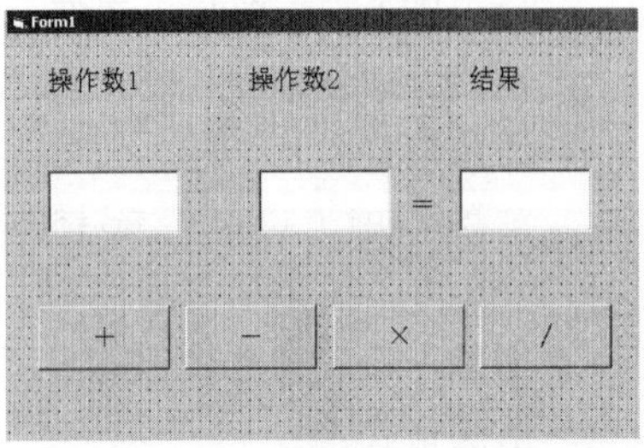

图 2-18 例 2.6 界面设计

表 2-13 控件属性设置

控件	属性	属性值
Label	Name	Label1
	Caption	操作数 1
Label	Name	Label2
	Caption	操作数 2
Label	Name	Label3
	Caption	结果
Label	Name	Label4
	Caption	空白
Label	Name	Label5
	Caption	=
TextBox	Name	Text1
	Text	空白
TextBox	Name	Text2
	Text	空白
TextBox	Name	Text3
	Text	空白
CommandButton	Name	Command1
	Caption	+
CommandButton	Name	Command2
	Caption	-
CommandButton	Name	Command3
	Caption	×
CommandButton	Name	Command4
	Caption	/

程序代码：

```
Private Sub Command1_Click()
   Label4.Caption = "+"
   Text3.Text = Val(Text1.Text) + Val(Text2.Text)
   'Val 的功能是将文本框的内容转换为数值型
End Sub

Private Sub Command2_Click()
   Label4.Caption = "-"
   Text3.Text = Val(Text1.Text) - Val(Text2.Text)
End Sub

Private Sub Command3_Click()
   Label4.Caption = "*"
   Text3.Text = Val(Text1.Text) * Val(Text2.Text)
End Sub

Private Sub Command4_Click()
   Label4.Caption = "/"
   If Text2.Text <> 0 Then
      Text3.Text = Val(Text1.Text) /
      Val(Text2.Text)
   Else
      Text3.Text = "除数不能为 0"
   End If
End Sub
```

运行结果如图 2-19 所示。

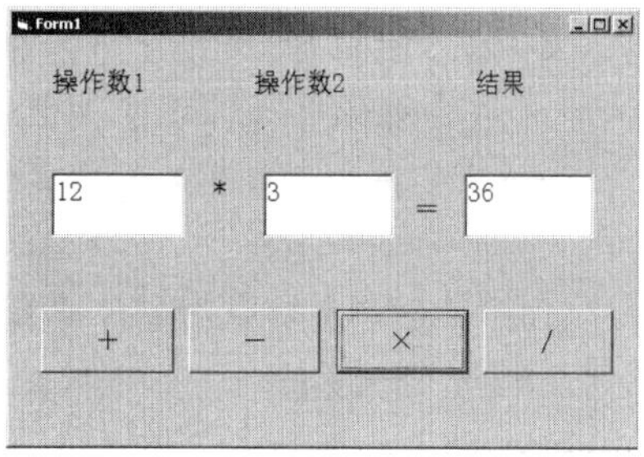

图 2-19　例 2.6 运行结果

习　　题

一、选择题

1. 不能打开属性窗体的方法是（　　）。

   A. 选择“视图”→“属性窗口”命令　　B. 按【F4】键

   C. 按【Ctrl+T】组合键　　D. 单击工具栏中的“属性窗口”按钮

2. 为了使一个窗体从屏幕消失但仍在内存中，所使用的方法或语句为（　　）。

   A. Show　　B. Hide　　C. Load　　D. Unload

3. 当一个工程含有多个窗体时，其中的启动窗体是（　　）。

   A. 启动 Visual Basic 时建立的窗体　　B. 第一个添加的窗体

   C. 最后一个添加的窗体　　D. 在“工程属性”对话框中指定的窗体

4. 运行时，每单击一次窗体，窗体会向右下方移动 10 单位，并且宽、高都减少 10 单位的命令是（　　）。

A. Move left+10,Top-10,Width+10,Height-10

B. Move left+10,Top+10,Width+10,Height-10

C. Move left+10,Top-10,Width-10,Height-10

D. Move left+10,Top+10,Width-10,Height-10

5. 在设计模式下，双击窗体 Form1 的空白处，打开代码窗口，显示（ ）事件代码。

A. Form_Click　　B. Form1_Load

C. Form_Load　　D. Form1_Click

6. 以下关于窗体的描述中，错误的是（ ）。

A. 执行 Unload Form1 语句后，窗体 Form1 消失，但仍在内存中

B. 窗体的 Load 事件在加载窗体时发生

C. 当窗体的 Enable 属性为 False 时，通过鼠标和键盘对窗体的操作都被禁止

D. 窗体的 Height、Width 属性用于设置窗体的高和宽

7. 以下叙述中错误的是（ ）。

A. 在工程资源管理器窗口中只能包含一个工程文件及属于该工程的其他文件

B. 以.bas 为扩展名的文件是标准模块文件

C. 窗体文件包含该窗体及其控件的属性

D. 一个工程中可以含有多个标准模块文件

8. 在 Visual Basic 中，所有的窗体和控件都必定具有的一个属性是（ ）。

A. Name　　B. Font　　C. Caption　　D. FillColor

9. 为了把焦点移到某个指定的控件，所使用的方法是（ ）。

A. SetFocus　　B. Visible　　C. Refresh　　D. GetFocus

10. 唯一能区别一个控件的属性是（ ）。

A. Caption　　B. Text　　C. Name　　D. Index

11. 在窗体上添加一个文本框，其名称为 Text1，为了在程序运行后隐藏该文本框，应当使用的语句为（ ）。

A. Text1.Clear　　B. Text1.Visible = False

C. Text1.Hide　　D. Text1.Enabled = False

12. 要使一个命令按钮成为图形命令按钮，应设置其（ ）属性值。

A. Picture　　B. Style

C. DownPicture　　D. DisabledPicture

13. 要把一个命令按钮设置成无效，应设置其（ ）属性值。

A. Visible　　B. Enabled　　C. Default　　D. Cancel

14. 以下能够触发文本框 Change 事件的操作是（ ）。

A. 文本框失去焦点　　B. 文本框获得焦点

C. 设置文本框的焦点　　D. 改变文本框的内容

二、填空题

1. 假定一个文本框的 Name 属性为 Text1，为了在该文本框中显示“Hello!”，所使用的语句为________。

2. 一个控件在窗体上的位置由 Top 和 Left 属性决定，其大小由________和________属性决定。

3. 为了选择多个控件，可以按住________键，然后单击每个控件。

4. 在窗体上添加两个文本框和一个命令按钮，然后在命令按钮的代码窗口中编写如下事件过程：

```
Private Sub Command1_Click()
    Text1.Text = "Visual Basic"
    Text2.Text = Text1.Text
    Text1.Text = "ABCD"
End Sub
```

程序运行后，单击命令按钮，文本框 Text1 和 Text2 中显示的内容分别为______和________。

5. 在窗体 Form1 上添加两个文本框 Text1、Text2 和一个命令按钮 Command1，然后编写如下两个事件过程：

```
Private Sub Command1_Click()
    A = Text1.Text + Text2.Text
    Print A
End Sub

Private Sub Form_Load()
    Text1.Text = ""
    Text2.Text = ""
End Sub
```

程序运行后，在第一个文本框（Text1）和第二个文本框（Text2）中分别输入 123 和 321，然后单击命令按钮，则输出结果为________。

第3章 Visual Basic 语法基础

本章重点	
	☑ 基本数据类型和用户定义的数据类型 ☑ 常量和变量 ☑ 常用内部函数 ☑ 算术运算符、关系运算符、逻辑运算符及表达式的运算优先级

数据是计算机处理的对象。我们可以把生活中的各种事物的数据或者相关内容通过计算机来处理，因此如何转换成计算机可以处理的数据是很重要的。为了更好地处理各种数据，在Visual Basic 中定义了多种数据类型。不同的数据类型，所占的存储空间不一样，被计算机处理的速度也有所区别。因此，在编写程序过程中应该选择合适的数据类型来描述数据。

3.1 数据类型

3.1.1 基本数据类型

Visual Basic 中的基本数据类型主要有数值型、字符型、逻辑型、日期型、变体型和对象型，其中数值型数据又包括整型、长整型、单精度型、双精度型、货币型和字节型。Visual Basic 中的基本数据类型具体如表 3-1 所示。

表 3-1 基本数据类型

数据类型	关键字	类型符	所占字节数	范围
整型	Integer	%	2	-32 768 ~ +32 767
长整型	Long	&	4	-2 147 483 648 ~ +2 147 483 647
单精度型	Single	!	4	±1.40E-45 ~ ±3.40E+38
双精度型	Double	#	8	±4.94D-324 ~ ±1.79D+308
货币型	Currency	@	8	-9.22E+14 ~ +9.22E+14
字节型	Byte		1	0 ~ 255
日期型	Date		8	01 ~ 12、01 ~ 31、100 ~ 9999
逻辑型	Boolean		2	True、False

续表

数据类型	关键字	类型符	所占字节数	范围
字符型	String	$	一个字符占一个字节	0 ~ 65 535 个字符
对象型	Object		4	任何对象引用
变体型	Variant			可以存放任何数据类型

1. 数值型数据

数值型数据包括整型、长整型、单精度型、双精度型、货币型和字节型，其中整型和长整型为整型数据，单精度型和双精度型为实型数据。数值型数据都有各自的有效取值范围，当程序中的某种数据超过了或者低于规定范围，就会发生“上溢”或“下溢”（简称“溢出”）的错误；因此，在选择数据类型时，要注意可能存在的溢出情况。

（1）整型数据

整型数据是不带小数点的数据，和数学中整数的含义类似，只是整型数据取值范围为 -32 768 ~ +32 767，在计算机中用 2 字节（即 16 位）存储。其类型符为“%”，即在数据尾加上“%”就表示此数据为整型数据。例如，2%表示 2 以整型数据格式存储。

（2）长整型数据

长整型数据和整型数据类似，都表示整数，但所能表示的数据范围比整型大，取值范围为 -2 147 483 648 ~ +2 147 483 647，在计算机中用 4 字节存储。其类型符为“&”。例如，5&表示 5 以长整型数据格式存储。

（3）单精度型数据

单精度型数据是带小数点的实数，在计算机中用 4 字节存储，有效数字为 7 位，通常单精度型数据以指数形式表示，底数部分用 E 或 e 表示。例如，3.6e+5 表示数学中的 3.6×10^5，7.45E-6 表示 7.45×10^{-6}。

（4）双精度型数据

双精度型数据也是带小数点的实数，有效数字为 15 位或 16 位，在计算机内用 8 字节存储，比单精度型数据精度更高。通常双精度型数据以指数形式表示，底数部分用 D 或 d 表示。例如，55.87d+5 表示数学中的 55.87×10^5，7.45D-6 表示 7.45×10^{-6}。

（5）货币型数据

货币型数据是为了计算货币而设置的定点实数或整数，其精度要求比较高，在计算机中用 8 字节存储。其类型符为“@”。例如，23.5@表示 23.5 以货币型数据格式存储。

（6）字节型数据

字节型数据是范围 0 ~ 255 的无符号的整数，在计算机中仅用 1 字节存储，因此称为字节型数据。

2. 日期型数据

日期型数据是为表示日期而设置的数据类型，在计算机中用 8 字节存储，表示公元 100 年 1 月 1 日 ~ 9999 年 12 月 31 日之间的日期和时间数据，日期型数据用“#”括起来标示。例如，#12/25/2015#表示 2015 年 12 月 25 日。

3. 逻辑型数据

逻辑型数据又称布尔型数据，用来表示逻辑判断的结果。它只有真（True）和假（False）

两种取值，在计算机中用 2 字节存储。使用时，当数值型数据转换为逻辑型数据时，数字 0 转换为 False，非 0 的数字转换为 True；当逻辑型数据转换为数值型数据时，False 转换为 0，True 转换为-1。

4. 字符型数据

字符型数据是用双引号括起来的一串字符，有两种：定长字符串和变长字符串。定义定长字符串时，其后加上“*”和数字，表示该字符串的长度为该数字表示的字节数。例如，Dim a As String * 6，表示定义变量 a 是一个 6 字符的定长字符串数据。

5. 对象型数据

对象型数据主要用于定义应用程序中对象的类型。

6. 变体型数据

变体型数据可以表示任何一种数据类型，其大小由所赋予的数据类型决定。例如：

```
Dim a As Variant              '定义 a 为变体型数据
a = 123                       'a 为整型数据
a = "Visual Basic"            'a 为字符型数据
```

3.1.2 用户自定义数据类型

用户自定义数据类型是根据用户需要在已存在的基本数据类型基础上组合而形成的新的数据类型。例如，一个学生的基本信息包括学生的学号（字符型数据）、姓名（字符型数据）、出生日期（日期型数据）等，各组成元素隶属一种基本数据类型，组合成的学生基本信息即为一个用户自定义数据类型。

用户自定义数据类型必须由用户在程序中先自行定义后才能使用，定义该数据类型的格式如下：

```
[Private|Public] Type 用户自定义类型名
   元素名 1  As 数据类型
   元素名 2  As 数据类型
   ……
End Type
```

注 意

① 用户自定义类型名的命名规则遵循标识符的命名规则（见 3.2 节），只有被定义了的用户自定义数据类型才可以在程序中使用。用户自定义数据类型必须写在模块或窗体的通用声明部分。

② 元素的数据类型可以是字符串，字符串为定长字符串，一般使用“String*常数”格式，用来指明字符串长度，也可以不使用常数，不指明字符串长度，但此类型仍然是定长字符串类型。

③ 定义语句应该放在标准模块或窗体模块的声明部分，在窗体中的声明部分定义 Type 语句应该指定 Private，在模块中的声明部分定义 Type 语句默认为 Public。

上述学生的基本信息数据类型可以定义如下：

```
Private Type Student
     SNo As String * 10             '定义学号为 10 字符长度的定长字符型数据
     SName As String * 10           '定义姓名为 10 字符长度的定长字符型数据
     SBirth As Date                 '定义出生日期为日期型数据
End Type
```

这样，Student 数据类型通过 3 个元素来描述一个学生的基本信息。此后，可以使用当前自定义的数据类型定义所需要的学生信息数据变量。

3.2 常量和变量

3.2.1 标识符的命名规则

在 Visual Basic 中，标识符是程序员为变量、常量、数据类型、过程、函数、类等对象定义的名称。使用标识符可以完成对这些对象的引用。

Visual Basic 中标识符的命名规则如下：

① 标识符可以由字母、数字或下划线组成，必须以字母开头。

② 标识符的长度不能超过 255 字符，控件、窗体、类和模块的名字不能超过 40 字符。

③ 自定义的标识符不能和 Visual Basic 中的运算符、语句、函数和过程名等关键字同名，同时也不能与系统已有的方法和属性同名。关键字是 Visual Basic 保留下来的作为程序中有固定含义的标识符，不能被重新定义（声明）。

④ 保证标识符在同一范围内是唯一的。

3.2.2 常量

常量又称常数。在 Visual Basic 中，用常量表示在整个程序中事先设置的、不会改变数值的数据。例如，若经常要计算圆的面积，可以把圆周率设置为一个常量，以方便计算。常量分为直接常量和符号常量两种。常量的数据类型可以是任何一种数据类型。

1. 直接常量

直接常量是在程序中直接给出的数值、字符、日期等具体的数据值。按照数据类型分类，直接常量可分为以下几类。

（1）字节型、整型和长整型常量

在 Visual Basic 中可以使用十进制、十六进制和八进制 3 种方法表示这 3 类常量。

十进制整数只能包含数字 0～9、正负号。十进制整型数据的取值范围为-32 768～+32 767，如-5、12345、0。

十六进制数由数字 0～9、A～F 或 a～f 组成，并以&H 开头，其后的数据位数不多于 4 位，范围为&H0～&HFFFF。例如，&H13 表示十进制的 19。

八进制数由数字 0～7 组成，并以&0 或&开头，其后的数据位数不多于 6 位，范围为&0～&0177777。例如，&013 表示十进制的 11。

（2）单精度和双精度浮点型常量

在 Visual Basic 中，浮点型数据用科学计数法表示，以字母 E 或 e 表示单精度数的指数符号，用字母 D 或 d 表示双精度数的底数符号，即为乘以 10 的幂次。例如，1.23E-5 就相当于 1.23×10^{-5}。

（3）日期型常量

日期型常量用一对“#”括起来，中间为计算机可识别的日期格式，如#08/20/2015#和#2015-12-30 6:23:25pm#。

（4）逻辑型常量

逻辑型常量（布尔常量）只有 True（真）和 False（假）两个值，直接用 True 和 False 表示。

（5）字符型常量

字符型（字符串型）常量是用一对双引号引起来的任意字符序列，如"Visual Basic6.0"。

注 意

字符型常量的引号必须是英文半角引号。

Visual Basic 允许在常量后直接加类型符定义常量类型。例如，45&表示长整型常量，36.4@表示货币常量。

2. 符号常量

符号常量用一个标识符代表一个直接常量，用这个标识符作为常量名。符号常量又分为两种，即系统内部定义常量和用户定义常量。

（1）系统内部定义常量

系统内部定义常量是 Visual Basic 和 Visual Basic 中的控件所提供的。这些常量可与应用程序的对象、方法和属性一起使用，在代码中可以直接使用它们。例如，vbRed 就是系统内部定义的常量，相当于长整数&HFF。选择“视图”→“对象浏览器”命令，在对象浏览器窗口中可以查看系统所提供的所有内部符号常量。

（2）用户定义常量

定义格式：

```
Const  符号常量名  [As 数据类型] = 常量表达式
```

符号常量名要符合标识符命名规则，指定用某个名称代替某个常量或者常量表达式。数据类型省略时，默认用当前数据的数据类型作为常量的数据类型。例如：

```
Const Pi = 3.141592653589 As Single
Const Da = #9/1/2013#
Const M As Integer = 45,D = "tea" as String
'同时声明多个常量时，多个变量之间用逗号间隔声明
Const  MM = "妹妹"
```

3.2.3 变量

变量是其值在程序执行过程中能够改变的量。

1. 声明变量

通常变量是先声明后使用，声明变量是告知变量的名称和变量能存放数据的数据类型。在变量使用之前提前声明变量称为显式声明，若不提前声明则称为隐式声明。变量存放数据类型可以是基本数据类型，也可以是用户自定义数据类型。变量名的命名应遵循标识符的命名规则。

（1）显式声明

格式如下：

```
{Dim | Public | Private | Static}  变量名1  [As  类型1][, 变量名2  [As  类型2]]…
```

其中，“变量名”遵循变量的命名规则；“类型”用来声明与之对应的变量，可以是基本数据类型，也可以是用户自定义数据类型。例如：

```
Dim a As Integer
```

```
Static b As String
Private Type Student
    SName As String * 10
    Sage As Integer
    Stel As String * 11
End Type
Dim s1 As Student              'Student 是用户自定义数据类型，s1 是该类型变量
```

若需要为 s1 的各数据成员赋值，需要使用单个英文句号“.”来引用每个数据成员，例如：

```
s1.SName = "王方"
s1.Sage = 25
s1.Stel = "12345678912"
```

这里可以利用“.”访问 s1 中的每一个数据成员，可以把每一个数据成员当作一个变量来看待。

若使用声明语句时省略数据类型，则默认为该数据的数据类型是变体型，例如：

```
Dim c                          'c 默认为变体型
```

数据在声明后，系统会自动将数值型变量赋值为 0，为字符型或变体类型变量赋值为空值，将逻辑型的变量赋值为 False，将日期型变量赋值为 0:00:00。

（2）隐式声明

如果没有声明就直接使用，Visual Basic 会自动根据数据值对其规定数据类型，例如：

```
X = 35                         'X 为整型数据
Y = "Visual Basic 6.0 编程"    'Y 为字符型数据
```

（3）后缀法声明

对于数值型变量，允许直接在变量名后面加上数据类型符（即后缀），指定该变量的数据类型，例如：

```
xa%                            '变量 xa 是整型数据
xb@                            '变量 xb 是货币型数据
xc$                            '变量 xc 是字符型数据
```

2. 强制显式声明变量语句

Visual Basic 虽然不要求必须对变量进行声明，但是不声明变量经常会出现很多错误，所以一般编程者希望在运行程序之前由系统编译器帮助检查程序中是否有未显式声明的变量。如果希望这样做，可以在通用声明部分用强制显式声明语句。格式如下：

```
Option Explicit
```

这个语句所实现的功能也可以通过 Visual Basic 系统的选项功能来设置。选择“工具”→“选项”命令，弹出“选项”对话框，在“编辑器”选项卡的“代码设置”选项组中勾选“要求变量声明”复选框，如图 3-1 所示。

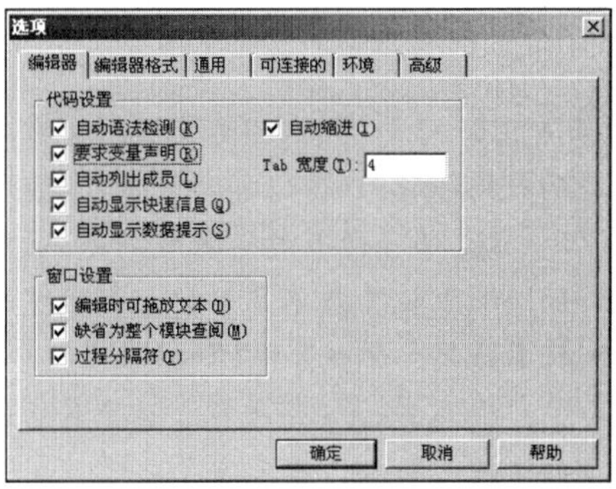

图 3-1　强制显式声明语句的设置

3.3 运算符和表达式

运算是对数据进行加工的过程，描述不同运算的符号称为运算符，参与运算的数据称为操

作数。在 Visual Basic 中，运算符有算术运算符、字符串运算符、关系运算符、逻辑运算符；有些书还提出了赋值运算符、日期运算符、对象运算符的概念，实际上并没有提出新的运算符，只是将某些运算符的功能做了扩展。表达式用来表示某个求值规则，可以由关键字、运算符、常量、变量、函数、对象和配对的圆括号以合适的形式组合而成。每个表达式都有唯一的值作为表达式的值。根据运算符的不同，表达式可分为算术表达式、字符串表达式、关系表达式、逻辑表达式等。下面分别介绍每种运算符和表达式。

3.3.1 算术运算符及其表达式

算术运算符是专用来进行数学计算的运算符。Visual Basic 提供的算术运算符共有 7 个，除负号为单目运算符外，其余的均为双目运算符，即需要两个操作数完成的运算。算术运算符及其优先级如表 3-2 所示。

表 3-2 算术运算符及其优先级

算术运算符	含义	示例	结果	优先级
^	乘方	3^2	9	1
-	负号	-5	-5	2
*	乘	4*5	20	3
/	除	3/10	0.3	3
\	整除	2\5	0	4
Mod	取模/取余	6 Mod 5	1	5
+	加	2+8	10	6
-	减	5-1	4	6

算术表达式就是由算术运算符连接操作数构成的表达式，其运算结果也是一个算术值。由于一个表达式中可能出现多种算术运算符，所以，计算的时候要按照优先级进行运算，优先级高的优先计算。圆括号可以改变优先级，括号内的优先级最高。

注 意

① +、-、*、/的运算规则和数学里面的运算规则一样，计算时按照“先乘除，后加减”的规则计算。

② 整除运算的运算规则是先计算两个整数的商，再丢弃商值的小数部分。若参加运算的除数或被除数不是整数，则按照四舍五入的方法先进行取整，然后按照整除运算的规则计算结果。例如，8\3 的结果是 2，5.8\3 的结果是 2。

③ a Mod b 是计算 a 整除 b 后的余数值，如果参加计算的数据是小数，先对它们进行四舍五入取整，然后完成求模运算。如果参加运算的数据有负数，用绝对值参加取模运算，运算结果的符号和 a 的符号一致。例如，5.6 Mod 3 的结果是 0，-5 Mod 3 的结果是-2。

④ +、-也可以对日期型数据进行计算，用来计算日期之间的关系，如#12/19/1999#-#11/16/1999#的结果为 33，表示 1999 年 11 月 16 日到 1999 年 12 月 19 日之间有 33 天。#11/16/1999#+33 的结果为#12/19/1999#，表示 1999 年 11 月 16 日之后的 33 天是 1999 年 12 月 19 日。

【例 3.1】 声明变量 a、b，分别赋值为 2 和 3，在窗体的 Click 事件中观察各种算术运算的结果。

该程序窗体的 Click 事件的代码如下：

```
Private Sub Form_Click()
   a = 2: b = 3
   Print a + b, a - b
   Print a * b, a Mod b
   Print a / b, a \ b
   Print a ^ b
End Sub
```

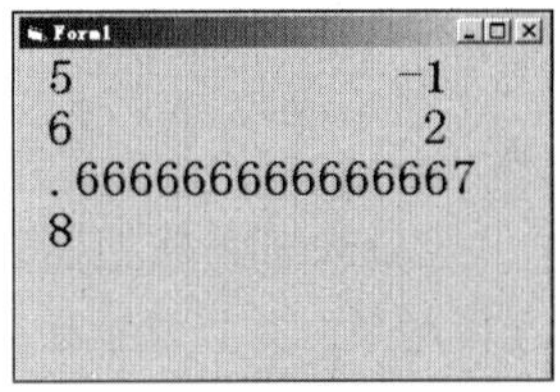

图 3-2　例 3.1 运行结果

运行程序，单击窗体可看到各算术表达式的值，运行结果如图 3-2 所示。

3.3.2　字符串运算符及其表达式

字符串运算符的作用是实现字符串的连接，有时也称其为连接运算符，连接运算符有&和+。

当参加运算的操作数都是字符型数据时，两个运算符的作用和结果相同，都是将两个字符串连接起来，组成一个新的字符串，例如：

```
"xyz" + "123"                '结果为新字符串"xyz123"
"xyz" & "123"                '结果为新字符串"xyz123"
```

当连接运算的操作数不是或不全是字符串时，两个连接运算符的结果可能就有所差别。&连接符在任何时候都做字符串连接操作，如果操作数有非字符串数据，先将其转换为对应的字符串数据，再进行连接操作。例如：

```
"123" & "xyz"                '结果为新字符串"123xyz"
123 & 456                    '结果为新字符串"123456"
123 & "xyz"                  '结果为新字符串"123xyz"
```

对于+连接符，运算时若其中一个字符串为数字字符型数据，另一个为数值型数据，先将数字字符型变为数值型，再实现算术加法运算；若两个均为数值型数据，则直接按照算术运算符实现加法运算；若其中一个为数值型数据，另外一个为非数字字符型数据，系统则会提示出错。例如：

```
"123" + 45                   '结果为数据 168
123 + 45                     '结果为数据 168
"Visual Basic 编程" + 45     '程序提示出错
```

说　明

为了避免+做连接运算时与加法运算混淆，一般使用&作为连接符号使用，但使用&连接符时必须在&的前面和后面各增加一个空格避免出错。这是因为符号&的另一个含义是长整型的类型符，如果变量与符号&接在一起，Visual Basic 系统先把它作为类型定义符处理，从而出现语法错误。

【例 3.2】　编写一个简单的加法程序，用两个文本框存放被加数和加数，另外一个文本框存放结果，单击“计算”按钮将计算结果显示在结果框中，单击“算式”按钮将整个算式完整显示在算式的标签中。

界面设计如图 3-3 所示，并按照要求设置各对象的属性。

Command1 按钮实现计算功能，其 Click 事件代码如下：

```
Private Sub Command1_Click()
   Dim s1 As Integer, s2 As Integer, s3 As Integer
   s1 = Val(Text1.Text)
   s2 = Val(Text2.Text)
   s3 = s1 + s2
   Text3.Text = s3
End Sub
```

Command2 按钮实现算式显示功能。可以考虑用连接字符串的方法，将算式中的各个部分连接起来，并且显示在 Label3 中，其 Click 事件代码如下：

```
Private Sub Command2_Click()
   Label3.Caption = Label3.Caption & Text1.Text & "+" & Text2.Text & "=" _
   & Text3.Text
End Sub
```

输入 12 和 56 两个数，分别单击两个按钮的运行结果如图 3-4 所示。

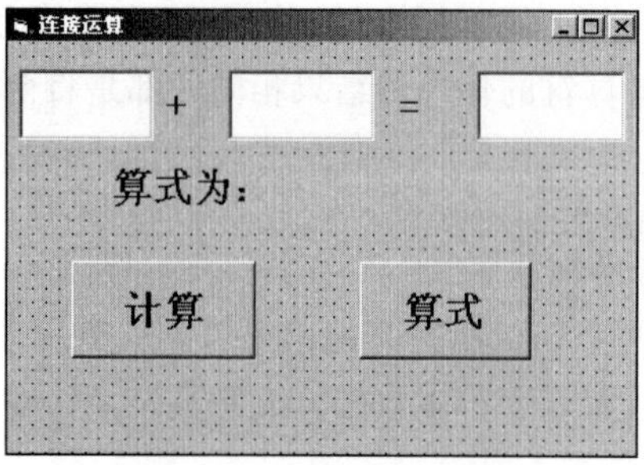

图 3-3　例 3.2 设计界面

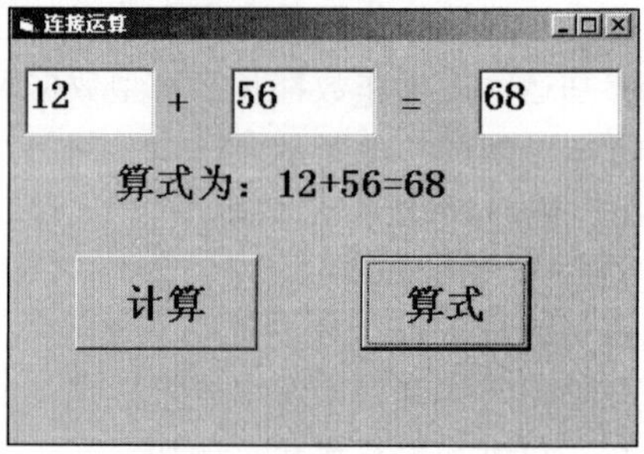

图 3-4　例 3.2 运行结果

注 意

该例题中进行字符串连接时，标签的 Caption 属性和文本框的 Text 属性都是字符串，可以直接当作字符串连接；但+当作显示字符串被连接时要加上引号，否则会出现错误。

3.3.3　关系运算符及其表达式

关系运算符又称为比较运算符，用来比较两个操作数之间的大小关系。操作数可以是数值型数据、字符（串）型数据、日期型数据等，但不能是逻辑型数据。若为逻辑型数据，则需要根据逻辑型数据向数值型数据转换的规则转换后再进行运算。关系运算的结果是逻辑值，即运算的结果只有 True 和 False 两种。关系运算符及其优先级如表 3-3 所示。

表 3-3　关系运算符及其优先级

关系运算符	含　义	示　例	结　果	优 先 级
=	等于	"abc"="abd"	False	关系运算符具有相同的优先级
>	大于	(3+5)>2	True	
>=	大于或等于	"abc">="abd"	False	关系运算符具有相同的优先级
<	小于	"abc"<"abc"	False	
<=	小于或等于	"23"<="4"	True	
<>	不等于	"a"<>"A"	True	

说 明

① 数值型数据在进行比较时，直接比较其值的大小。例如，5>3 的结果为 True。

② 日期型数据比较大小时，Visual Basic 会把日期型数据看作一个 yyyymmdd 的 8 位整数，按照数值比较其大小。例如，#1999-5-6#>#2003-6-13#的结果为 False。

③ 字符型数据比较大小时，若为单个字符，比较其 ASCII 码值。若为字符串，依次从左边第一个字符开始比较，直到发现一个不相同的为止，由第一个不相同的字符的大小的关系代表字符串的大小。若字符串长度不相等，短字符串尾部可以补空格比较。

④ 常见的字符值由对应的 ASCII 码表中的顺序决定，常见字符 ASCII 码大小关系如下："空格"<…<"0"<"1"<…<"9"<…<"A"<"B"<…<"Y"<"Z"<…<"a"<"b"<…<"y"<"z"<"任何汉字"。

例如，"sab">"aab"的结果为 True，"abc"="ABC"的结果为 False。

⑤ 逻辑值不能参加运算，如果比较中出现逻辑值，先将逻辑值转换为对应的数值型数据再进行比较。例如，10 <= 3 < 20 先计算 10<=3 的结果为 False，然后将 False 转换为数值 0，将结果再和 20 比较，结果为 True。

⑥ 数值型数据与可转换为数值型的数据比较时，将字符型数据转换为对应的数值型数据进行计算。例如，29>"189"，按数值比较，结果为 False。数值型与不能转换成数值型的字符型比较。例如，77>"sdcd"，不能比较，系统将提示出错。

⑦ 关系运算没有优先级，也可以认为具有相同的优先级，所以按照从左到右的顺序进行计算。

3.3.4 逻辑运算符及其表达式

逻辑运算符又称布尔运算符，用来对逻辑型数据进行各种逻辑运算。它的操作数经常是关系表达式或逻辑型数据，其结果也仍然是逻辑型数据，即 True 或 False。逻辑运算符及其优先级如表 3-4 所示。

表 3-4 逻辑运算符及其优先级

逻辑运算符	含 义	优 先 级
Not	逻辑非	1
And	逻辑与	2
Or	逻辑或	3
Xor	逻辑异或	4
Eqv	逻辑同或	5
Imp	逻辑蕴含	6

逻辑运算的结果比较复杂，其运算规则（真值表）如表 3-5 所示。

表 3-5 逻辑运算符运算规则

A	B	Not A	A And B	A Or B	A Xor B	A Eqv B	A Imp B
True	True	False	True	True	False	True	True
True	False	False	False	True	True	False	False

续表

A	B	Not A	A And B	A Or B	A Xor B	A Eqv B	A Imp B
False	True	True	False	True	True	False	True
False	False	True	False	False	False	True	True

说 明

计算逻辑表达式时，如果存在关系表达式，则先计算关系表达式，再计算逻辑表达式。例如，4>5 And 5<3 的结果为 False。

数学上表示某个数在某个值域范围内时用表达式 10≤X<20，在 Visual Basic 程序中应写成 X>= 10 And X<20。

3.3.5 运算符优先级

每种同类型的运算符都有内部的运算符优先级，不同类型的运算符之间也有相应的优先级顺序。一个表达式中既可以包括相同类型的运算符，也可以包括不同类型的运算符或者函数。当多种运算符出现在同一个表达式中时，应该先按照不同类型运算符间的优先级进行运算。各种运算符间的优先级如下：数值运算符>字符串运算符>关系运算符>逻辑运算符。可以用括号改变优先级顺序，使得括号内的运算优先于括号外的运算。对于多重括号，总是由内到外强制表达式的某些部分优先运行。括号内的运算总是最优先计算。例如：

① 表达式 3 * 2 \ 5 Mod 3 运算的顺序是先计算乘法，再计算整除，最后计算取模。

② 若 a=2，b=3，c=4，d=5，表达式 Not a<=c Or 4*c=b^2 And b<>a+c 的计算顺序是先计算 3 个关系表达式的值，a<=c 的值为 True，4*c=b^2 的值为 False，b<>a+c 的值为 True，然后依次计算 Not、And 和 Or 表达式的值，结果为 False。

3.4 常用内部函数

Visual Basic 提供了上百种内部函数（库函数），调用它们的方法有以下两种。

第一种方法：

```
函数名(参数列表)                '有参函数将参数写在括号中调用
```

第二种方法：

```
函数名                          '无参函数直接利用函数名调用
```

说 明

① 使用库函数要注意参数的个数及其参数的数据类型。

② 要注意函数的定义域（自变量或参数的取值范围）。例如，sqr(x)要求 x≥0。

③ 注意函数的值域。例如，exp(23773) 的值就超出了实数在计算机中表示的范围。

在 Visual Basic 中，有些函数是通用的，有些函数是与某种操作有关的，这些函数可以分为数学函数、随机数函数、字符串函数、转换函数、日期和时间函数、格式输出函数等。

3.4.1 数学函数

数学函数用于各种算数运算，常用数学函数如表 3-6 所示。

表 3-6 常用数学函数

函　数	一般格式	说　明	函　数	一般格式	说　明
Sin	Sin(x)	返回弧度 x 的正弦值	Exp	Exp(x)	返回 e 的 x 次幂，即 e^x
Cos	Cos(x)	返回弧度 x 的余弦值	Sgn	Sgn(x)	返回 x 的符号值
Tan	Tan(x)	返回弧度 x 的正切值	Sqr	Sqr(x)	返回 x 的平方根
Atn	Atn(x)	返回弧度 x 的反正切值	Int	Int(x)	返回不大于 x 的最大整数
Abs	Abs(x)	返回 x 的绝对值	Fix	Fix(x)	返回 x 的整数部分

说 明

① 三角函数的使用与数学上类似，只是函数内参数的单位应为弧度。所以在使用函数时，若使用度数应转换为对应的弧度。

例如，求 sin30°的值，应将 30° 转换为对应的弧度，再使用数学函数，即为 sin(3.141 59/180*30)。Sin(1)结果为 0.841 470 984…。

② Abs 函数用于返回某个数的绝对值，正数的绝对值是其本身，负数的绝对值为其相反数。例如，Abs(−3.2)的值为 3.2。

③ Exp 函数用返回 e 的指定次幂，其中 e 的值为 2.718 281 828…。例如，Exp(−5)相当于求 e^{-5}，其结果为 6.737 946 999 085 47E-03。

④ Sgn 函数用于返回某个数的符号，符号函数 Sgn 的返回值有 3 种：1、0、−1，若参数为正，返回值为 1；若参数为 0，返回值为 0；若参数为负，返回值为−1。

例如：Sgn(−3)=−1（参数为负数），Sgn(0)= 0，Sgn(3)=1（参数为正数）。

⑤ Sqr 函数用于返回某个数的平方根值，根据数学上对平方根的定义，参数只能为非负数（可以为实数）。例如，Sqr(9)的结果为 3，Sqr(9.56)的结果为 3.091 924 966…。

⑥ 取整函数 Int 用于返回不大于某个数的最大整数。例如，Int(50.6)的结果为 50，Int(−50.6)的结果为−51。

在图 3-5 所示的数轴上可以清楚地看到，直接在数轴上取某个数左侧离它最近的那个整数为 Int 函数的结果。

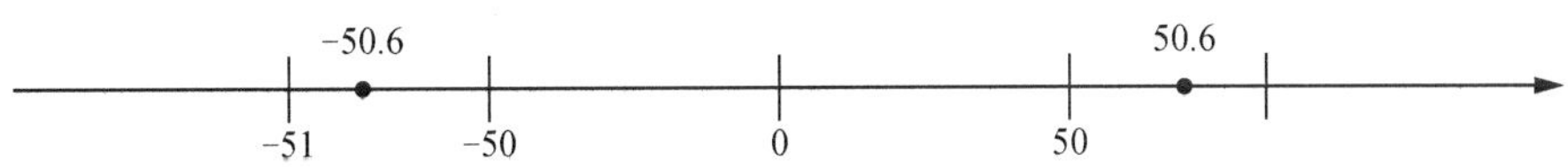

图 3-5 数轴表示取整关系

⑦ 取整函数 Fix，又称直接取整函数，即直接取某个数的整数部分。例如，Fix(10.4)的结果为 10，Fix(−5.6)的结果为−5。

注 意

在使用时，要注意 Int 函数和 Fix 函数的区别。若是正数取整，用 Int 函数或 Fix 函数的结果是一致的；若是负数取整，用 Int 函数或 Fix 函数得到的结果是不同的。

3.4.2 随机数函数

在编程中经常要使用随机数，如游戏、测试或模拟程序。随机数函数如表 3-7 所示。

表 3-7 随机数函数

函 数	一 般 格 式	说 明
Rnd	Rnd(x)	返回小于 1 但大于或等于 0 的随机数

① 随机数函数 Rnd(x)可以带参数，参数的值决定了 Rnd 函数生成随机数的方式。随机数函数参数说明如表 3-8 所示。

表 3-8 随机数函数参数说明

参数 x 的值	Rnd 函数产生结果
小于 0	每次都使用 x 作为随机数种子得到的结果相同
大于 0	以 x 为随机数种子的随机数序列中的下一个随机数
等于 0	最近生成的数
省略	序列中的下一个随机数

例如，Rnd(–1)得到的是以–1 为随机数种子的结果，结果为 0.224 007，每次运行得到的结果都一样。Rnd(1)得到的是以 1 为随机数种子，对最初给定的种子都会生成相同的数列，因为每一次调用 Rnd 函数都用数列中的前一个数作为下一个数的种子。因此虽然随机数每次都不相同，但是如果参数相同，那么随机数序列就是相同的。通常使用时，都使用省略参数的随机数函数，即 Rnd。

② 直接使用 Rnd 函数每次得到的序列都是一样的，即使可以使用不同的参数来改变随机序列，但是在使用中有时希望每次都得到不同的序列，那么可以使用 Randomize 随机数种子生成器语句，用在 Rnd 函数之前，这样可以使得 Rnd 函数产生的随机数为不同的序列。

例如，不使用 Randomize 语句，直接调用 Rnd 函数：

```
Private Sub Form_Click()
  Print Rnd
End Sub
```

所产生的随机数序列在两次运行程序时出现相同的随机数序列，如图 3–6 所示。

使用 Randomize 语句，再调用 Rnd 函数：

```
Private Sub Form_Click()
  Randomize
  Print Rnd
End Sub
```

使用 Randomize 语句后，两次运行程序出现了不同的随机数序列，如图 3–7 所示。

③ 在实际使用中，随机数可能要扩大范围或者限制在特定范围内，若要得到 0 ~ 50 之间（不包括 50）的随机数，直接可以用得到的随机数乘以 50，扩大随机数范围，即 Rnd*50。Rnd 函数通常与 Int 函数配合使用，用来得到特定范围内的随机整数。例如，若要生成[a, b]区间范围内的随机整数，可以采用公式 Int((b–a+1)*Rnd + a)。例如，若要产生[10,100]内的

随机整数，则可以用 Int(91*Rnd+10)来得到。

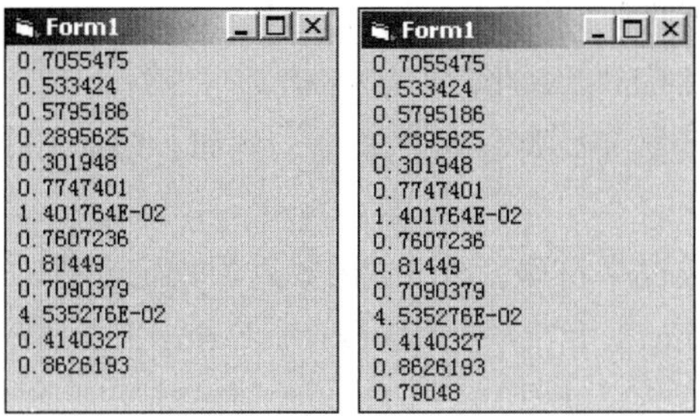

图 3-6　不使用 Randomize 语句两次运行结果

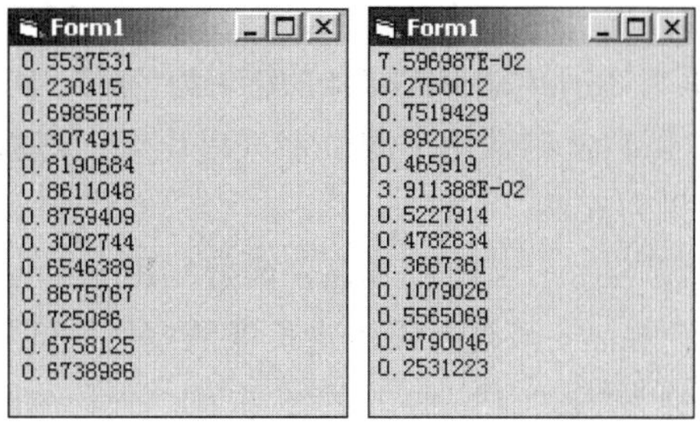

图 3-7　使用 Randomize 语句两次运行结果

3.4.3　字符串函数

Visual Basic 提供了大量的字符串函数，用于解决各类字符串处理问题，如表 3-9 所示。

表 3-9　字符串函数

函　　数	一 般 格 式	说　　明
Ltrim$	Ltrim$(Str)	去掉字符串 Str 左边的空白字符，并返回
Rtrim$	Rtrim$(Str)	去掉字符串 Str 右边的空白字符，并返回
Trim$	Trim$(Str)	去掉字符串 Str 左边和右边的空白字符，并返回
Left$	Left$(Str,n)	取字符串 Str 左部的 n 个字符，并返回
Right$	Right$(Str,n)	取字符串 Str 右部的 n 个字符，并返回
Mid$	Mid$(Str,p,n)	取字符串 Str 第 p 个字符开始的 n 个字符，并返回
Len	Len(Str)	测试字符串 Str 的长度
String$	String$(n,Str)	返回包含 Str 第一个字符重复 n 次的字符串
Space$	Space$(n)	返回包含 n 个空格的字符串
InStr	InStr([start,]s1, s2[, compare])	返回字符串 s2 在字符串 s1 中从 start 开始第一次出现的位置
Ucase$	Ucase$(Str)	将字符串 Str 转换为大写字母字符串
Lcase$	Lcase$(Str)	将字符串 Str 转换为小写字母字符串

字符串函数是专门用来处理字符串的一系列函数。

① 大多数字符串函数的返回值都为字符串，因此可以在函数后面加上$，表示该函数的返回值类型也为字符串，在使用的时候可以省略。在使用字符串函数的时候要注意参数类型、个数和每个参数的含义。

② Ltrim、Rtrim、Trim 3 个函数的使用方法相同，只需把需要去掉空格符的字符串作为参数即可以完成功能。例如，Ltrim("　　abcd　　")的结果为"abcd　　"，Rtrim("　　abcd　　")的结果为"　　abcd"，Trim("　　abcd　　")的结果为"abcd"。

这个函数一般在处理数据库数据时用得较多，或者在匹配用户输入数据的时候考虑有些无效的空格会造成错误，所以要用函数去掉某些空格。注意这 3 个函数都不能去掉中间的字符。

③ Left、Right、Mid 3 个函数的作用也是类似的，用于取得字符串的某些字符。Left 函数和 Right 函数分别是指从字符串左边或者右边开始取得某个字符串的字符，参数为要操作的字符串和要取的位

数，而 Mid 函数是从字符串指定位置取指定个字符，因此有 3 个参数。例如，Left("abcdefghi",3)的结果为"abc"，Right("abcdefghi",4)的结果为"fghi"，Mid("abcdefghi",3,4)的结果为"cdef"。

④ Len 函数用于测试字符串长度，其返回值为数字，即字符串长度。例如，Len("China!")的结果为 6。

⑤ String 函数和 Space 函数均用于返回指定长度字符串，String 函数返回指定字符的字符串，而 Space 函数返回指定长度的空格。例如，String(3, "s")的结果为"sss"，String(3, "sab")的结果同样为"sss"，Space(6)的结果为"   "。

⑥ InStr 函数用于返回给定字符串出现的位置，也可以认为是一个查找字符串的函数。语法格式如下：

```
InStr([start,]s1,s2[,compare])
```

其中，start 为可选参数，为数值表达式，用于设置每次搜索的起点。如果省略，将从第一个字符的位置开始。s1 为给定字符串，s2 为要查找的字符串，即表示查找 s1 中是否有 s2 出现。compare 也为可选参数，表示字符串比较类型，一般不使用。由于是查找字符串，所以函数的结果也有多种情况：如果 s1 为零长度字符串，则函数返回值为 0；如果 s1 为 Null，则函数返回值为 Null；如果 s2 为零长度字符串，则函数返回 start 的值；如果 s2 为 Null，则函数返回 Null；如果在 s1 中查找不到 s2，则函数返回 0；若可以查找到，则函数返回在 s1 中找到 s2 的位置起始值；如果 start >len(s2)，则函数返回值为 0。例如，InStr(" abcdef "," def ")的结果为 4，InStr(2, " abcdef "," def ")的结果为 4，InStr(2, " abcdef ","")的结果为 2，InStr(2, " abcdef ",NULL)的结果为 NULL。

⑦ Ucase 和 Lcase 两个函数也是类似的，用于直接将字符串中的字符进行大小写字符的转换。例如，Ucase("How Are You")的结果为"HOW ARE YOU"，Lcase("How Are You")的结果为" how are you"。

3.4.4 转换函数

Visual Basic 提供了一组转换函数，使不同类型的数据处理变得方便，常用转换函数及数据类型转换函数分别如表 3-10 和表 3-11 所示。

表 3-10 常用转换函数

函数	一般格式	说明
Asc	Asc(Str)	返回字符 Str 首字符的 ASCII 码值
Chr	Chr(n)	返回 ASCII 码值 n 对应的字符
Val	Val(Str)	返回包含于字符串 Str 内的数字
Str	Str(n)	返回数值 n 组成的字符串

表 3-11 数据类型转换函数

函数	一般格式	说明
CBool	CBool(Str)	将任何有效的字符串或字符表达式转换为逻辑型数据
CByte	CByte(n)	将 0 ~ 255 内的数据转换为字节型数据
CCur	CCur(n)	将数据转换为货币型数据

续表

函　　数	一 般 格 式	说　　明
CDate	CDate(Str)	将任何日期表达式转换为日期型数据
CDbl	CDbl(n)	将范围内的数据转换为双精度数据
CInt	CInt(n)	将数据转换为整型数据，小数部分四舍五入
CLng	CLng(n)	将数据转换为长整型数据
CSng	CSng(n)	将数据转换为单精度数据
CStr	CStr(n)	将数据转换为字符串
CVar	CVar(n)	若为数值，则范围与双精度数据相同；若不为数值，则范围与字符串相同
CVErr	CVErr(n)	将实数转换为错误值

① 转换函数中使用较多的是表 3-10 中的函数，便于将字符和数值相互转换。

② Asc 函数仅返回字符串首字母的 ASCII 码值。例如，Asc("China")的结果为 67（大写字母 C 的 ASCII 码值为 67），Asc("A")的结果为 65。

③ Chr 函数返回对应 ASCII 码的字符。例如，Chr(100)的结果为"d"（小写字母 d 的 ASCII 码值为 100）。

④ Val 函数返回包含在参数中的数值，转换时会有多种情况，如表 3-12 所示。

表 3-12　Val 函数转换情况

语　　句	结　　果
Val("1. 456")	结果为 1.456，数值转换，全部为数字字符串，可以直接转换
Val("1.34S45")	结果为 1.34，遇到字母停止转换，字母后内容忽略
Val("-15DDIAN")	结果为-15，字母后内容忽略，符号原样转换
Val("ACD3")	结果为 0，字母开头均转换为 0
Val("&H1F")	结果为 31，Val 函数可以转换八进制或者十六进制数据
Val("1.7e2")	结果为 170，Val 函数可以转换单精度存储的数据

⑤ Str 函数直接返回对应的字符串，转换时会将符号和小数点各转换为一个字符。例如，Str(16.89)的结果为" 16.89"，正数省略符号，转换为空格，小数点转换为"."。Str(-7.5)的结果为"-7.5"，负号直接转换。

⑥ Str 函数和 CStr 函数的区别在于，Str 函数转换的时候，正数会出现前导空格，而 CStr 函数则不会产生前导空格，直接将数字转换，而负数转换相同。例如，CStr(16.89)的结果为"16.89"，正数的符号不转换。

3.4.5　日期和时间函数

Visual Basic 中的日期和时间函数如表 3-13 所示。

表 3-13　日期和时间函数

函　　数	一 般 格 式	说　　明
Now	Now	返回当前系统日期和时间
Date	Date	返回当前系统日期

续表

函　　数	一 般 格 式	说　　明
Time	Time	返回当前系统时间
Year	Year(T)	返回表达式 T 的年份（yyyy）
Month	Month(T)	返回表达式 T 的月份（1～12）
Day	Day(T)	返回表达式 T 的日期（1～31）
WeekDay	WeekDay(T)	返回表达式 T 的星期（1～7）
Hour	Hour(T)	返回表达式 T 的小时（0～23）
Minute	Minute(T)	返回表达式 T 的分钟（0～59）
Second	Second(T)	返回表达式 T 的秒（0～59）
Timer	Timer	返回系统当前时间从午夜算起经过的秒数

① 日期和时间函数使用相对简单，若无参数，则返回系统的时间或日期；若有参数，确定其参数均为日期型的数据即可操作。

② 函数的参数可以为任何日期型数据，包括函数的结果。例如，Year(Now)返回当前日期的年份，Day(#12/25/2015#)的结果为 25。

③ WeekDay 函数的结果是将周日认为是一个星期的开始，即周日对应的返回值为 1，依此类推。

3.4.6 格式输出函数

Visual Basic 中的格式输出函数可以用 Format 语句实现，如表 3-14 所示。

表 3-14 格式输出函数

函　　数	一 般 格 式	说　　明
Format	Format(S[, F])	将数据转换为指定格式字符串

① S 为有效表达式，即要转换的数据。参数 F 一般不省略，当省略时，可以简单认为此时 Format 函数的作用和 CStr 函数一致。例如，Format(-455)的结果为"-455"。

② 格式化数据时，参数 F 中可以出现“#”“0”等字符串来表示某种指定格式，每一个字符都可以代表转换后的一位字符，当数据超过指定位数，“0”表示用 0 补齐，而“#”表示不进行其他操作，两种都进行四舍五入。例如，Format(12222.34455, "##.###")的结果为"12222.345"，Format(12222.34455, "00.000")的结果为"12222.345"，Format(2.3, "##.###")的结果为"2.3"，Format(2.3, "00.000")的结果为"02.300"。

一般情况下，整数部分用“#”表示，小数的位数可以用“0”表示，即规定某个数据保留的位数。例如，Format(2.3, "##.000")的结果为"2.300"。

在 Format 参数中，还可以出现其他的符号，如“,”“:”或其他数据等，这些符号原样输出，在处理时，数据从右向左匹配。例如，Format(254485, "##:1:##")的结果为"2544:1:85"。

当参数以“%”结尾时，表示以百分制显示。例如，Format(2544.85, "00.0%")的结果为"254485.0%"。

③ 格式化字符串时，参数 F 中可以出现“@”“>”“<”等字符，这些字符可以用来指定某种格式，“@”用来表示字符串的长度，不足的在字符串前补空格，若在“@”前加“!”，则表示在字符串后补空格。“>”“<”表示转换为大写或者小写字母。例如，Format("ABcd", "@@@@@@@@")的结果为"　　ABcd"，Format("ABcd", "!@@@@@@@@")的结果为"ABcd"，Format("Hello kid", "<")的结果为"hello kid"，Format("Hello kid", ">")的结果为"HELLO KID"。

也可以同时使用多个符号表示。例如，Format("Hello", ">@@@@@@@@")的结果为"HELLO"。

3.5 Visual Basic 表达式的书写

在编写 Visual Basic 程序时，应使用正确的 Visual Basic 表达式来进行程序的编写，Visual Basic 表达式的书写规则如下：

① 每个符号占一个位置，必须在同一基准并排书写，所有符号都不能出现在上标、下标位置，例如，2^3 应该写成 2^3，x_1 要写成 x1。

② 数学表达式中省略的乘号必须要写上，如数学表达式 2x 的 Visual Basic 算术表达式是 2*x，否则含义就不同了。

③ 所有的括号都应该用“( )”，括号必须配对，不能出现“[ ]”或者“{ }”。

④ 数学中的有些符号不能出现在 Visual Basic 中，如±、∑、∏ 等。

⑤ 书写 Visual Basic 表达式时要注意合理地使用函数。例如：

a. 数学表达式 $\frac{a+b}{a-b}$ 的 Visual Basic 表达式是(a+b)/(a−b)，不能出现分子分母形式，并根据需要按原计算优先级补加上小括号，使得运算优先级不变。

b. $(a-b)^2+(a+b)^3$ 的 Visual Basic 表达式是(a−b)^2+(a+b)^3，指数应该写成 Visual Basic 表达式中的乘方运算符号。

c. 数学表达式 $\frac{b-\sqrt{b^2-4ac}}{2a}$ 的 Visual Basic 表达式是(b−sqr(b*b−4*a*c))/(2*a)或者(b−sqr(b^2−4*a*c))/2/a，分子分母形式应转换为除法形式，省略的乘号补上，再利用 Sqr 函数计算求平方根的操作，最后根据优先级关系补加小括号。

习　　题

一、选择题

1. 符号“%”是声明（　　）类型变量的类型定义符。

　A. Integer　　B. Variant　　C. Single　　D. String

2. 以下变量名中，（　　）不符合 Visual Basic 的命名规范。

A. Abc901　　B. _mnu_O2pen　　C. price_　　D. K

3. 下面（　　）不是 Visual Basic 的数据类型。

A. Single　　B. Object　　C. Currency　　D. Bool

4. 关于变量名的说法不正确的是（　　）。

A. 必须是字母开头，不能是数字或其他字符

B. 不能是 Visual Basic 的保留字

C. 可以包含字母、数字、下划线和标点符号

D. 不能超过 255 个字符

5. 在 Visual Basic 中，下列运算符中优先级最高的是（　　）。

A. *　　B. \　　C. <　　D. Not

6. 以下语句的输出结果是（　　）。

```
Print Format$("32548.5","000,000.00")
```

A. 32548.5　　B. 32,548.5

C. 032,548.50　　D. 32,548.50

7. 表达式 4+5\6*7/8Mod 9 的值是（　　）。

A. 4　　B. 5　　C. 6　　D. 7

8. 若有 a=8 : b=9 : print a>b，则输出结果为（　　）。

A. -1　　B. 0　　C. False　　D. True

9. 以下关系表达式中，其值为假的是（　　）。

A. "XYZ"<"XYz"　　B. "VisualBasic"="visualbasic"

C. "the"<>"there"　　D. "Integer">"Int"

10. 函数 Len(Str(Val("123.4")))的值为（　　）。

A. 11　　B. 5　　C. 6　　D. 8

11. 设 A="12345678"，则表达式 Val(Left(A,4)+Mid(A,4,2))的值为（　　）。

A. 123456　　B. 123445　　C. 8　　D. 6

12. Rnd 函数不可能产生（　　）值。

A. 0　　B. 1　　C. 0.1234　　D. 0.00005

13. 表达式 Right("Beijing",4)的值是（　　）。

A. Beij　　B. jing　　C. eiji　　D. ijin

14. 表达式 Abs(-5)+Len("ABCDE")的值是（　　）。

A. 5ABCDE　　B. -5ABCDE　　C. 10　　D. 0

15. 表达式 Int(-17.8)+Fix(-17.8)+Int(17.8)+Fix(17.8)的值是（　　）。

A. 1　　B. 0　　C. -1　　D. -2

二、根据要求写出表达式

1. 产生一个 1~100 范围内的随机正整数。
2. 表示 x 是在(10,50)区间范围内的数据。
3. 表示 x 是 4 或者 13 的倍数。
4. 产生 A~Z 范围内的（包括 A~Z）的大写字母（提示：字母 A 的 ASCII 码值为 65）。

三、写出下列函数的值

1. Int(-3.14159);　　2. Sqr(Sqr(16));　　3. Fix(-3.1415926);

4. Int(Abs(99-100)/2);　　5. Sgn(7*3+2);　　6. Format(2.3, "##.000");

7. Left("Hello",2);　　8. Val("16 Year");　　9. Str(-459.65)。

四、将下列数学表达式改写为等价的 Visual Basic 表达式

1. $\frac{b^2-\sqrt{4ac-b^2}}{4a}$；　　2. $\sqrt{\sin^2 10^\circ+\cos^2 20^\circ}+15$；

3. $|(a+b)^2-4ac|$；　　4. $a^2+e^4+\sqrt{|a+e|}$。

五、编程题

1. 编写一个程序，将用户由文本框输入的大写字母转换成小写字母，并在另一个文本框中输出。

2. 编写一个程序，在文本框中显示当前系统时间，并随时间进行变化。

第4章 顺序结构

本章重点	☑ 数据输入 ☑ 数据输出 ☑ InputBox 函数 ☑ MsgBox 函数

开始介绍本章内容前，有以下两点说明：

第一点：为表示一个算法，即程序的操作步骤，本书统一采用传统流程图。流程图是用一些图框表示各类操作流程的图形。用流程图表示算法比较直观，便于理解。一些常用的流程图符号由美国国家标准化协会（ANSI）规定，如图 4-1 所示。

第二点：在 Visual Basic 中编写程序代码时，其 Visual Basic 语句书写自由，但需要遵循一定的规则：

① Visual Basic 一般一行书写一条语句，一行最多有 1023 个字符。

② 在一行内可以书写多条较短的语句，但语句间要用“:”隔开。

③ 较长的语句可分多行书写，但分行时需要在行末加“ _”符号。

④ 代码不区分字母的大小写。

⑤ 对于用户自定义的常量、变量和过程名称，Visual Basic 以第一次定义和使用的格式为准，以后的表示均自动转换为第一次定义和使用的格式。

⑥ 对应 Visual Basic 中仅包含一个单词的关键字，首字母自动转换为大写，其余字母为小写；包含多个单词的关键字，Visual Basic 会将每个单词的首字母转换为大写，其余字母为小写。例如，Font、ForeColor。

程序设计普遍采用结构化方法，可使程序结构清晰，可读性强，提高程序的质量和效率。结构化程序由 3 种基本控制结构组成，即顺序结构、分支结构和循环结构。这 3 种基本结构可以组成各种复杂程序。

顺序结构是一种简单的程序结构，即按程序段中语句出现的先后顺序依次执行的结构。在顺序结构中出现的主要语句就是 Visual Basic 中允许的各种合法语句，如赋值语句、输入/输出语句及各类函数。顺序结构的流程如图 4-2 所示。先执行 A 操作，其次执行 B 操作……最后执行 N 操作，它们是顺序执行的关系。

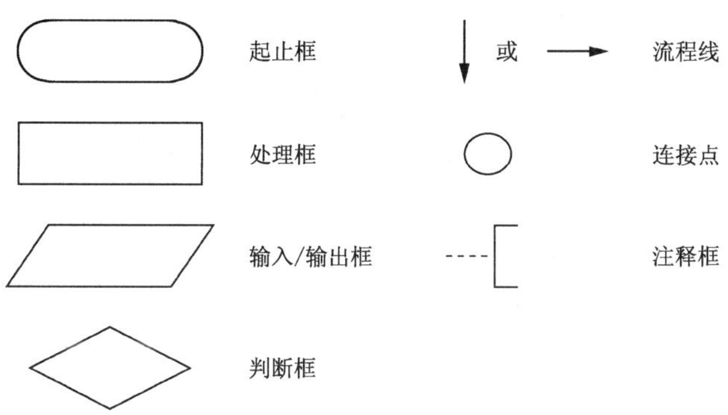

图 4-1 常用流程图符号

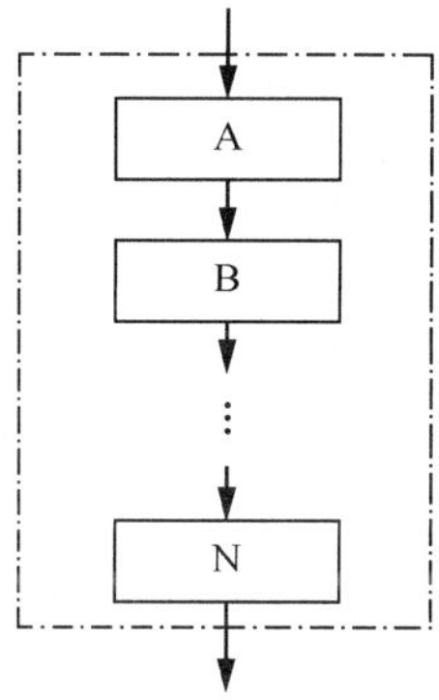

图 4-2 顺序结构流程示意图

4.1 注释语句

为了提高程序的可读性，以方便自己或他人理解语句的含义，在程序的必要位置加上注释语句是必要的。注释语句是非执行语句。注释语句有以下两种定义格式。

格式一：

```
Rem 注释内容
```

格式二：

```
' 注释内容
```

功能：用于对程序中的语句进行注释说明。

说 明

① 注释语句可单独占一行，也可以放在语句的后面。

② 若在语句行后面使用 Rem 关键字，则必须使用冒号“:”与语句隔开。

③ 若在语句行后面使用“'”，则不必使用冒号，单引号应是半角英文的直撇号。例如：

```
Private Sub Command1_Click()
   Rem 将文本框 1 里面的内容赋给文本框 2
   Text2.Text = Text1.Text       '将文本框 1 里面的内容赋给文本框 2
   Text1.Text = "    "           :Rem 将文本框 1 里面的内容清空
End Sub
```

4.2 数据的输入

输入是指在执行程序时需要从外界获取的必要信息。例如，统计全部学生某门课程的总分和平均分，首先要输入全部学生这门课程的分数。输入在有些状况下也可以没有，如求 10!，则在编写程序时不需要输入任何数据。

Visual Basic 中可以有多种基本输入方式，包括赋值语句、文本框的输入和 InputBox 函数的输入等。

4.2.1 利用赋值语句输入数据

Visual Basic 编程语言中用“=”作为赋值运算符，简称赋值号。赋值语句的格式为：

```
[Let] 变量名 = {常量|变量|表达式|对象的属性}
```

在上述格式中，赋值语句的功能是将赋值号右边的表达式的值赋给赋值号左边的变量；其中赋值号左边的变量可以是用户自定义的变量，也可以是对象的属性；赋值号右边的表达式可以是常量、表达式，或从文本框等控件中获取的值，也可以是由 InputBox 函数提供的值。

说 明

① 赋值号两边的数据类型必须保持一致性或兼容。

② 赋值语句先计算右边表达式的值，再将结果赋给左边的变量。例如，Let X=X+1 表示变量 X 加上 1 以后赋给左边的变量 X。

【例 4.1】 在名称为 Form1 的窗体上从上到下添加两个文本框，名称分别为 Text1、Text2；再添加一个命令按钮，名称为 Command1，标题为“选中字符数是”。程序运行时，在 Text1 中输入若干字符，选中部分内容后，单击“选中字符数是”按钮，则在 Text2 中显示选中的字符个数，如图 4-3 所示。

图 4-3 例 4.1 运行结果

Command1 的 Click 事件的代码如下：

```
Private Sub Command1_Click()
   Text2.Text = Text1.SelLength  '此处的赋值语句为属性赋值
End Sub
```

4.2.2 使用文本框输入数据

文本框控件具备 Text 属性，程序可以通过获取文本框内容获得相关的信息，也可以将有关信息显示在文本框内，故在很多程序中利用文本框完成信息的输入与输出。

【例 4.2】 设计一个程序，输入一个长方体的长、宽、高，计算并输出其体积，界面如图 4-4 所示。当用户输入长、宽、高后单击“计算”按钮，输出结果。

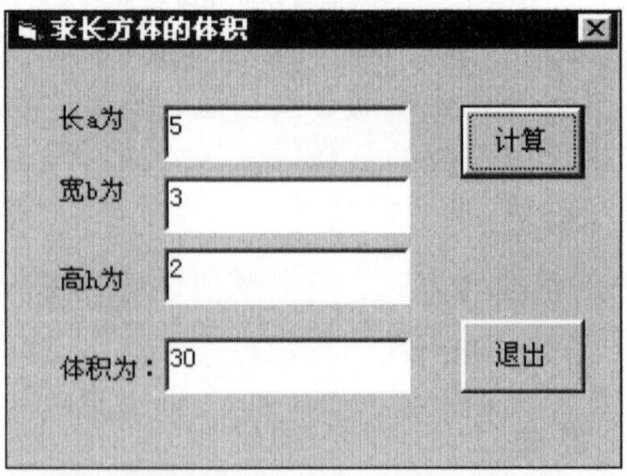

图 4-4 例 4.2 运行结果

程序代码：

```
Private Sub Command1_Click()
   Dim a As Single, b As Single, h As Single, v As Single
   a = Val(Text1.Text)
   b = Val(Text2.Text)
   h = Val(Text3.Text)
   v = a * b * h
   Text4.Text = v
End Sub

Private Sub Command2_Click()
   End
End Sub
```

4.2.3 使用 InputBox 函数输入数据

文本框输入是以文本框控件为载体完成数据输入的，当数据量比较大的时候也可以通过“输入对话框”来实现数据的输入。InputBox 函数的作用就在于：在一对话框中显示提示信息，待用户在文本框中输入数据后单击按钮，返回文本框中的内容。函数返回值的类型为 String 类型。

InputBox 函数的语法格式为：

```
x = InputBox(提示信息,[标题[,默认值][,X 坐标,Y 坐标][,帮助文件,上下文]])
```

InputBox 函数各参数用法说明如表 4-1 所示。

表 4-1 InputBox 函数参数用法说明

参　　数	用　　法
提示信息	提示信息参数是必需的。若包含多个行，可在各行之间用 Chr(13)（回车符）、Chr(10)（换行符）或 Chr(13)& Chr(10)来分隔
标题	对话框的标题，可选项
默认值	文本框里的默认值，可选项
X 坐标，Y 坐标	X 坐标、Y 坐标决定输入框的位置
帮助文件	可选项，识别帮助文件，用该文件为对话框提供上下文相关的帮助。如果已提供帮助文件，则必须提供上下文
上下文	可选项，数值表达式，由帮助文件的作者指定给某个帮助主题的帮助上下文编号
返回值	返回值 x 将是用户在文本框中输入的数据，x 是一个字符串类型的值。如果单击 Cancel 按钮，则 x 将为空字符串

例如，执行语句：

```
x = InputBox ("请输入任意字符串", "输入")
```

弹出的对话框如图 4-5 所示。

【例 4.3】 设计图 4-6 所示的界面，当单击“交换”按钮时，依次出现两次输入对话框，第一次输入 a 的值，第二次输入 b 的值，最后将交换后的 a、b 的值显示在对应的文本框中。

图 4-5　InputBox 的运行结果

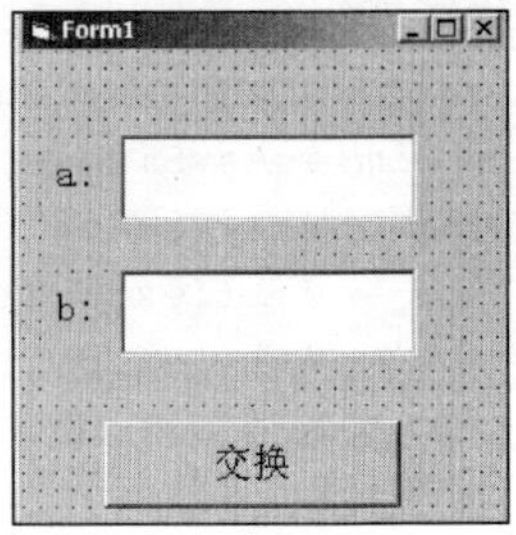

图 4-6　交换数字界面设计

思路：交换变量的值必须另外设定中间变量 c，临时存放从 a 中获得的值，再将 b 的值赋给 a，最后将放在 c 存储单元的值赋给 b。

Command1 的 Click 事件代码如下：

```
Private Sub Command1_Click()
  Dim a As Integer, b As Integer, c As Integer
  a = Val(InputBox("输入 a 的值", "输入 a"))
  '将从 InputBox 中获得的值转换为数值型赋给 a
  b = Val(InputBox("输入 b 的值", "输入 b"))
  '将从 InputBox 中获得的值转换为数值型赋给 b
  c = a
  a = b
  b = c                            '实现变量 a 和变量 b 之值的交换
  Text1.Text = a                   '交换后的值赋给 Text1
  Text2.Text = b                   '交换后的值赋给 Text2
End Sub
```

运行程序时直接单击“交换”按钮，弹出图 4-7（a）所示的输入对话框，输入 a 的值为 3；然后单击“确定”按钮，又弹出一个输入对话框，输入 b 的值为 4，如图 4-7（b）所示；单击“确定”按钮，文本框内显示 a 和 b 的值交换后的结果，如图 4-7（c）所示。

（a）输入 a 的值

（b）输入 b 的值

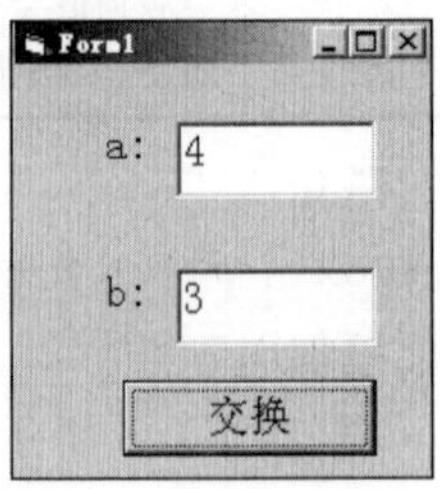

（c）交换结果

图 4-7　利用 InputBox 输入数据

注 意

在较为简单的程序中，利用文本框等控件或 InputBox 函数基本可以完成所有的输入功能。相对而言，结合标签控件、文本框完成输入更为清晰且易于操作。但是在有较大数据量的情况下，如学生的成绩、用户的信息等需要几十甚至成百上千的数据输入时，往往就需要利用循环、数组和 InputBox 函数相结合的方式来输入数据。

4.3 数据的输出

程序设计的最终目的是给用户一个答案，计算的结果应显示在用户界面上供用户观看。因此对于一个完整的程序，数据的输出是必不可少的。例如，统计学生的平均成绩，通过计算全部学生的成绩后所得的平均成绩就是输出结果。没有输出的程序是没有意义的。在 Visual Basic 程序设计中，数据的输出可以有多种方式，如使用 Print 方法输出或用 MsgBox 函数进行输出；当然也可以在各类可供输出的控件上完成输出，如文本框、标签等。

4.3.1 Print 方法

Print 方法是很多 Visual Basic 对象所具备的方法，包括窗体、图片框或打印机等。使用 Print 方法可以在上述对象中显示字符串和表达式的值。其语法格式为：

```
[对象名.]Print[{常量|变量|表达式[{,|;}]}]……
```

注 意

① 对象名可以是 Form（窗体）、PictureBox（图片框）或 Printer（打印机）。如果省略对象名，则在当前窗体上输出。

② 表达式可以是数值表达式或字符串表达式。当输出多个表达式时，表达式之间可以用“,”“;”或“ ”隔开。

③ 若各表达式之间用“,”分隔，则按标准输出格式——分区输出格式（每区 14 个字符）输出。

④ 若输出各表达式之间用“;”分隔，则按紧凑格式（数值前一个符号位，后面一个空格，字符串前后没有空格）输出。

⑤ 若要使后面执行 Print 方法时还在本行输出，可以在末尾加“;”或“,”。

⑥ 单独执行一个 Print 方法，效果为换行。

仅靠使用 Print 方法输出结果的格式过于单调，往往输出需要配合其他输出格式控制函数，包括 Tab、Spc 或 Space 等函数。

（1）Tab 函数

语法格式：

```
Tab(n)
```

功能：输出的数据定位到 n 指定的位置。若省略 n，则在下一行首位置输出；若当前位置大于 n，则在下一行的 n 列开始输出。当 Print 方法与 Tab 函数一起使用时，打印的外观将会被分隔为均匀、定宽的列。各列的宽度等于选用字体内以磅为单位的所有字符的平均宽度。

（2）Spc 函数或 Space($)函数

语法格式：

Spc(n) 或 Space(n)

功能：跳过 n 个空格后再输出下一个数据。

若有如下代码段：

```
Print "11111"
Print Tab(5); "20"
Print Spc(5); "20"
```

则代码的运行结果如图 4-8 所示。可以看到 Tab 函数产生的输出效果是从第 5 列开始输出 20，而 Spc 函数的效果为在 20 输出之前有 5 个空格输出。

图 4-8　运行结果

【例 4.4】　在窗体中创建一个按钮对象。

按钮代码如下：

```
Private Sub Command1_Click()
   Print 1, 2, 3
   Print 1; 2; 3
   Print
   Print "a"; "b"; "c"
   Print "a", "b", "c"
   Print "123";
   Print "abc"
End Sub
```

单击按钮后的效果如图 4-9 所示。

【例 4.5】　输入任意圆半径，将对应的圆周、圆面积、圆体积结果显示在窗体上。

在窗体上创建按钮对象，Caption 属性修改为“输入半径”。按钮代码如下：

```
Private Sub Command1_Click()
   Const p = 3.1415
   Dim r As Single, L As Single, s As Single, v As Single
   r = Val(InputBox("请输入圆的半径：", "输入")) '获得 r 的值
   L = 2 * p * r
   s = p * r * r
   v = 4/3 * p * (r ^ 3)                    '分别计算圆周长、面积和体积
   Print "圆的半径为" & Str(r)
   Print "圆的周长为" & Str(L)
   Print "圆的面积为" & Str(s)
   Print "圆的体积为" & Str(v)              '将结果显示在窗体上
End Sub
```

当输入半径为 3 时，窗体运行结果如图 4-10 所示。

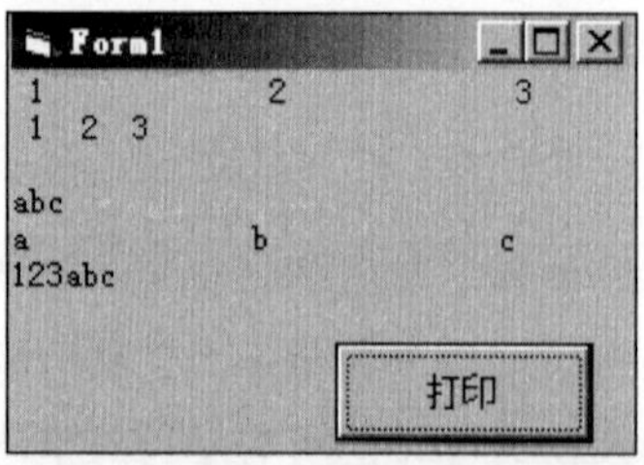

图 4-9　不同分隔符的 Print 效果

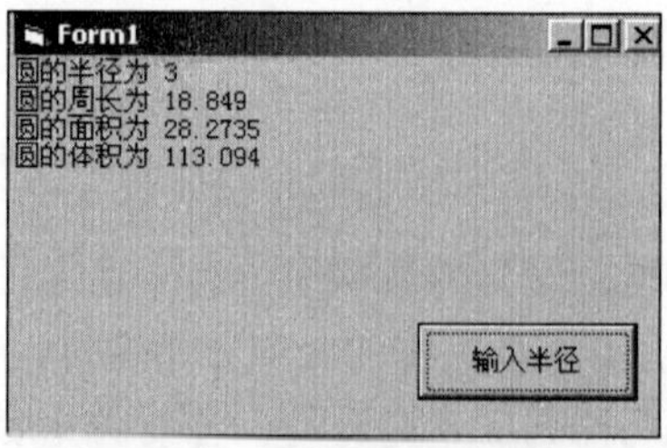

图 4-10　例 4.5 运行结果

4.3.2 文本框输出

文本框在很多场合下都可以作为输出的对象，相对 Print 方法的效果比较直观。下面通过例 4.6 说明。

【例 4.6】 利用 InputBox 函数输入一个 4 位正整数 m，编程实现将 m 倒序输出。例如，输入 1234，输出 4321。

思路：利用整除"\"和取余（Mod）分离出各位数字，然后将各位数字重新组合成倒序后的数值，界面设计如图 4-11 所示。

"反序"按钮的代码如下：

```
Private Sub Command1_Click()
   Dim m As Integer, n As Integer
   Dim a As Integer, b As Integer, c As Integer, d As Integer
   m = Val(InputBox("请输入 4 位数"))
   a = m \ 1000                               '取千位数
   b = (m - a * 1000) \ 100                   '取百位数
   c = (m - a * 1000 - b * 100) \ 10          '取十位数
   d = m Mod 10                               '取个位数
   Text2 = d*1000+c*100+b*10+a                '反序输出
End Sub
```

思考：也可以将 4 位整数当作字符，利用字符函数 Left、Right 和 Mid 取各位字母，重新组合成新字符串输出。运行结果如图 4-12 所示。

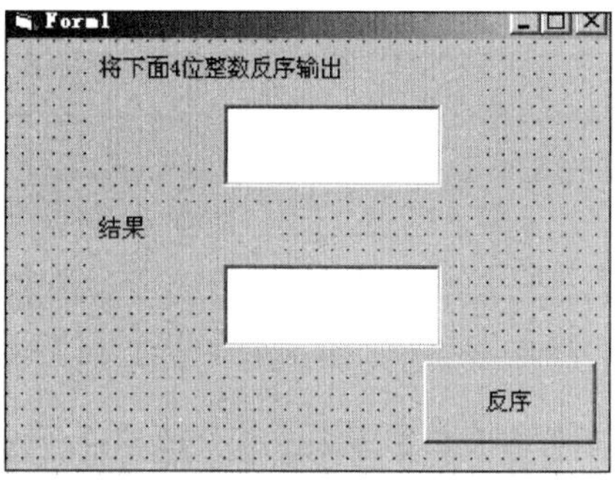

图 4-11 例 4.6 界面设计

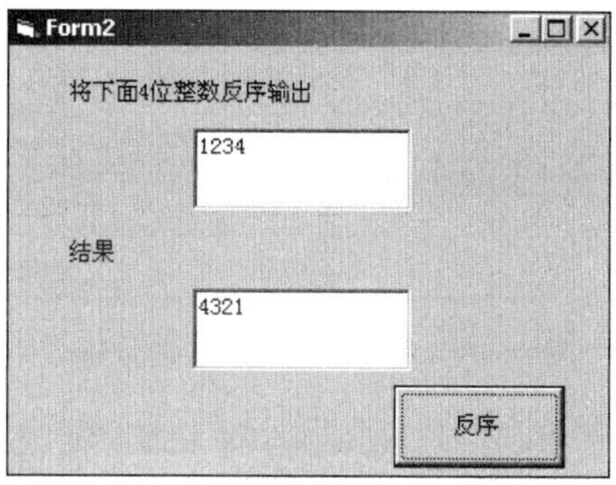

图 4-12 例 4.6 运行结果

4.4 MsgBox

MsgBox（消息对话框）用于创建一个消息框，等待用户选择一个按钮，并通过返回值将用户的选择作为程序继续执行的依据。信息对话框中通常显示一些提示信息、出错信息或者警告信息等。

MsgBox 函数的语法格式如下：

```
[Action=]MsgBox (Prompt [,Buttons] [,Title] )
```

① Prompt 必选，字符串表达式，显示在对话框中的消息。

② Buttons 可选，数值表达式，是一些数值的总和，指定所显示的按钮的数目及形式、使用的图标样式，默认的按钮以及消息框的强制性等。对应的数值、符号常量及其含义如表 4-2 ~ 表 4-4 所示。

③ Title 可选，字符串表达式，在对话框标题栏中显示的内容。

④ Action 可以获取用户所选择按钮对应的返回值。

表 4-2　按钮类型含义对照表

数　值	符 号 常 量	意　　义
0	vbOKOnly	只显示 OK 按钮
1	vbOKCancel	显示 OK、Cancel 按钮
2	vbAbortRetryIgnore	显示 Abort、Retry、Ignore 按钮
3	vbYesNoCancel	显示 Yes、No、Cancel 按钮
4	vbYesNo	显示 Yes、No 按钮
5	vbRetryCancel	显示 Retry、Cancel 按钮

表 4-3　图标效果对照表

数　值	符 号 常 量	意　　义
16	vbCritical	Stop Sign 对极其重要的问题提醒用户
32	vbQuestion	Question Mark 增亮显示没有危险的问题
48	vbExclamation	Exclamation Mark 强调警告用户必须知道的事情
64	vbInformation	Information Mark 可以使乏味的信息变得有趣

表 4-4　省略按钮效果对照表

数　值	符 号 常 量	意　　义
0	vbDefaultButton1	第一个按钮省略
256	vbDefaultButton2	第二个按钮省略
512	vbDefaultButton3	第三个按钮省略

注 意

① 设置 MsgBox 函数中的显示类型时，既可以将所需的符号常量类型用“+”连接起来，又可以直接将符号常量对应的数值加起来作为设置。

② 若返回值不需要做进一步的判断，则可以省略“Action=”，同时使用 MsgBox 函数的时候不用圆括号。例如：

```
x = MsgBox("是否退出？", vbOKCancel, "提示")
```

在弹出的对话框中若单击“确定”按钮，则 x=1，否则 x 等于 2。

MsgBox 函数返回值含义如表 4-5 所示。

表 4-5　MsgBox 函数返回值

返　回　值	符 号 常 量	用户单击的按钮
1	vbOK	“确定”按钮
2	vbCancel	“取消”按钮
3	vbAbort	“终止”按钮
4	vbRetry	“重试”按钮

续表

返 回 值	符 号 常 量	用户单击的按钮
5	vbIgnore	“忽略”按钮
6	vbYes	“是”按钮
7	vbNo	“否”按钮

下面列举几个不需要返回值的 MsgBox 函数运用的效果。

```
MsgBox "欢迎光临! ", vbOKOnly + vbInformation, "欢迎"
```

显示效果如图 4-13 所示。

```
MsgBox "网络连接出现问题,是否重试?", 274, "警告"
'274 为 2+16+256
```

显示效果如图 4-14 所示。

图 4-13 MsgBox 函数对话框（一）

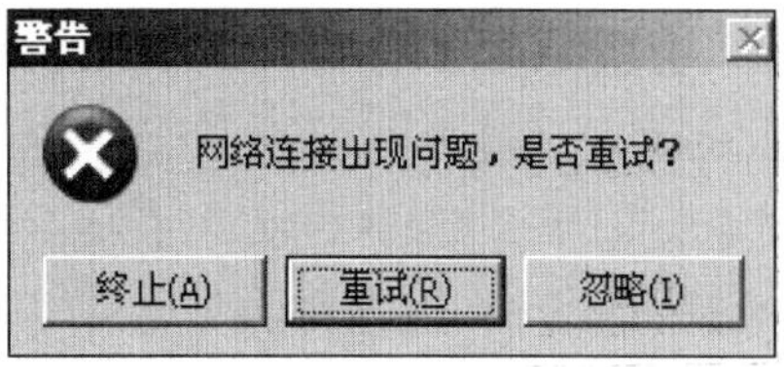

图 4-14 MsgBox 函数对话框（二）

习　　题

一、选择题

1. Print 方法可以输出多个表达式，若使用标准格式输出，各表达式间的分隔符是（　　）；若使用紧凑格式输出，各表达式间的分隔符是（　　）。

A. 空格　　B. 逗号　　C. 冒号　　D. 分号

2. 语句 Print "10+6=";10+6 的输出结果是（　　）。

A. 10+6=10+6　　B. 10+6=16　　C. 16=10+6　　D. "10+6"=10+6

3. 下列程序

```
Private Sub Command1_Click()
   a = Val(InputBox("请输入 a"))
   b = Val(InputBox("请输入 b"))
   Print a + b
End Sub
```

运行时，在提示窗口中输入 4 和 5，输出结果是（　　）。

A. 4　　B. 20　　C. 9　　D. 出错

4. 下列事件过程

```
Private Sub Command1_Click()
   MsgBox Str(12 + 64)
End Sub
```

运行时，在输出对话框中显示的提示是（　　）。

A. 12+64　　B. "76"　　C. 76　　D. 无提示

5. 下列事件过程

```
Private Sub Command1_Click()
   a$ = "24"
   b$ = "34"
   c$ = a$ & b$
   d = Val(c$)
   Print d \ 10
End Sub
```

运行后单击窗体，输出结果是（　　）。

A. 243　　B. 243.4　　C. 2434　　D. "2434\10"

6. 执行下列程序段后，A、B、C 的值分别为（　　）。

```
A=3:B=4:C=5
A=B:B=C:C=A
```

A. 3　4　5　　B. 4　5　3　　C. 4　5　4　　D. 4　5　5

二、填空题

1. InputBox 函数用于产生________对话框，其返回值类型为________，利用________函数，可将 InputBox 函数的返回值转化为数值类型。

2. 若要显示图 4-15 所示的对话框，所需的 MsgBox 语句为________。

3. 若在运行下面程序时输入 34，输出对话框的提示信息是________。

```
Private Sub Command1_Click()
   X1 = InputBox("请输入 X")
   MsgBox (X1)
End Sub
```

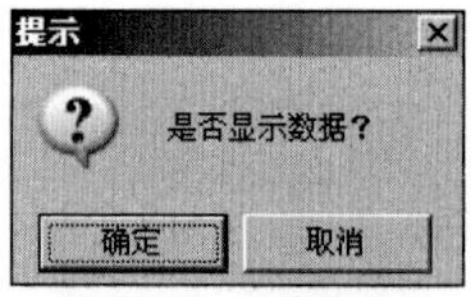

图 4-15　对话框

4. 下面程序的输出结果是________。

```
Private Sub Form_Click()
   Print Space(2); "*"
   Print Space(1); "***"
   Print "*****"
End Sub
```

5. 下面程序的输出结果是________。

```
Private Sub Form_Click()
   Print "*";
   Print Space(1); "***";
   Print Space(1); "*****"
End Sub
```

三、编程题

1. 利用 InputBox 函数输入参数 a、b、c，计算二次方程 $ax^2+bx+c=0$ 的两个根（仅考虑有实根的情况）。

2. 输入一个华氏温度，要求输出对应的摄氏温度，公式为：

$$C = \frac{5}{9}(F - 32)$$

第5章 选择结构

本章重点	☑ If 语句的分类 ☑ If…Then 结构 ☑ If…Then…Else 结构 ☑ 多分支 If 结构：If…Then…ElseIf 结构和 If 嵌套语句 ☑ Select Case 结构

第 4 章介绍了顺序结构，但是在现实生活中许多问题单靠顺序结构并不能解决。例如，用户在登录自己的电子邮箱时输入正确的用户名和口令，系统会显示用户的电子邮箱主页；当输入错误的用户名或口令时，系统经判断后会显示另一个页面，提示用户名或口令输入有误。

程序在执行过程中，需要根据某一个条件（如输入的用户名或口令是否正确）来判断并决定是否改变程序原来的执行顺序（是执行“进入电子邮箱主页”的代码，还是执行“提示输入有误”的代码）。具有这种选择功能的程序结构称为选择结构。Visual Basic 中的选择结构可以分为 If 语句和 Select Case 语句两大类。

5.1 If 语句

If 语句又可以分为 If…Then 结构、If…Then…Else 结构和多分支 If 结构 3 种。其中多分支 If 结构又可以分为 If…Then…ElseIf 结构和 If 嵌套两种，具体分类如图 5-1 所示。

- If语句
  - If…Then结构
  - If…Then…Else结构
  - 多分支If结构
    - If…Then…ElseIf结构
    - If嵌套

图 5-1 If 语句分类

5.1.1 If…Then 结构

语法格式一：单行 If 语句。

```
If 表达式 Then 语句块
```

语法格式二：块 If 语句。

```
If 表达式 Then
    语句块
End If
```

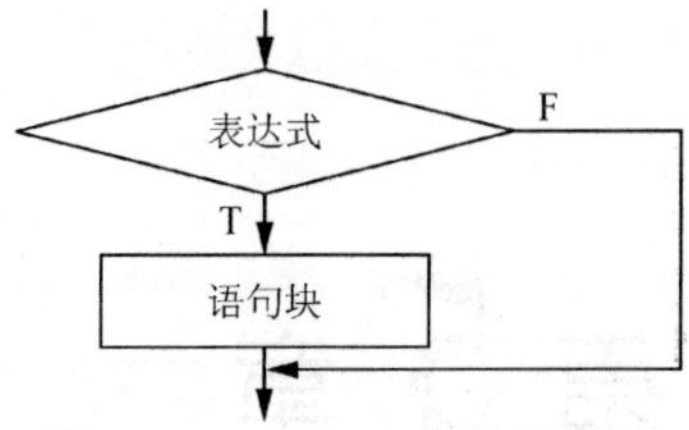

图 5-2　If...Then 执行流程图

功能：如果表达式的值为真（True），执行 Then 后的语句块内容；否则，不执行语句块内容。其执行流程如图 5-2 所示。

说 明

① 表达式可以是关系表达式、逻辑表达式或者算术表达式。若算术表达式的值为 0 则为假（F），非 0 则为真（T）。

② 如果是单行 If 格式，所有的代码必须写在同一行中，不允许换行。如果是块 If 语句，各语句块必须独占一行，End If 不能省略。

③ 语句块内容若是单条语句，最好采用单行 If 结构；若为多条语句，则采用块 If 结构较好。当然语句块为多行也可以采用单行 If 格式，这时各语句必须在同一行中，各语句间必须用"："分隔，且不能出现 End If。

上述语法格式中的表达式描述的是一个"条件"。因此，还可以这样来理解 If...Then 结构的执行过程：若该条件满足（成立），则执行语句块，然后执行 If...Then 语句的后面语句；若该条件不满足（不成立），则跳过 If...Then 语句执行后面的语句。

【例 5.1】 输入两个数，输出较大的数。

思路：由用户输入两个数，经计算机判断后将较大数输出，即有两个输入量和一个输出量。所以需要两个文本框接收用户输入，可以采用标签来实现数据的输出。程序的流程图如图 5-3 所示。

界面设计：新建一个工程，进入窗体设计器，向窗体中添加 3 个标签控件、2 个文本框控件和 2 个按钮控件，如图 5-4 所示。

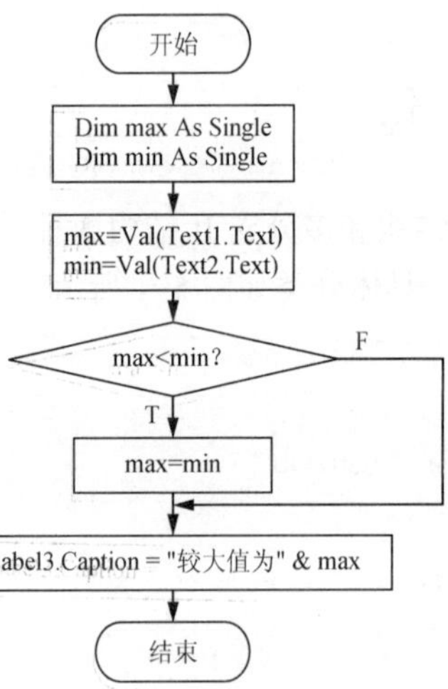

图 5-3　执行流程图

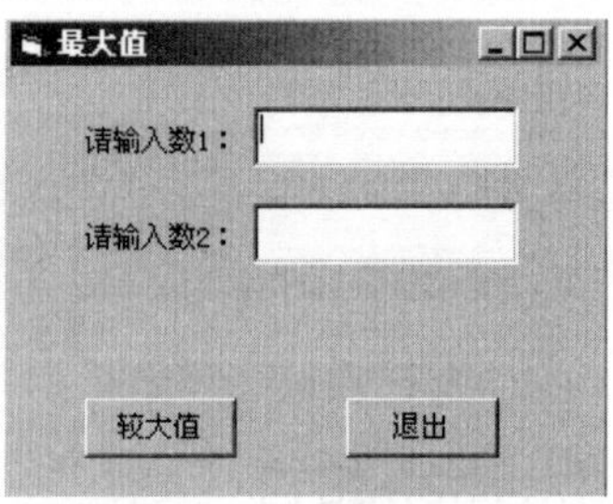

图 5-4　例 5.1 界面设计

控件属性设置如表 5-1 所示。

表 5-1　控件属性设置

控　　件	属　　性	属　性　值
Label	Name	Label1
	Caption	请输入数 1:
Label	Name	Label2
	Caption	请输入数 2:
Label	Name	Label3
	Caption	空白
	BackColor	粉红色
TextBox	Name	Text1
	Text	空白
TextBox	Name	Text2
	Text	空白
CommandButton	Name	Command1
	Caption	较大值
CommandButton	Name	Command2
	Caption	退出

当用户在两个文本框中输入两个数后，较大值不会显示出来，只有在单击“较大值”按钮后，即触发了关于该按钮的 Click 事件后，较大值才显示出来。所以判断较大值的代码必须放到该按钮的 Click 事件的事件过程中。“较大值”按钮的 Click 事件过程代码如下：

```
Private Sub Command1_Click()
   Dim max As Single
   Dim min As Single
   max = Val(Text1.Text)
   min = Val(Text2.Text)
   If max < min Then
     max = min
   End If
   Label3.Caption = "较大值为" & max
End Sub
```

“退出”按钮的 Click 事件过程代码如下：

```
Private Sub Command2_Click()
    End
End Sub
```

运行结果如图 5-5 所示。

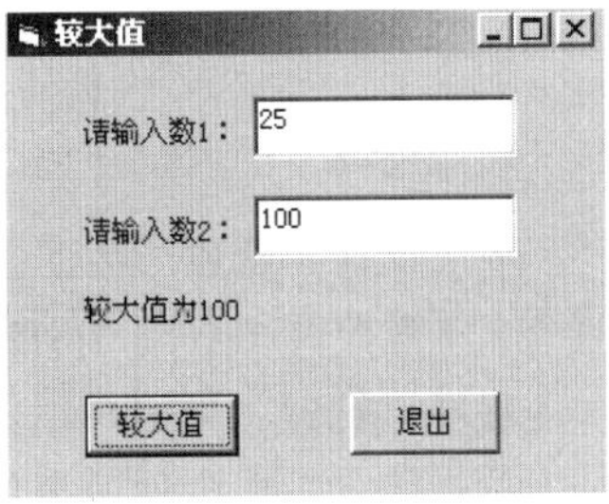

图 5-5　例 5.1 运行结果

注　意

文本框中的 Text 属性是字符型，而进行比较大小的变量必须是数值型数据，故在代码中使用了 Val(x)函数将字符型数据转换成数值型再赋值给变量。

5.1.2 If…Then…Else 结构

语法格式一：单行 If 语句。

```
If 表达式 Then 语句块 1
Else 语句块 2
```

语法格式二：块 If 语句。

```
If 表达式 Then
   语句块 1
Else
   语句块 2
End If
```

功能：该结构用于解决“二选一”的问题。当表达式的值为真（True），执行语句块 1 的语句内容；否则，执行语句块 2 的语句内容。其流程图如图 5-6 所示。

说明：

① 表达式同前面一样，其最终的值必须为逻辑型，即取值为真（True）或者假（False）。

② 若语句块 1 和语句块 2 都是单条语句，最好采用单行 If 格式，否则采用块 If 语句。

③ 跟 If…Then 不同，该结构中即使表达式值为假，仍有另一条路径走，即执行语句块 2 的语句内容。

【例 5.2】 编写一个程序，实现当用户输入的用户名和口令都正确时显示欢迎登录的消息对话框，当用户名或口令有错误时显示报告错误的消息对话框。

思路：需要两个文本框分别保存用户输入的用户名和口令，一个“登录”按钮，一个“退出”按钮。当输入的用户名和口令与正确的相符时显示“合法用户”，不相符时显示“非法用户”，所以应当采用 If…Then…Else 结构来实现。程序主要部分的流程图如图 5-7 所示。

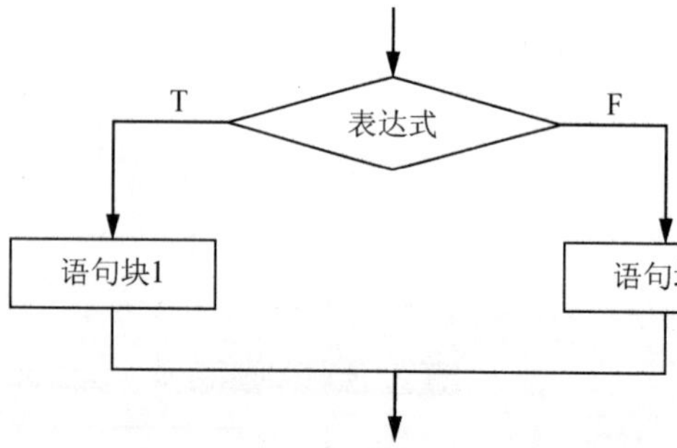

图 5-6 If…Then…Else 执行流程图

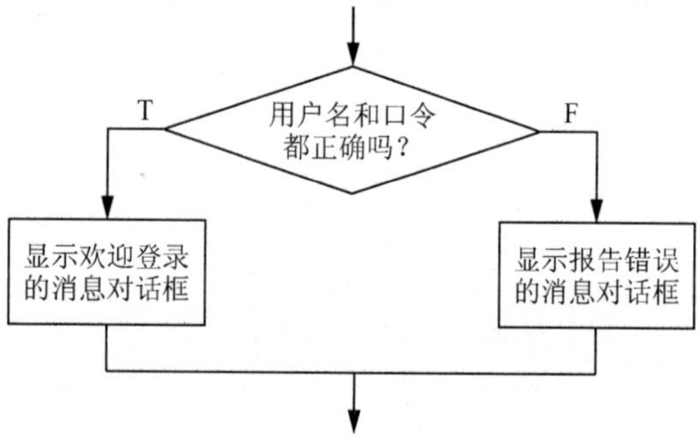

图 5-7 执行流程图

界面设计：新建一个工程，进入窗体设计器，向窗体中添加两个标签控件 Label1、Label2，两个文本框控件 Text1、Text2 和两个按钮控件 Command1、Command2，如图 5-8 所示。

程序运行时，当用户单击“登录”按钮后才判断用户名和口令的正确性，所以应该在“登录”按钮的 Click 事件的事件过程中编写代码，实现判断用户的合法性功能。假设用户的用户名为“SYL”，口令为“123456”，则“登录”按钮的 Click 事件过程代码如下：

```
Private Sub Command1_Click()
  Dim user As String
  Dim psw As String
  user = Text1.Text
  psw = Text2.Text
  If  user = "SYL"  And  psw = "123456"  Then
```

```
      MsgBox ("欢迎您登录本系统！")
    Else
      MsgBox ("您的用户名或口令有误，请重新输入！")
    End If
End Sub
```

运行结果如图 5-9 所示。

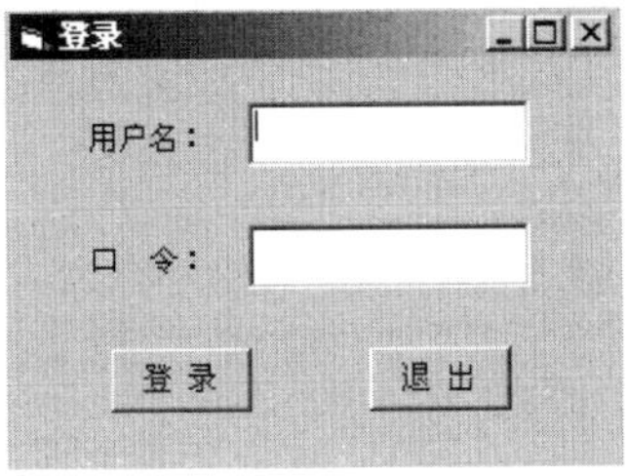

图 5-8　例 5.2 界面设计

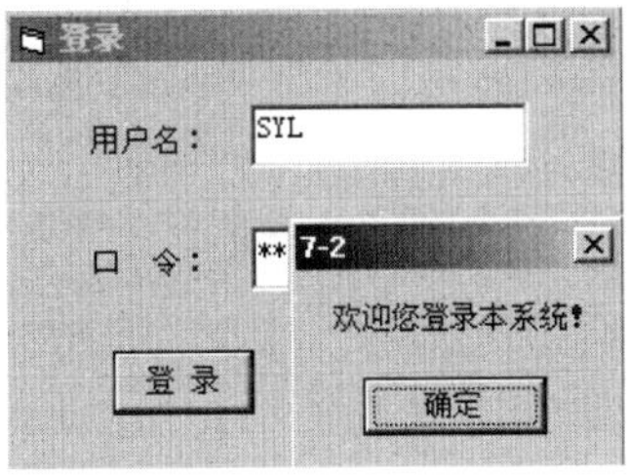

图 5-9　例 5.2 运行结果

【例 5.3】　编写一个程序，对输入的 3 个数进行排序，并将排好序的 3 个数输出。

思路：需要 3 个文本框用于保存输入的 3 个数，另外还需要 1 个“排序”按钮和 1 个“退出”按钮。

界面设计：新建一个工程，进入窗体设计器，向窗体中添加 4 个标签控件、3 个文本框控件和 2 个按钮控件，如图 5-10 所示。

程序代码：

```
Private Sub Command1_Click()
   Dim a As Single, b As Single, c As Single, t As Single
   a = Val(Text1.Text)
   b = Val(Text2.Text)
   c = Val(Text3.Text)
   If a < b Then
      t = a: a = b: b = t
   End If
   If a < c Then
      t = a: a = c: c = t
   End If
   If b < c Then
      t = b: b = c: c = t
   End If
   Label4.Caption = "三个数从大到小为: " & a & "," & b & "," & c
End Sub
```

运行结果如图 5-11 所示。

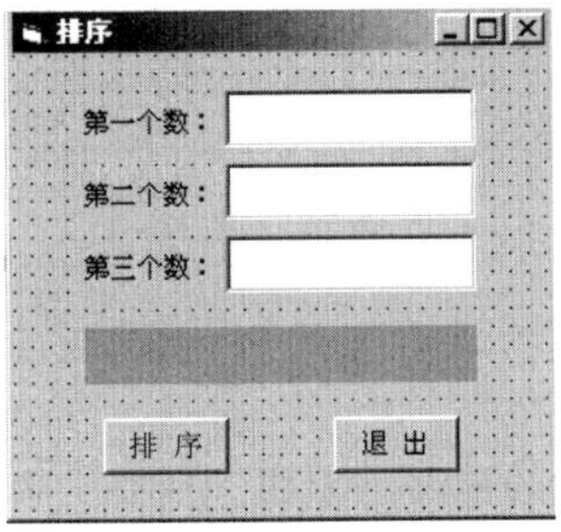

图 5-10　例 5.3 界面设计

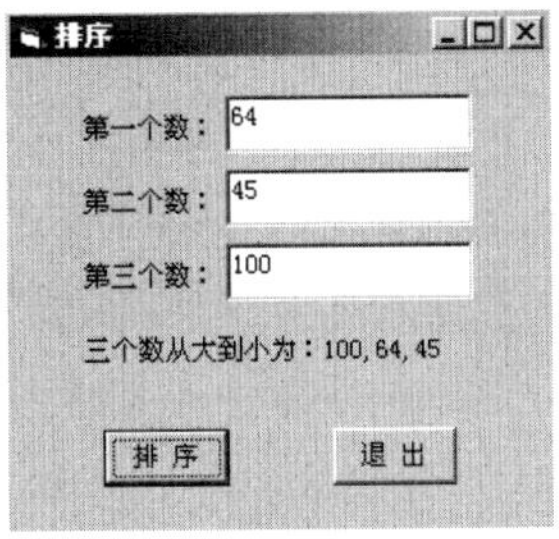

图 5-11　例 5.3 运行结果

5.1.3 多分支 If 结构

前面 5.1.1 和 5.1.2 两节中的 If 结构只能解决二分支的问题，但是在现实世界中有很多需要解决的问题并非如此简单，往往是“多选一”的。例如，根据一个学生的成绩来评出优、良、中、及格和不及格 5 个等级。很显然，该问题是五分支，即根据该学生的成绩落在不同的分数段，对应有 5 种不同的措施。If...Then 结构和 If...Then...Else 结构的二分支结构是不能解决这样的问题的，所以 Visual Basic 中采用 If...Then...ElseIf 结构和 If 嵌套两种方法来解决多分支问题。

1. If...Then...ElseIf 结构

语法格式：

```
If  表达式 1 Then
    语句块 1
ElseIf 表达式 2  Then
    语句块 2
[ElseIf 表达式 3  Then
    语句块 3]
……
[Else
    语句块 n]
End If
```

功能：该结构用于解决“多选一”的问题。其执行过程为：首先测试表达式 1 的值，如果为真则执行语句块 1；否则测试表达式 2 的值，如果为真则执行语句块 2；依此类推，直到找到一个值为真的表达式来执行相应的语句块；如果所有的条件都不成立，则执行 Else 后语句块的内容。其流程图如图 5-12 所示。

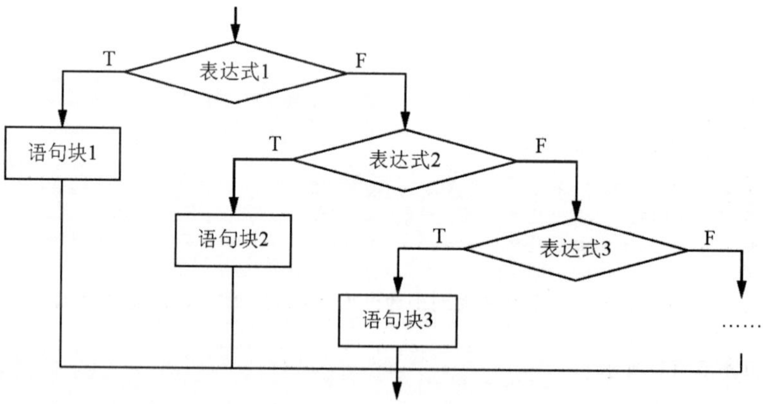

图 5-12 If...Then...ElseIf 执行流程图

说 明

① 表达式最终的值必须为逻辑型，即取值为真（True）或者假（False）。

② 如果要产生 n 个分支，则需要 n-1 个测试表达式。

③ 此结构不能转换成单行 If 格式。

【例 5.4】 编写一个程序，根据用户输入的某个学生的成绩评出优、良好、中等、及格和不及格 5 个等级。判断标准如下：若该学生的成绩 score 低于 60 分，不及格；若 score 在 60～

70 分之间，及格；若 score 在 70～80 分之间，中等；若 score 在 80～90 分之间，良好；若 score 在 90 分以上，优。

思路： 本题要解决的问题是根据输入学生的成绩来判断该学生的成绩等级。有一个输入量（学生的成绩）和一个输出量（判断结果），所以用一个文本框来接收用户输入，一个文本框进行输出。再添加一个“判断”按钮和一个“退出”按钮。

界面设计：新建一个工程，进入窗体设计器，向窗体中添加 2 个标签控件、2 个文本框控件和 2 个按钮控件，如图 5-13 所示。

程序代码：

```
Private Sub Command1_Click()
   Dim score As Single
   Dim s As String
   score = Val(Text1.Text)
   If score < 60 Then
      s = "不及格"
   ElseIf  score < 70 Then
      s = "及格"
   ElseIf  score < 80 Then
      s = "中等"
   ElseIf  score < 90 Then
      s = "良好"
   Else
      s = "优"
   End If
   Text2.Text = s
End Sub
```

运行结果如图 5-14 所示。

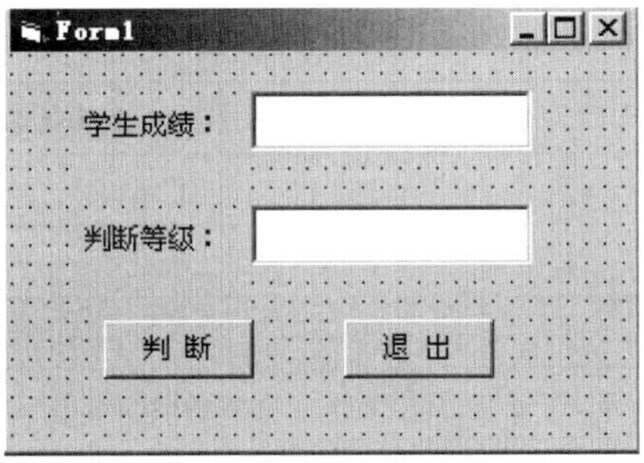

图 5-13　例 5.4 界面设计

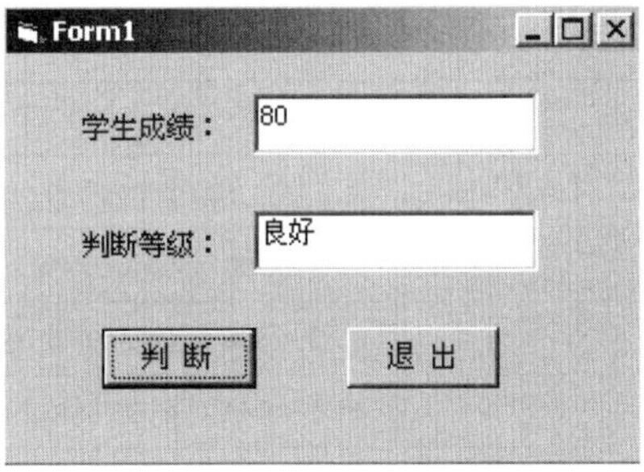

图 5-14　例 5.4 运行结果

【例 5.5】 学校对学习成绩优良的同学给予奖励，只要满足以下条件之一就可以获得奖励：

① 所考语文、数学和英语总分在 285 以上。

② 每门课的成绩都在 90 分以上。

③ 语文和数学的成绩为 100 分，英语在 80 分以上。

界面设计：新建一个工程，进入窗体设计器，向窗体中添加 3 个标签控件、3 个文本框控件和 2 个按钮控件，如图 5-15 所示。

程序代码：

```
Private Sub Command1_Click()
   Dim a As Single, b As Single, c As Single
```

```
        a = Val(Text1.Text)
        b = Val(Text2.Text)
        c = Val(Text3.Text)
        If a + b + c >= 285 Then
            Label4.Caption = "可以获奖！"
        ElseIf a >= 90 And b >= 90 And c >= 90 Then
            Label4.Caption = "可以获奖！"
        ElseIf a = 100 And b = 100 And c >= 80 Then
            Label4.Caption = "可以获奖！"
        Else
            Label4.Caption = "不可获奖！"
        End If
    End Sub
```

运行结果如图 5-16 所示。

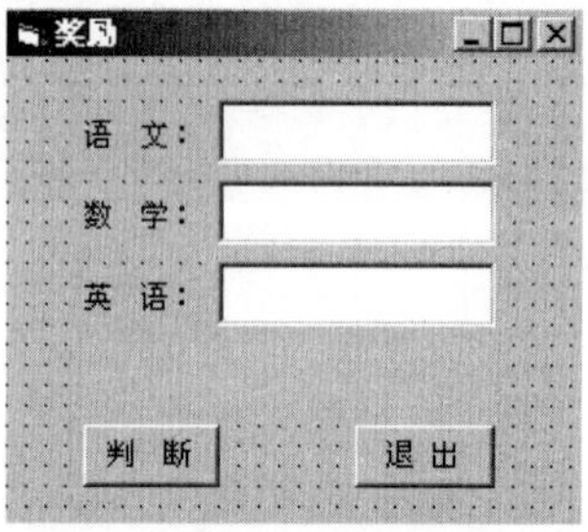

图 5-15　例 5.5 界面设计

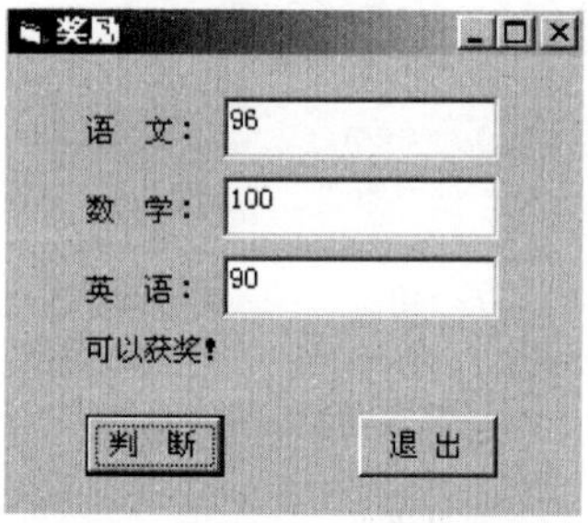

图 5-16　例 5.5 运行结果

【例 5.6】 我国从 2011 年 9 月 1 日起实行新的个税计算方法，将起征点由 2 000 元上调至 3 500 元，具体的计算规则如表 5-2 所示。

表 5-2　属 性 设 置

级　　数	应纳税金额	税　　率	速算扣除数
1	不超过 1 500 元的部分	3%	0
2	超过 1 500 元至 4 500 元的部分	10%	105
3	超过 4 500 元至 9 000 元的部分	20%	555
4	超过 9 000 元至 35 000 元的部分	25%	1 005
5	超过 35 000 元至 55 000 元的部分	30%	2 755
6	超过 55 000 元至 80 000 元的部分	35%	5 505
7	超过 80 000 元的部分	45%	13 505

注：应纳税金额=工资-3500，个人所得税=应纳税金额×对应的税率-速算扣除数。

假设不考虑五险一金的缴纳情况，请编写一个程序，根据用户输入的工资 x，计算其应缴纳的个人所得税 y。

思路： 根据用户提供的工资范围，确定其应按哪种级别来缴纳所得税，所以需要一个输入一个输出，因此界面可以采用两个文本框，一个文本框用于接收工资的输入（只读），一个文本框用于显示结果，如图 5-17 所示。

“计算”按钮的 Click 事件过程代码如下：

```
Private Sub Command1_Click()
    Dim x As Double                      '应纳税金额
    Dim y As Double                      '个人所得税
    If IsNumeric(Text1.Text) = False Then
       End
    End If
    x = Val(Text1.Text) - 3500
    If x < 1500 Then
        Text2.Text = x * 0.03
    ElseIf x < 4500 Then
        Text2.Text = x * 0.1 - 105
    ElseIf x < 9000 Then
        Text2.Text = x * 0.2 - 555
    ElseIf x < 35000 Then
        Text2.Text = x * 0.25 - 10
    ElseIf x < 55000 Then
        Text2.Text = x * 0.3 - 2755
    ElseIf x < 80000 Then
        Text2.Text = x * 0.35 - 5505
    Else
        Text2.Text = x * 0.45 - 13505
    End If
End Sub
```

运行结果如图 5-18 所示。

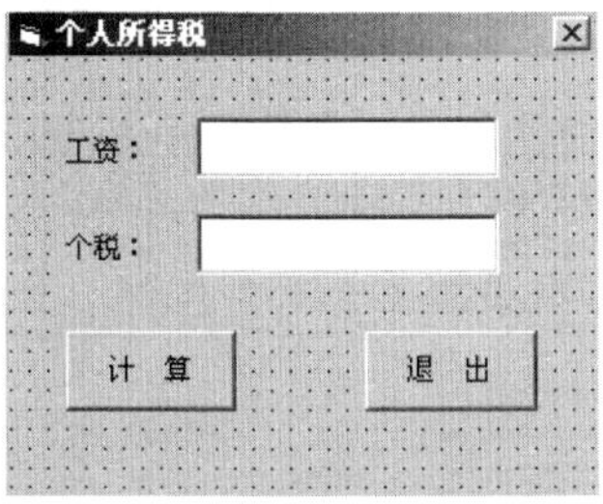

图 5-17　例 5.6 界面设计

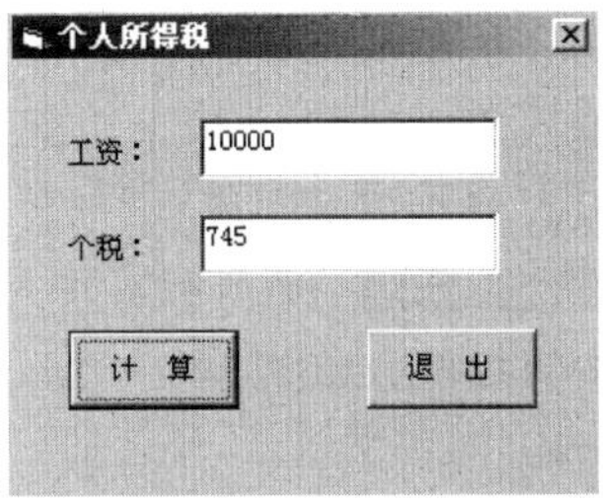

图 5-18　例 5.6 运行结果

2. If 嵌套

If 嵌套指在 If 的 Then 或者 Else 语句块中还可以嵌套 If 结构，以达到多分支的目的。

语法格式：

```
If  表达式 1  Then
    语句块 1
    If  表达式 2  Then
        语句块 2
    Else
        语句块 3
    End If
Else
```

```
    语句块 4
    if 表达式 3 Then
        语句块 5
    Else
        语句块 6
    End If
End If
```

其流程图如图 5-19 所示。

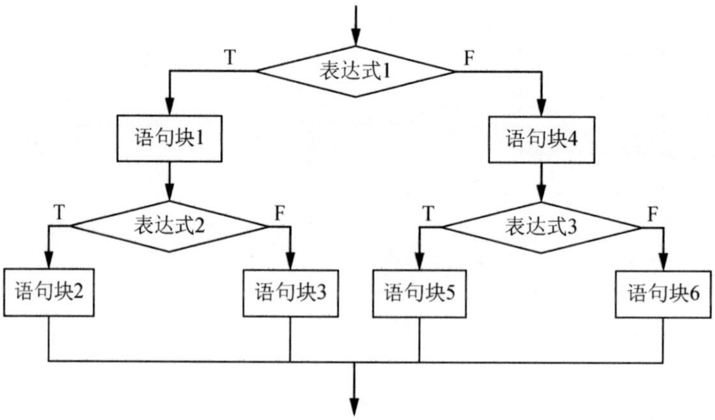

图 5-19 If 嵌套执行流程图

【例 5.7】 编写一个程序，让用户输入 3 个数并判断这 3 个数能否组成一个直角三角形。

思路： 根据用户输入的 3 个数，判断它们能否组成一个直角三角形。程序中有 3 个输入量（即输入的 3 个数）和 1 个输出量（即能否组成一个直角三角形）。故可以用 3 个文本框来接收用户输入的 3 个数，用 1 个标签来显示判断结果。

用户输入的 3 个数 a、b、c 可能不能组成三角形，可能能组成三角形但不是直角三角形等，可以采用嵌套 If 结构来实现。

界面设计：新建一个工程，进入窗体设计器，向窗体中添加 4 个标签控件、3 个文本框控件和 2 个按钮控件，如图 5-20 所示。

程序代码：

```
Private Sub Command1_Click()
  Dim a, b, c As Single
  a = Val(Text1.Text): b = Val(Text2.Text): c = Val(Text3.Text)
  If  a + b > c And a + c > b And b + c > a Then
    If a ^ 2 = b ^ 2 + c ^ 2 Or b ^ 2 = a ^ 2 + c ^ 2 Or c ^ 2 = a ^ 2 + b ^ 2 Then
        Label4.Caption= "可以构造一个直角三角形 "
    Else
        Label4.Caption= "可以构造一个非直角三角形"
    End If
  Else
    Label4.Caption= "不可以构造一个三角形 "
  End If
End Sub
```

运行结果如图 5-21 所示。

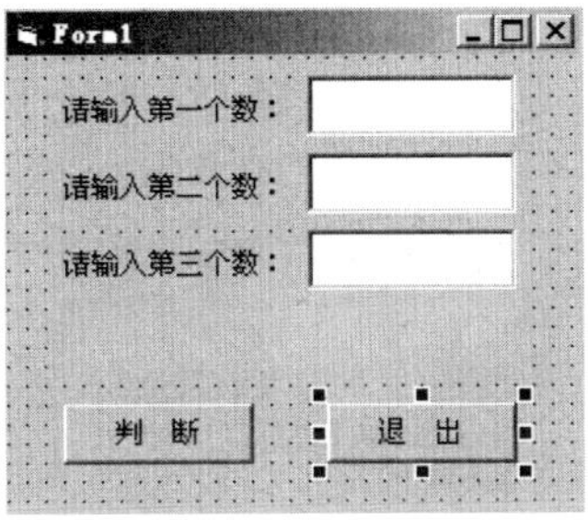

图 5-20 例 5.7 界面设计

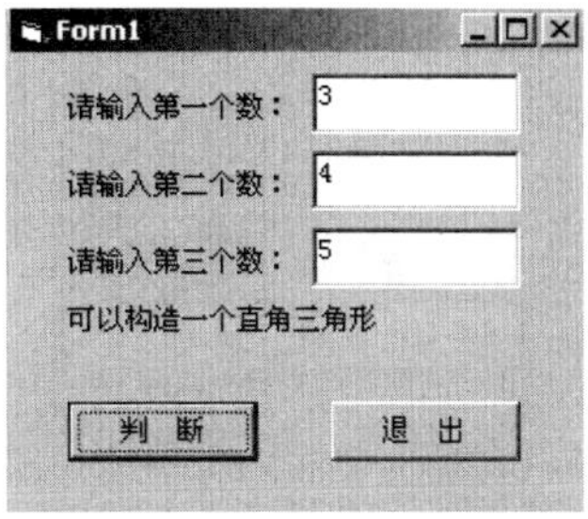

图 5-21 例 5.7 运行结果

【例 5.8】 编写一个程序，输入年份判断是否为闰年。其中判断闰年的条件如下：

① 能被 4 整除，但不能被 100 整除。

② 能被 400 整除。

界面设计：新建一个工程，进入窗体设计器，向窗体中添加 5 个标签控件、3 个文本框控件和 2 个按钮控件，如图 5-22 所示。

程序代码：

解 1：用 If 嵌套结构实现。

```
Private Sub Command1_Click()
   Dim y, flag As Integer
   y = Val(Text1.Text)
   If(y Mod 4 = 0) Then
       If(y Mod 100 <> 0) Then
          flag = 1
       Else
          If(y Mod 400 = 0) Then
             flag = 1
          Else
             flag = 0
          End If
       End If
   Else
       flag = 0
   End If
   If flag=1 Then
       Label2.Caption = "年份" & y & "为闰年"
   Else
       Label2.Caption = "年份" & y & "是平年"
   End If
End Sub
```

解 2：用 If...Then 结构来实现。

```
Private Sub Command1_Click()
   Dim y, flag As Integer
   y = Val(Text1.Text)
   If(y Mod 4 = 0 And y Mod 100 <> 0 Or y Mod 400 = 0) Then
       Label2.Caption = "年份" & y & "为闰年"
```

```
  Else
     Label2.Caption = "年份" & y & "是平年"
  End If
End Sub
```

运行结果如图 5-23 所示。

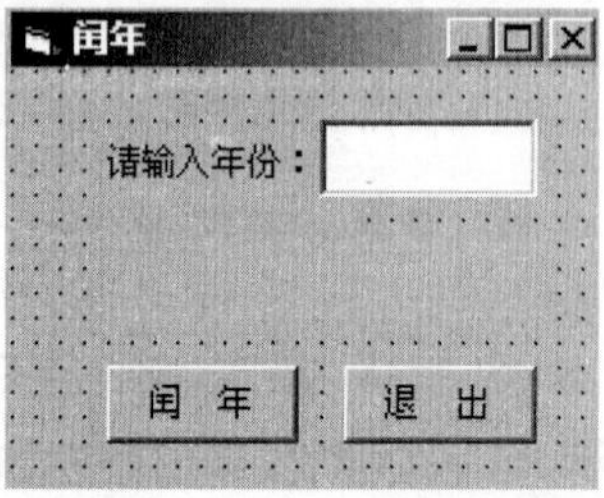

图 5-22　例 5.8 界面设计

图 5-23　例 5.8 运行结果

5.2　Select Case 语句

Select Case 语句也可以解决多分支问题，与 If 多分支结构不同的是，在这种结构中只有一个用于判断的测试表达式，根据此表达式的不同计算结果执行不同的语句块，其语法格式为：

```
Select Case 测试表达式
   Case 表达式列表 1
      语句块 1
   [Case 表达式列表 2
      语句块 2]
   ……
   [Case Else
      语句块 n]
End Select
```

功能：Select Case 语句也是一种条件选择语句。它在同一个测试条件上可以有多个分支并列，根据测试表达式的不同计算结果来执行不同的分支。当测试值处于表达式列表 1 范围时，执行语句块 1 并退出 Select Case 语句；当其值处于表达式列表 2 范围时，执行语句块 2 并退出 Select Case 语句……当其值跟所有的表达式列表表示的值都不匹配时，执行 Case Else 对应的语句块 n 并退出 Select Case 语句，如图 5-24 所示。

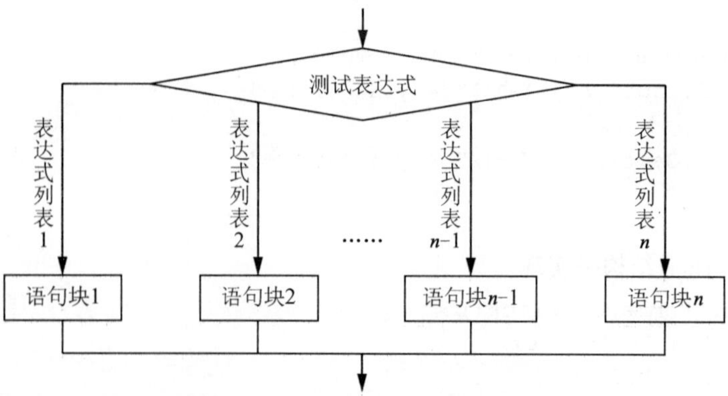

图 5-24　Select Case 执行示意图

注 意

① 测试表达式可以是数值、字符串或逻辑值及它们组成的表达式。

② Case 中的表达式列表可以是以下几种格式。

格式一：表达式 1,表达式 2,…,表达式 n。例如：

```
Case 2,4,6,8
Case "Visual Basic ","程序设计"
```

格式二：表达式 1 to 表达式 2。例如：

```
Case 60 to 100
Case "a" to "z"
```

格式三：Is 表达式。例如：

```
Case is<60, "a" to "z"
```

格式四：上述 3 种格式的结合。例如：

```
Case 2,4,6,8,10 to 15,is>100
```

③ 当表达式跟多个 Case 表达式列表的值匹配时，只执行第一个匹配的 Case 语句对应的语句块。

④ Case Else 子句必须放在其他 Case 语句后面。当表达式的值与前面所有 Case 语句均不匹配时，执行其后的语句体部分。这个子句可以省略。

【例 5.9】 省现行公路的货车通行费的计算公式为：通行费=车次费+(路程费×路程)。而按照货车载重的不同，车次费和路程费又是依照如下几种情况来确定：当载重为 2 吨（含 2 吨）以下的货车，车次费按 5 元计算，路程费按 0.40 元计算；当载重为 2 吨至 5 吨（含 5 吨）的货车，车次费按 10 元计算，路程费按 0.80 元计算；当载重为 5 吨至 10 吨（含 10 吨）的货车，车次费按 15 元计算，路程费按 1.20 元计算；当载重为 10 吨至 20 吨（含 20 吨）的货车，车次费按 20 元计算，路程费按 1.60 元计算；当载重为 20 吨以上的货车，车次费按 25 元计算，路程费按 2.00 元计算。该省某公路全线长 292 km，请编写程序计算各货车通行费。

思路：根据公式“通行费=车次费+(路程费×路程)”，路程为定值，所以通行费跟车次费和路程费有关。要计算通行费，必须提供车次费和路程费。而车次费和路程费跟货车载重有关。货车载重可能是 1～40 吨中的某一个值，但是最终反映在程序中只有 5 个值：载重<=2、2<载重<=5、5<载重<=10、10<载重<=20 和载重>=20。

程序代码：

```
Private Sub Command1_Click()
  Dim inde As Integer, price As Single
  inde = Combo1.ListIndex
  Select Case inde
    Case 0
      price = 5 + 0.4 * 292
    Case 1
      price = 10 + 0.8 * 292
    Case 2
      price = 15 + 1.2 * 292
    Case 3
      price = 20 + 1.6 * 292
    Case Else
```

```
        price = 25 + 2 * 292
    End Select
    Text1.Text = price
End Sub
```

【例 5.10】 邮局向国外邮寄包裹的收费计算如下：当包裹质量不超过 15 g 时，收费 5 元；当包裹质量为 15～30 g 时，收费 9 元；当包裹质量为 30～45 g 时，收费 12 元；当包裹质量为 45～60 g 时，收费 14 元；当包裹质量为 60～75 g 时，收费 16 元；当包裹质量超过 75 g 时，收费 20 元。请编写一个程序根据包裹质量计算邮费。

思路：本例根据包裹的质量来计算包裹的邮寄费。一个输入量为包裹质量，另一个输出量为邮寄费。所以需要一个文本框用于接收输入量，一个文本框用于输出，一个按钮用于实现“计算”功能，一个按钮用于实现“退出”功能。

界面设计：新建一个工程，进入窗体设计器，向窗体中添加 2 个标签控件、2 个文本框控件和 2 个按钮控件，如图 5-25 所示。

程序代码：

```
Private Sub Command1_Click()
    Dim a As Single, b As Integer
    a = Val(Text1.Text)
    Select Case  a
        Case Is <= 15
            b = 5
        Case Is <= 30
            b = 9
        Case 30 to 45
            b = 12
        Case 45 to 60
            b = 14
        Case 60 to 75
            b = 16
        Case Else
            b = 20
    End Select
    Text2.Text = b
End Sub
```

运行结果如图 5-26 所示。

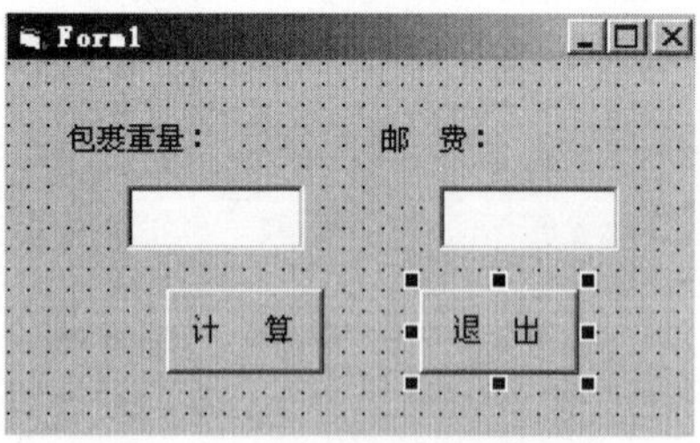

图 5-25 例 5.10 界面设计

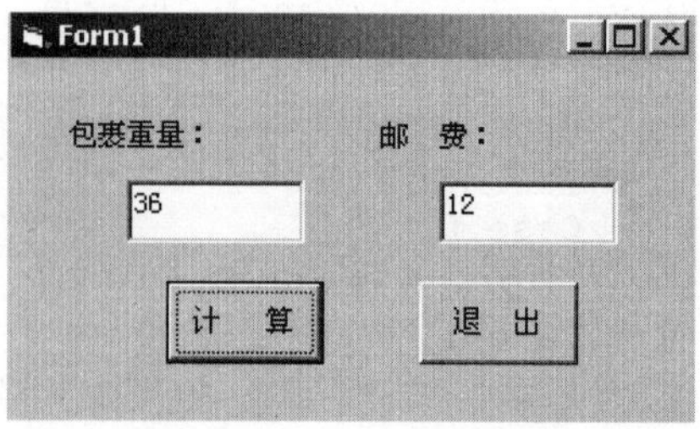

图 5-26 例 5.10 运行结果

【例 5.11】 航空公司规定在旅游的旺季 7～9 月，如果订票数超过 20 张，票价优惠 15%；20 张以下，优惠 5%。在旅游的淡季 1～5 月、10 月、11 月，如果订票数超过 20 张，票价优惠 30%；20 张以下，优惠 20%。其他情况一律优惠 10%。设计程序，根据月份和订票张数来计算总的订票金额，假设每张飞机票单价为 600 元。

思路：本例根据订票的月份和张数来计算订票的总金额。所以需要两个输入量即“月份”和“订票张数”，一个输出量即“总金额”。因此界面设计采用 3 个文本框，一个文本框用于输入月份，一个文本框用于输入订票张数，一个文本框用于输出总金额。程序主要部分的流程图如图 5-27 所示，界面设计如图 5-28 所示。控件属性设置如表 5-3 所示。

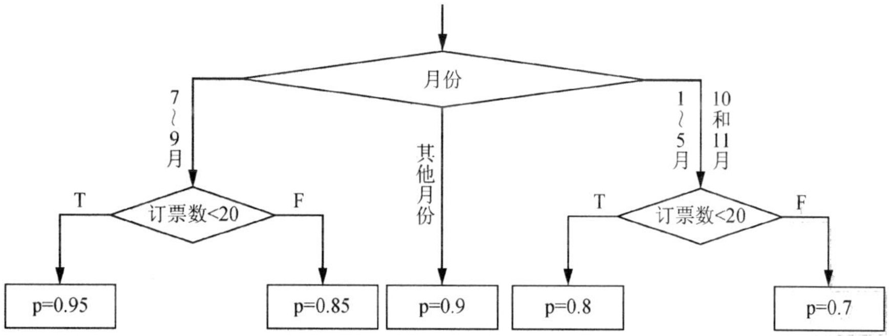

图 5-27 例 5.11 执行流程图

表 5-3 控件属性设置

控　件	属　性	属　性　值
Label	Name	Label1
	Caption	月份
Label	Name	Label2
	Caption	票数
Label	Name	Label3
	Caption	金额
TextBox	Name	Text1
	Font	小四，粗体
	Text	空白
TextBox	Name	Text2
	Font	小四，粗体
	Text	空白
TextBox	Name	Tex3
	Font	小四，粗体
	Text	空白
	Locked	True
CommandButton	Name	Command1
	Caption	计算
CommandButton	Name	Command2
	Caption	退出

程序代码：

```
Private Sub Command1_Click()
    Dim m As Integer
    Dim num As Integer
    Dim p As Single
    m = Val(Text1.Text)
    num = Val(Text2.Text)
    Select Case (m)
        Case 7 To 9
            If num < 20 Then
                p = 0.95
            Else
                p = 0.85
            End If
        Case 10, 11, 1 To 5
            If num < 20 Then
                p = 0.8
            Else
                p = 0.7
            End If
        Case Else
            p = 0.9
    End Select
    Text3.Text = p * num * 600
End Sub

Private Sub Command2_Click()
    End
End Sub
```

运行结果如图 5-29 所示。

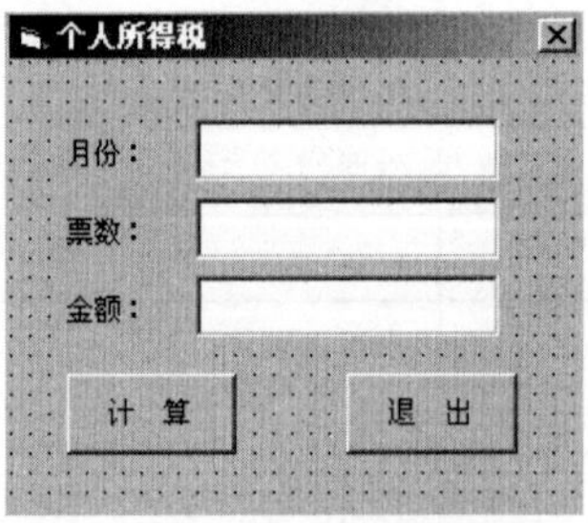

图 5-28 例 5.11 界面设计

图 5-29 例 5.11 运行结果

例 5.12 输入方程的 3 个系数 A、B 和 C，求方程 $Ax^2+Bx+C=0$ 的解。

思路： 当方程的 3 个系数 A、B 和 C 的值一旦确定，方程就是唯一的，对应的解也是唯一的。本题有 3 个输入量，即 A、B 和 C 的值，两个输出量即方程的解，所以可以用 3 个文本框接收输入，用 2 个标签框输出。

用户在 3 个文本框中输入的数据可能不全是数字型数据，所以还要验证数据的合法性。当获得 A、B 和 C 的值后，要判断 A 的值是否为 0。如果为 0，为一次方程，方程只有一个解；如果不为 0，为二次方程，就可以根据 Δ（$\Delta=B^2-4AC$）的值来判断方程的解：

① 当 Δ>0 时，方程有两个解。

② 当 Δ=0 时，方程有一个解。

③ 当 Δ<0 时，方程无实根。

界面设计：新建一个工程，进入窗体设计器，向窗体中添加 5 个标签控件、3 个文本框控件和 2 个按钮控件，如图 5-30 所示。

程序代码：

解 1：用 Select Case 结构实现。

```
Private Sub Command1_Click()
   Dim a As Single, b As Single, c As Single
   If IsNumeric(Text1.Text) And IsNumeric(Text2.Text) And IsNumeric(Text3.Text) Then
     a = Val(Text1.Text)
     b = Val(Text2.Text)
     c = Val(Text3.Text)
     If a = 0 Then
       Label4.Caption = "一次方程只有 1 个实根"
       Label5.Caption = "x1=" & -c / b
     Else
       Select Case b ^ 2 - 4 * a * c
         Case Is > 0
           Label4.Caption="x1=" & (-b + Sqr(b ^ 2 - 4 * a * c)) / (2 * a)
           Label5.Caption="x2=" & (-b - Sqr(b ^ 2 - 4 * a * c)) / (2 * a)
         Case Is = 0
           Label4.Caption = "二次方程有 2 个实根"
           Label5.Caption = "x1、x2=" & -b / (2 * a)
         Case Is < 0
           Label4.Caption = "二次方程没有实根"
       End Select
     End If
   Else
     MsgBox ("你输入的数据无效，请重新输入！ ")
   End If
End Sub
```

解 2：用 If...Then...ElseIf 结构实现。

```
Private Sub Command1_Click()
   Dim a As Single, b As Single, c As Single
   If IsNumeric(Text1.Text) And IsNumeric(Text2.Text) And IsNumeric (Text3. _
   Text) Then
     a = Val(Text1.Text)
     b = Val(Text2.Text)
     c = Val(Text3.Text)
     If a = 0 Then
        Label4.Caption = "一次方程只有 1 个实根"
        Label5.Caption = "x1=" & -c / b
     Else
        If b ^ 2 - 4 * a * c > 0 Then
           Label4.Caption = "x1=" & (-b + Sqr(b ^ 2 - 4 * a * c)) / (2 * a)
           Label5.Caption = "x2=" & (-b - Sqr(b ^ 2 - 4 * a * c)) / (2 * a)
        ElseIf b ^ 2 - 4 * a * c = 0 Then
```

```
            Label4.Caption = "二次方程有 2 个实根"
            Label5.Caption = "x1、x2=" & -b / (2 * a)
        Else
            Label4.Caption = "二次方程没有实根"
        End If
      End If
    Else
      MsgBox ("你输入的数据无效，请重新输入！")
    End If
End Sub
```

运行结果如图 5-31 所示。

图 5-30 例 5.12 界面设计

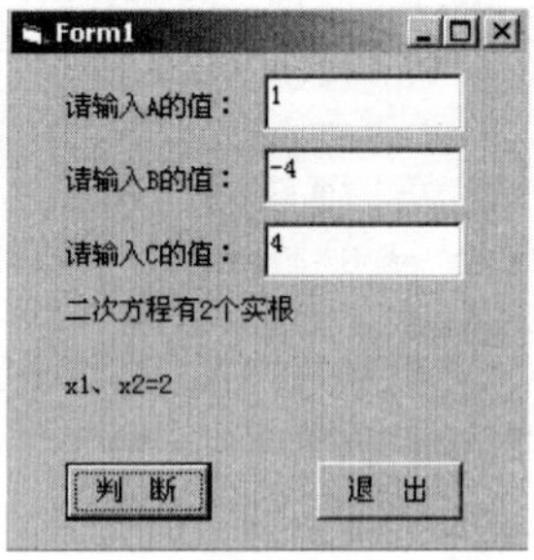

图 5-31 例 5.12 运行结果

5.3 选择结构应用举例

【例 5.13】 夏天售西瓜，销售价格跟西瓜质量存在如下关系：4 kg 以下的西瓜，其售价为 1.00 元/kg；4～7 kg，售价为 1.30 元/kg；超过 7 kg，售价为 1.10 元/kg。

请编写程序，通过键盘输入一个西瓜质量，然后计算并输出应收的金额。

该程序窗体界面中仅包含一个文本框控件，Form 的 Click 事件代码如下：

解 1：用 If...Then...ElseIf 结构实现。

```
Private Sub Form_Click()
   Dim w, p,m As Single
   W = InputBox("输入西瓜质量:","计算西瓜款")
   If w < 4 Then
       p = 1
   ElseIf w < 7 Then
       p = 1.3
   Else
       p = 1.1
   End If
   m = p*w
   Text1.Text = m
End Sub
```

解 2：用 If...Then 结构实现。

```
Private Sub Form_Click()
   Dim w, p,m As Single
   w = InputBox("输入西瓜质量:","计算西瓜款")
```

```
    If w <4 Then p = 1
    If w >= 4 And w <= 7 Then p = 1.3
    If w > 7 Then p = 1.1
       m = p * w
   Text1.Text = m
End Sub
```

【例 5.14】 通过键盘输入一个字符，判断是大写字母、小写字母、数字，还是其他字符。该程序窗体的 Click 事件代码如下：

解 1：用 Select Case 结构实现。

```
Private Sub Form_Click()
   Dim c As String
   c = InputBox("请输入一个字符","测试字符值")
   Select Case c
       Case  "0" to "9"
          MsgBox  "输入字符是一个数字"
       Case  "a" to "z"
          MsgBox  "输入字符是一个小写字母"
       Case  "A" to "Z"
          MsgBox  "输入字符是一个大写字母"
       Case Else
          MsgBox  "输入字符是一个其他符号"
   End Select
End Sub
```

解 2：用 If...Then...ElseIf 结构实现。

```
Private Sub Form_Click()
   Dim c As String
   c=InputBox("请输入一个字符","测试字符值")
   If c >= "0" And c <= "9" Then
      MsgBox  "输入字符是一个数字"
   ElseIf  c >= "A" And c <= "Z" Then
      MsgBox  "输入字符是一个大写字母"
   ElseIf  c >= "a" And c <= "z" Then
      MsgBox  "输入字符是一个小写字母"
   Else
      MsgBox  "输入字符是一个其他符号"
   End If
End Sub
```

习　　题

一、选择题

1. 有一个分段函数，当 X<0 时，Y=-1；当 X=0 时，Y=0；当 X>0 时，Y=1。该分段函数在程序段中可表达为（　　）。

A.
```
If X < 0 Then Y = -1
If X = 0 Then Y = 0
Else Y = 1
```

B.
```
If X > 0 Then Y = 1
 If X = 0 Then Y = 0
Else Y = -1
```

C.
```
If X < 0 Then Y = -1
ElseIf X = 0 Then Y = 0
Else Y = 1
End if
```

D.
```
If X < 0 Then
    Y = -1
  ElseIf X = 0 Then
    Y = 0
Else
    Y = 1
End if
```

2. 在窗体中添加一个命令按钮 Command1，并编写如下程序：

```
Private Sub Command1_Click()
    x = Val(InputBox(x))
    If x > 0 Then y = x
    If x > 1 Then y = 1 / x
    If x > 2 Then y = x ^ 2 + 1
    Print y
End Sub
```

程序运行后，在 InputBox 中输入 2，单击命令按钮，输出结果是（　　）。

A. 0.5　　B. 2　　C. 5　　D. 8

3. 下面语句正确的是（　　）。

A. If X≥Y Then T=A A=B B=T　　B. If X≥Y Then T=A ;A=B ;B=T

C. If X>=Y Then T=A A=B B=T　　D. If X>=Y Then T=A :A=B: B=T

4. 以下 Case 语句中错误的是（　　）。

A. Case 0 To 10　　B. Case Is>10

C. Case Is>10 And Is<50　　D. Case 3,5,Is>10

5. 阅读以下程序：

```
Private Sub Form_Click()
   x = 10
   k = InputBox("请输入一个整数!")
   Select Case k
      Case Is < 0
          y = x + 2
      Case Is = 0
          y = x + 4
      Case Else
          y = x + 6
      End Select
   Print x; y
End Sub
```

运行后单击窗体并从键盘输入 2，输出结果是（　　）。

A. 10 10　　B. 10 12　　C. 10 14　　D. 10 16

6. 窗体中存在命令按钮 Command1，其 Click 事件代码如下：

```
Private Sub Command1_Click()
   X = 2
   Y = 1
   If X * Y < 1 Then Y = Y - 1 Else Y = -1
```

```
    Print Y - X > 0
End Sub
```

程序运行后，单击命令按钮，输出结果是（　　）。

A. True　　B. False　　C. -1　　D. 2

二、填空题

1. 下列程序代码实现分段函数：

$$y=\begin{cases}x^3+10x+2, & x<1\\ -x, & x\geqslant 1\end{cases}$$

请完成未完成的代码。

```
Private Sub Command1_Click()
    x - Val(_______("请输入 x 的值!"))
    Select Case x
      Case _______
          y=_______
      Case Else
          y=_______
    End Select
    Print y
End Sub
```

2. 下列程序代码用于计算一个函数，该函数的表达式为________。

```
Private Sub Command1_Click()
    x = Val(InputBox("请输入 x 的值! "))
    Select Case x
        Case 1 To 6
            y = x ^ 3 + 7 * x ^ 2 + 10
        Case Is > 6
            y = x + 10
        Case Else
            y = -x - 5
    End Select
    Print y
End Sub
```

3. 下列程序代码的功能是，产生一个 1 ~ 200 之间的随机整数，如果是 5 的倍数就将其输出。请补充完整。

```
Private Sub Command1_Click()
    x= Int(_______*200+_______)
    If _______ = 0 then
          Print x
    End If
    Next i
End Sub
```

4. 程序运行界面如图 5-32 所示，要求在文本框中任意输入一个整数，判定该整数的奇偶性。程序代码如下，请补充完整。

```
Private Sub Command1_Click()
```

```
  '单击"判断"按钮
  Dim x As Integer
  x = ________
  Label2.FontName = "黑体"
  Label2.FontSize = 16
    If ________ Then
      Label2.ForeColor = RGB(255,0,0)
      Label2.Caption = "偶数"
    Else
      Label2.ForeColor = RGB(0,0,255)
      Label2.Caption = ________

    ________
End Sub
```

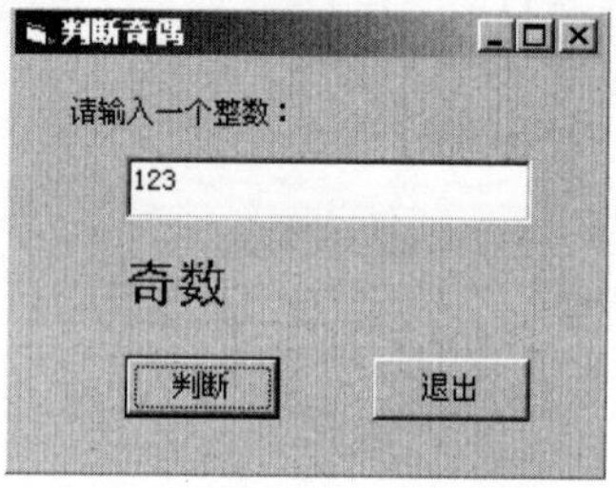

图 5-32 运行界面

三、编程题

1. 从键盘上输入任意一个数，判断这个数是正数、负数还是零，并输出判断结果。

2. 编写程序，输入 x，利用下列分段函数求 y 的值，并且输出结果。

$$y=\begin{cases} x^4+10, & x<0 \\ x^2-10, & 0\leqslant x<10 \\ 5x+8, & 10\leqslant x<20 \\ x/2+1, & x>20 \end{cases}$$

3. 某商场采用购物打折的优惠办法进行促销，活动如下：每位顾客一次购物达到 100 元以上者，按九五折优惠；达到 200 元以上者，按九折优惠；达到 300 元以上者，按八折优惠；达到 500 元以上者，按七折优惠。请编写一个程序，根据购买商品的数量和单价计算实际付款数。

4. 某市的出租车起步价 8 元，可以行驶 3 km，3 km 以后的价格按 1.6 元/km 计算，根据输入的出租车行驶的千米数，计算出顾客付费多少。

第6章 循环结构

本章重点	☑ Do…Loop 循环控制结构 ☑ For 循环控制结构 ☑ 循环次数的计算 ☑ 多重循环 ☑ 循环常用算法举例

在程序设计中，从某处开始有规律地反复执行某一程序块的现象即为循环。其实它就是重复执行一段程序块（段）。

循环结构是根据设置的条件，实现重复执行某程序块（段）的一种程序控制结构。如同顺序结构、选择结构一样，它既是结构化程序设计的基本结构之一，也是面向对象程序设计的基本结构之一。

6.1 循环结构的概念

循环结构由循环体和循环控制部分组成。在循环结构中，重复执行的一组语句称为循环体。每重复执行一次循环体后，都必须做出是否继续循环的判断，其依据是一个特定的条件，即循环的控制部分。循环控制部分的作用是规定循环的重复执行条件或重复次数，根据该条件的成立与否来决定是否退出循环。下面通过一个例子说明循环结构的优点。

【例 6.1】 单击窗体，要求在窗体上显示 6 行星号，运行结果如图 6-1 所示。

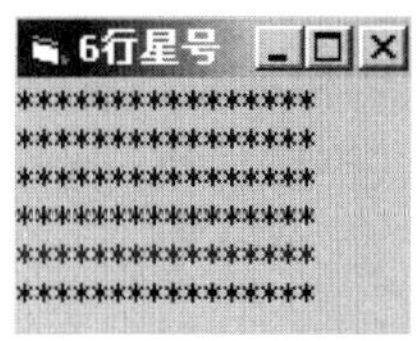

图 6-1 例 6.1 运行结果

思路： 要求每行是由 16 个星号所构成的字符串，显示 6 行可以通过连续 6 次调用窗体的 Print 方法实现图形的显示。

解 1：用顺序结构编写程序（用 6 条 Print 语句编写程序）。

```
Private Sub Command1_Click()
    Print "****************"
    Print "****************"
    Print "****************"
    Print "****************"
    Print "****************"
    Print "****************"
End Sub
```

问题：

① 若要求显示 10 行或更多行这样的信息，怎样实现？

② 若打印信息的行数要求由用户决定，怎样实现？

解决：使用专门用于进行重复操作的语句结构——循环结构。

解 2：用循环结构编写程序（用 Do While 循环语句编写程序）。

```
Private Sub Command1_Click()
   Dim i As Integer              '定义计数器变量 i 来记录目前已输出的行数
    i = 0
    Do While i < 6               '当输出行数未达到 6 行,反复执行下面语句
        Print "****************"
        i = i + 1                '每输出一行信息,计数器 i 累加 1
    Loop                         '返回 Do While
End Sub
```

分析：解 1 能够正确输出题目要求的结果，若要求输出随机行数，则会产生大量的代码或者错误代码。

利用循环结构编写的解 2 代码简洁，结构清晰，若要求输出随机行数，修改 i 值就可以完成，更符合题目要求。

6.2 循环语句的类型及循环的三要素

循环及构成循环语句的类型如图 6-2 所示。

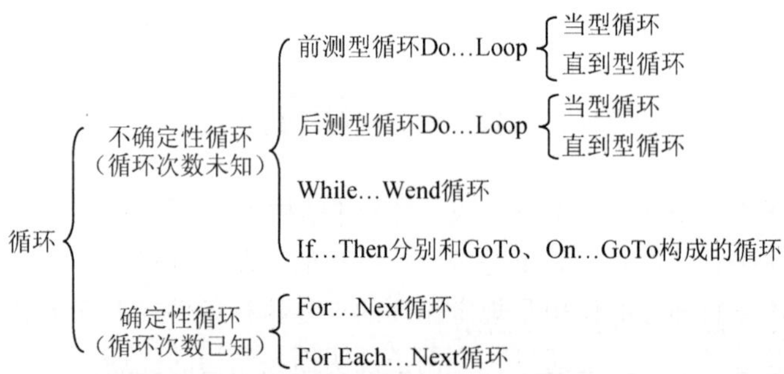

图 6-2 循环及构成循环语句的类型

一般而言，构成任何一种类型的循环都必须具备以下 3 个要素。

① 赋初值：对循环变量所赋的初值。

② 修改变量：修改循环变量的值。

③ 循环结束语句：根据某一条件判断循环是否结束。

当且仅当循环控制部分所规定的循环次数是有限次时，才能使得计算机正常地执行某一循环，实现循环功能。

从本质上看，循环结构可分为当型循环和直到型循环两种基本类型。

① 当型循环：特征是“先判断，后执行”，即首先判断循环条件是否成立，若该条件成立，则执行循环体 S；若该条件不成立，则不执行循环体而结束循环，因此当型循环有循环次数为零（即循环体 S 一次都不被执行）的可能，其流程图如图 6-3 所示。

② 直到型循环：特征是“先执行，后判断”，也就是说不论条件是否成立，首先执行一次循环体 S，然后判断循环条件是否成立，当该条件不成立时，重复执行循环体 S，一直到该条件成立时才退出循环。循环一开始，直到型循环就会至少执行一次循环体 S。其流程图如图 6-4 所示。

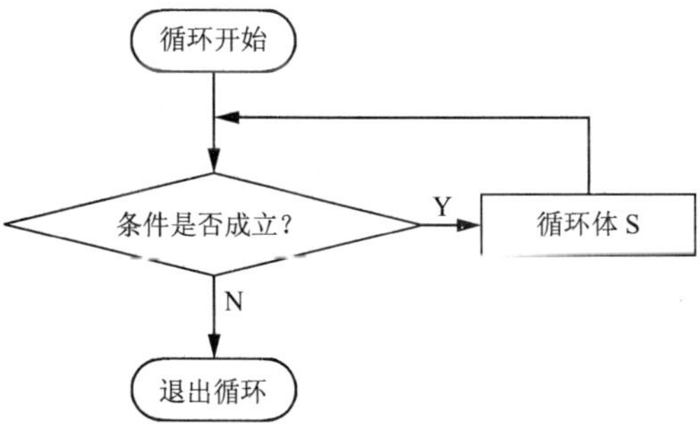

图 6-3 当型循环流程图

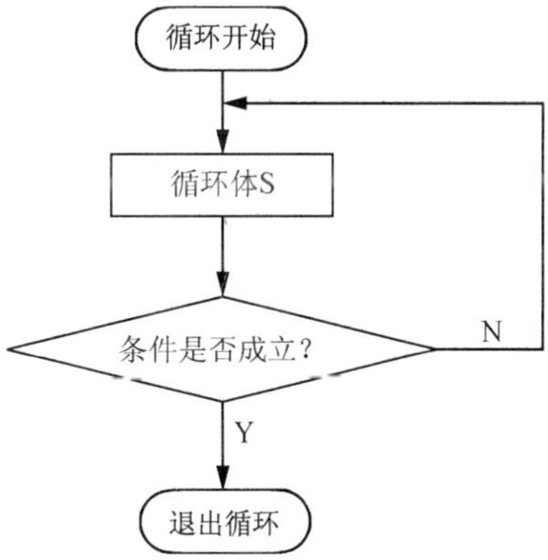

图 6-4 直到型循环流程图

6.3 Do...Loop 语句

6.3.1 前测型 Do...Loop 循环

前测型 Do...Loop 循环的功能是首先判断条件，然后依据其判断结果决定是否执行循环。其语法格式为：

```
Do {While | Until} 条件
   [语句体 1]
   [Exit Do]
   [语句体 2]
Loop
```

各语法成分及其功能说明如表 6-1 所示。

表 6-1 前测型 Do...Loop 循环的语法成分及其功能说明

语法成分	功能说明
Do	Do...Loop 循环的开始标志
While	指明只要条件为真，就执行循环体内的语句，用于构成当型循环
Until	指明执行循环体内的语句，直到条件为真时才终止循环，用于构成直到型循环
条件	关系表达式，是循环的条件（检测准则），其值为 True（非 0）或 False（0 或 Null），若省略条件，则其默认值为 False
语句体 1、语句体 2	即循环体（一条或多条语句），放在 Do 和 Loop 之间，是循环执行的内容
Exit Do	提供另一种退出 Do...Loop 循环的方式，可以在循环体内出现多次，使程序的控制流程退出 Do...Loop 循环
Loop	Do...Loop 循环的结束标志

Do While…Loop 和 Do Until…Loop 这两类前测型循环的执行过程如图 6-5 和图 6-6 所示。

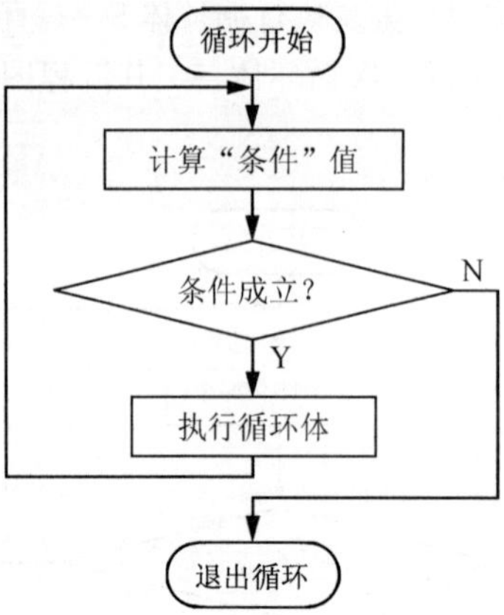

图 6-5　Do While…Loop 流程图

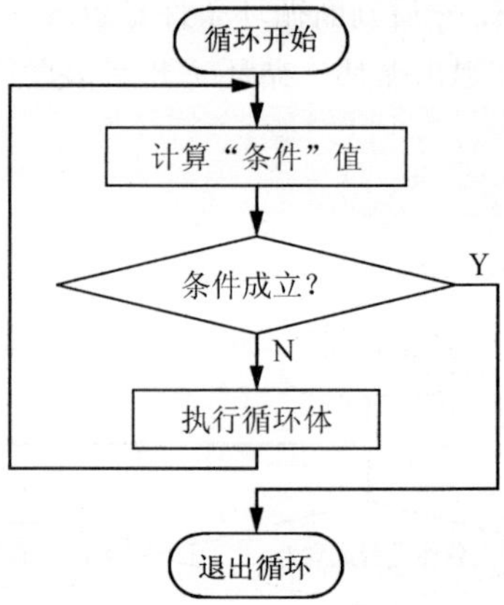

图 6-6　Do Until…Loop 流程图

注 意

① Do While…Loop 是前测型的当型循环语句。它首先计算“条件”值，然后判断条件是否成立。当条件成立（或称条件满足、条件值为真）时，就执行一次循环体，之后再去计算“条件”值，判断条件是否成立，以决定是否继续执行循环体；当条件不成立时，就退出（结束）循环，转而执行该 Do While…Loop 循环的下一条语句。

② Do Until…Loop 是前测型的直到型循环语句。当条件不成立（或称条件不满足、条件值为假）时，执行循环体，直到条件成立时终止循环。

③ 语法格式中的语句成分 Exit Do 是可选项。如果被选定，则应置于条件判断之后；若它被使用于嵌套的 Do…Loop 循环，则 Exit Do 会将控制流程转移到它所在位置的外层循环。

【例 6.2】 用前测型 Do…Loop 循环控制结构编程，求两个正整数 m 和 n 的最大公约数。

思路：用“当型”Do…Loop 循环编程。使用辗转相除法：

① 求 m 和 n 的余数 r = m mod n。

② 如果 r = 0，那么 n 就是最大公约数。

③ 如果 r 不等于 0，那么辗转赋值 m = n : n = r，再重新判断 m 和 n 的余数，一直到余数 r = 0 为止。

界面设计：在窗体上放置 2 个标签 Label1、Label2，2 个文本框 Text1、Text2 和 1 个命令按钮 Command1。

Command1 的 Click 事件代码如下：

```
Private Sub Command1_Click()
    Dim m, n, a, b, r As Integer
    m = Val(Text1)
    '也可以写成 m=Val(Text1.Text)，由于 Text 是文本框的默认属性，此处允许省略 Text
    n = Val(Text2)
    a = m           '为了在结果界面显示 m 和 n 的初始值，这里分别把 m 和 n 赋值给 a 和 b
    b = n
    r = a Mod b     'm 和 n 的余数存放在 r 中
    Do While r <> 0 '如果 r 不为 0，需要继续寻找
```

```
        a = b
        b = r         '最大公约数存放在 r 中，由于 r 需要继续得到新余数，所以 r 又赋值给 b
        r = a Mod b
    Loop
    Label3 = "m 和 n 的最大公约数是" & b     '最大公约数存放在 b 中
End Sub
```

运行结果如图 6-7 所示。

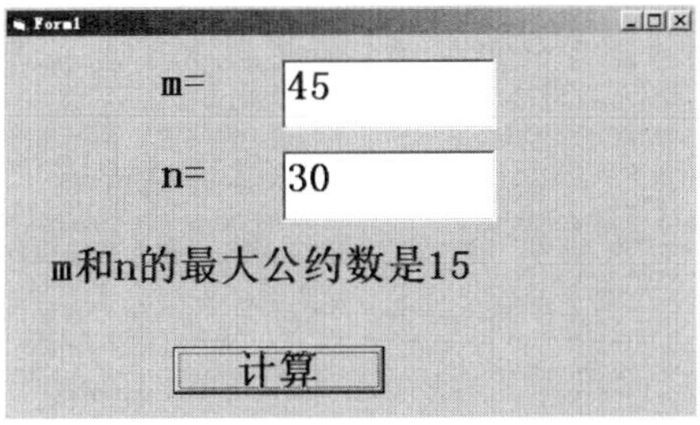

图 6-7　例 6.2 运行结果

【例 6.3】　求 s=1+(1+2)+(1+2+3)+⋯+(1+2+3+4+⋯+100)的值。

思路：用直到型循环编程。

界面设计：在窗体上放置 2 个标签 Label1、Label2，用 2 个命令按钮 Command1、Command2 分别作为“计算”和“结束”使用。

Command1 和 Command2 的 Click 事件代码如下：

```
Private Sub Command1_Click()
    Dim s As Long, n As Long, k As Long '由于和值较大，3 个变量均设置为长整型
    Label1.Caption = "s=1+(1+2)+(1+2+3)+ …+(1+2+3+ …+100)=?"
    s = 0: n = 0: k = 1
    Do Until (k > 100)
        n = n + k                '求“小和”，即求 s 中的每一项的和
        s = s + n                '求“大和”，即求 s 中各“小和”的累加和
        k = k + 1                '“大和”的项数（亦即“小和”中的末项值）
     Loop
    Label2.Caption = " s=" & s '输出大项的和
End Sub

Private Sub Command2_Click()
    Unload Form1
End Sub
```

运行结果如图 6-8 所示。

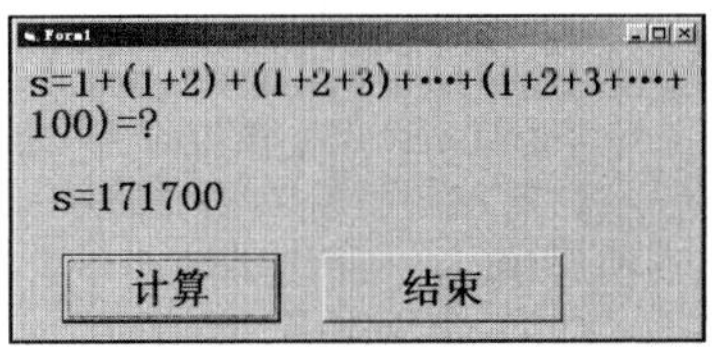

图 6-8　例 6.3 运行结果

思考：

① 如果将 s、n 和 k 这 3 个变量均定义为短整型，将会产生什么后果？

② 本题如何用“当型”Do...Loop 循环编程求解？

6.3.2　后测型 Do...Loop 循环

后测型 Do...Loop 循环的功能是首先执行循环体，然后判断条件，再依该判断结果决定是

否退出循环。它的语法格式为：

```
Do
    [语句体 1]
    [Exit Do]
    [语句体 2]
Loop{While | Until}条件
```

注 意

① Do…Loop While 是后测型的当型循环语句。如图 6-9 所示，循环开始时，首先执行一次循环体，计算“条件”值，然后才去判断条件是否成立，当条件成立时继续执行循环体；否则退出循环，而执行该 Do…Loop While 语句的下一条语句。

② Do…Loop Until 是后测型的直到型循环语句。如图 6-10 所示，当条件不成立（或称条件不满足、条件值为假）时，执行一次循环体，直到条件成立时才终止循环。

③ 语法格式中的语句成分 Exit Do，与前测型 Do…Loop 循环语法格式中的语句成分 Exit Do 一样，也是可选项。如果它被选定，则应置于条件判断之后；如果被使用于嵌套的 Do…Loop 循环，则 Exit Do 会将控制流程转移到它所在位置的外层循环。

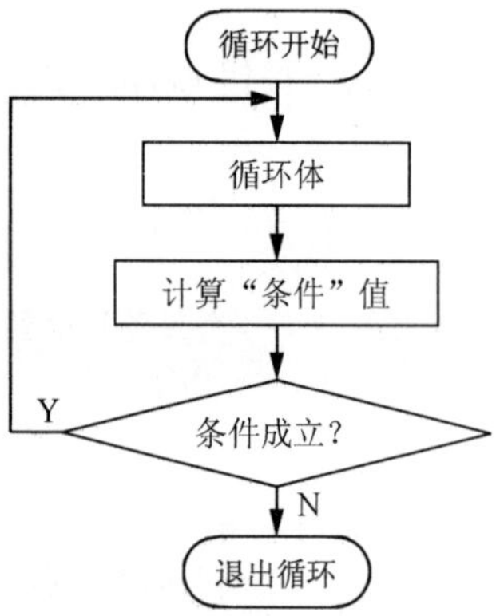

图 6-9 Do…Loop While 循环流程图

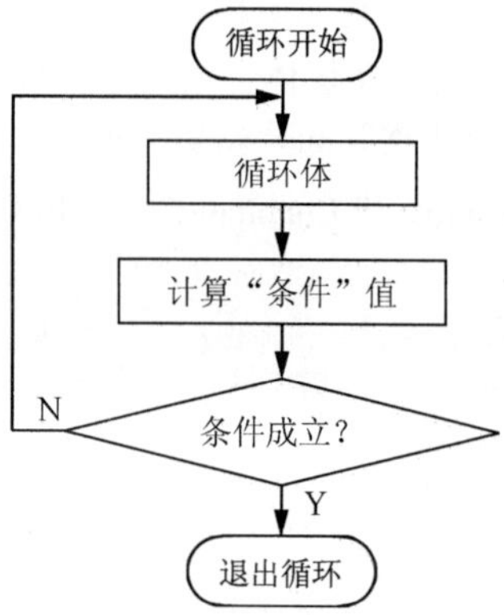

图 6-10 Do…Loop Until 循环流程图

【例 6.4】 用后测型循环编程，求 s=1+(1+2) +(1+2+3)+…+(1+2+3+4+…+100)的值。

思路：用直到型循环编程。

程序代码：

```
Option Explicit
Private Sub Command1_Click()
  Dim s As Long, n As Integer, k As Integer
  Label1.Caption = "s=1+(1+2)+(1+2+3)+ … +(1+2+3+…+100)=?"
  s = 0: n = 0: k = 1
  Do
    n = n + k: s = s + n: k = k + 1
  Loop Until (k > 100)
  Label2.Caption = " s=" & s
End Sub
```

运行结果同图 6-8。

6.4 While...Wend 循环

While...Wend 循环的功能与 Do While...Loop 等价，即只要其中给定的条件为真就执行循环体中的语句。While...Wend 循环的语法格式为：

```
While 条件
   [语句体]
Wend
```

语法成分及其功能说明如表 6-2 所示。

表 6-2 While...Wend 循环的语法成分及其功能说明

语法成分	功能说明
While	While...Wend 循环的开始
条件	循环的检测条件，可以是关系表达式。若条件为真，就执行语句体，直到遇到 Wend 语句。控制流程再次返回 While 语句并检查其后条件，若条件仍为真，则上述过程重复；若条件为假，则结束循环，执行 Wend 语句的后继语句
语句体	任何行数的 Visual Basic 语句
Wend	结束 While...Wend 循环

【例 6.5】 用 While...Wend 编程，求 s=1+(1+2)+(1+2+3)+⋯+(1+2+3+4+⋯+100)的值。

程序代码：

```
Private Sub Command_Click()
   Dim s As Long, n As Integer,k As Integer
   s = 0:n = 0:k = 1
   While k< = 100
      n = n + k:s = s + n:k = k + 1
   Wend
   Label2.Caption="1+(1+2)+(1+2+3)+ …+(1+2+3+… +100)=" & s
End Sub
```

6.5 For...Next 语句

For...Next 语句可用于实现将一组语句重复执行指定的次数。其语法格式为：

```
For 循环变量=初值 To 终值 [Step 步长]
    [语句体 1]
    [Exit For]
    [语句体 2]
Next [循环变量]
```

语法成分及其功能说明如表 6-3 所示。步长亦称循环变量的增量。正步长及负步长的 For...Next 型循环执行的过程如图 6-11 和图 6-12 所示。

表 6-3 For...Next 型循环的语法成分及其功能说明

语法成分	功能说明
For	标志 For...Next 语句结构的开始；关键字
循环变量	数值变量，用于循环的计数；它不能是数组元素或用户自定义的变量元素

续表

语法成分	功能说明
初值	循环变量的初始值
To	将初值与终值分隔开；关键字
终值	循环变量的终止值
Step	明确指出循环变量的增量值；关键字
步长	每次循环后循环变量的改变量（若为正，循环变量的值增加，否则循环变量的值减少）；如果“Step 步长”被省略，则默认为 1
语句体 1、语句体 2	For...Next 循环要重复执行指定次数的语句集合，亦称循环体
Exit For	用于一个 For...Next 控制结构的中间，提供一个跳出循环的方法。当执行此语句时，循环停止，执行 Next 的后继语句
Next	For...Next 语句的结束标志，使循环的值增加步长的值

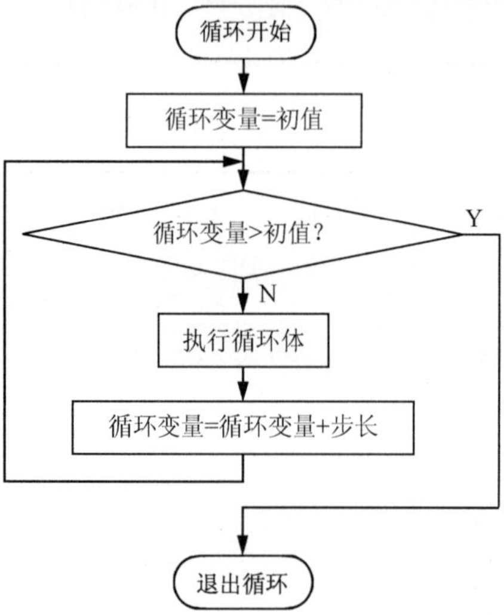

图 6-11　步长>0 时 For...Next 执行流程

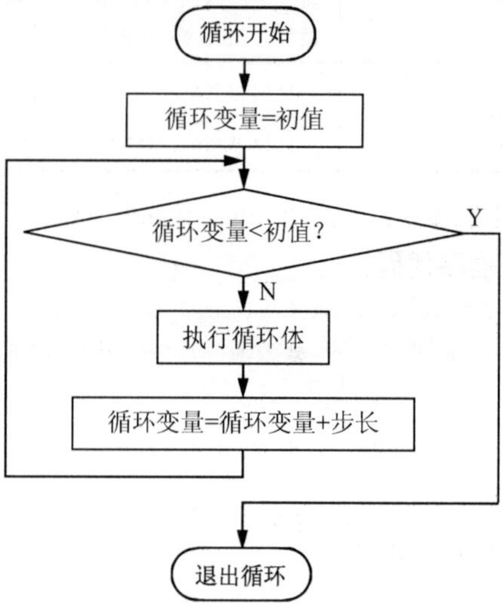

图 6-12　步长<0 时 For...Next 执行流程

说 明

① 循环控制变量：必须为数值型。

② 步长：当步长为正时，初值≤终值；当步长为负时，初值≥终值，默认步长为 1。

③ 循环体：可以是一条或者多条语句。

④ 循环次数：循环次数= Int ((终值 - 初值) /步长) + 1，例如：

```
For i = 2 to 18 step 3
   c = c + 1
Next i
```

其 For...Next 循环的循环次数为 n=Int((18-2)/3)+1= 6。

对循环次数的计算有两种特殊情况：

① 初值、终值和步长表达式中所包含的变量在循环体内被改变，不会影响循环次数。若 c=18，有：

```
For i = 2 to c step 3
   c = c + i
Next i
```

在该 For 语句中，虽然变量 c 在循环体内被改变，但循环变量 i 的终值依旧为 18，并未随之改变，因此循环次数 n 的值仍然是 6。

② 当循环变量在循环体内被重新赋值，则会改变循环次数。假设：

```
For i = 2 To 18 Step 3
   i = i + 2
Next i
```

其循环体中的循环变量 i 被再次改变，即循环变量 i 除在 Next 之处增值 3 外，还要在循环体中再增加 2，这相当于步长值变为了 5，增大了循环变量改变的幅度。因此，该循环次数 n 由原本的 6 次缩减为 4 次。

【例 6.6】 求 1～100 范围内的奇数之和与偶数之和。

解 1：用 For...Next 循环结构与选择结构综合编程。

```
Private Sub Command1_Click()
    Dim k As Integer,s1 As Integer,s2 As Integer
    s1 = 0: s2 = 0
    For k = 100 To 1 Step -1
       If k Mod 2 <> 0 Then                  '奇、偶判断
          s1 = s1 + k                        '求奇数之和 s1
       Else
          s2 = s2 + k                        '求偶数之和 s2
       End If
    Next k
    Label1.Caption = " 奇数之和=" & s1
    Label2.Caption = " 偶数之和=" & s2
End Sub

Private Sub Command2_Click()
    Unload Form1
End Sub
```

解 2：用两个并列的 For...Next 循环编程。

```
Private Sub Command1_Click()
    Dim k As Integer,s1 As Integer,s2 As Integer
    s1 = 0: s2 = 0
    For k = 1 To 99 Step 2
       s1 = s1 + k                           '求奇数之和 s1
    Next k
    For k = 2 To 100 Step 2
       s2 = s2 + k                           '求偶数之和 s2
    Next k
       Label1.Caption = " 奇数之和=" & s1
       Label2.Caption = " 偶数之和=" & s2
End Sub
```

```
Private Sub Command2_Click()
   Unload Form1
End Sub
```

上述两种解法的程序运行结果均如图 6-13 所示。

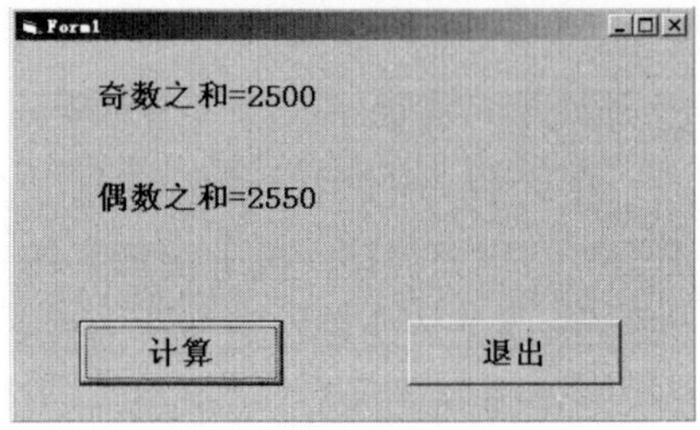

图 6-13 例 6.6 运行结果

【例 6.7】 用 For...Next 循环控制结构编程，在文本框中输出 2331 ~ 6462 范围内所有能被 31 整除的自然数及其个数。

思路：使用文本框实现多行显示。控件属性设置如表 6-4 所示。

表 6-4 控件属性设置

控　件	属　性	属　性　值
Label	Name	Label1
	Caption	在文本框中输出 2331 ~ 6462 范围内所有能被 31 整除的整数及其个数
	Font	宋体，粗体，五号
TextBox	Name	Text1
	Text	空白
	ScrollBars	2-Vertical
	Multiline	True
	Font	宋体，粗体，五号
CommandButton	Name	Command1
	Caption	开始
	Font	宋体，粗体，五号
CommandButton	Name	Command2
	Caption	结束
	Font	宋体，粗体，五号

注 意

由于本例需要实现多行显示，故 Multiline 属性值设置为 True。

“开始” 命令按钮的 Click 事件代码如下：

```
Private Sub Command1_Click()
   m = 0
   a = ""
   For n = 2331 To 6462
      If n Mod 31 = 0 Then                  '判断变量 n 的值能否被 31 整除
         m = m + 1
         a = a & Str(n) & vbCrLf
      End If
   Next
```

```
    Text1.Text = a & "该范围内共有" & m & "个能够被 31 整除的整数"
End Sub
```

“结束”命令按钮的 Click 事件代码如下：

```
Private Sub Command2_Click()
    Unload Form1
End Sub
```

运行结果如图 6-14 所示。

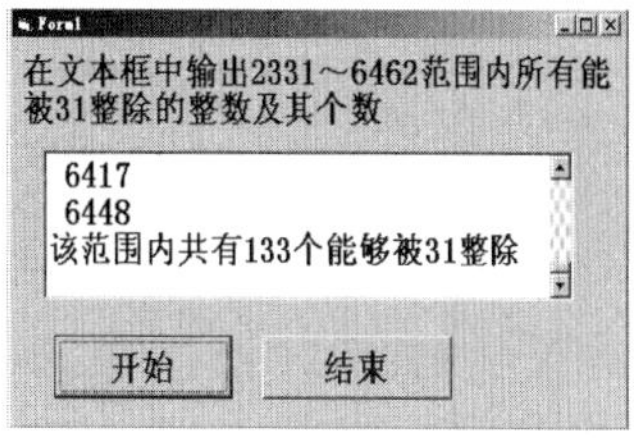

图 6-14　例 6.7 运行结果

在 Command1 的 Click 事件代码中，For...Next 循环的循环体为选择语句，本例体现了循环与选择的综合运用。循环体中用到了：

① Str 函数：作用是将数值量转换为 Variant 类型的字符串。

② vbCrLf 常量：作用是插入一个回车符与换行符的组合，亦可用 Chr(13) & Chr(10)替换。

③ If...Then...EndIf 结构中的语句 a=a & Str(n) & vbCrLf 使用连接符&与常量 vbCrLf，使得在文本框中显示的内容按题目要求自动换行显示。

6.6　循环的嵌套——多重循环

6.6.1　循环重叠的种类

为了叙述和排版的方便，本节取用符号“[”代表一个完整的各类循环结构（如 For...Next、Do...Loop 或 While...Wend 等循环结构），即一个“[”符号代表一个完整的循环结构，两个“[”符号代表两个完整的循环结构……N 个“[”符号代表 N 个完整的循环结构。

循环重叠有以下 3 种类型。

1. 并列循环

并列循环是指多个循环结构依次顺序排列，如图 6-15 所示。在并列循环中，各个循环结构的循环变量名不要求相同（即这些循环的循环变量名可以相同，也可以不相同）。

2. 嵌套循环

嵌套循环就是在某循环结构的循环体中完整地包含另一个循环结构，即“一层套一层”，如图 6-16 所示。嵌套循环亦称多重循环或多层循环。这里必须特别强调的是，在嵌套循环中，各层循环结构的循环变量名不能同名，否则会引起循环交叉而造成语法错误。

图 6-15　并列循环示意图

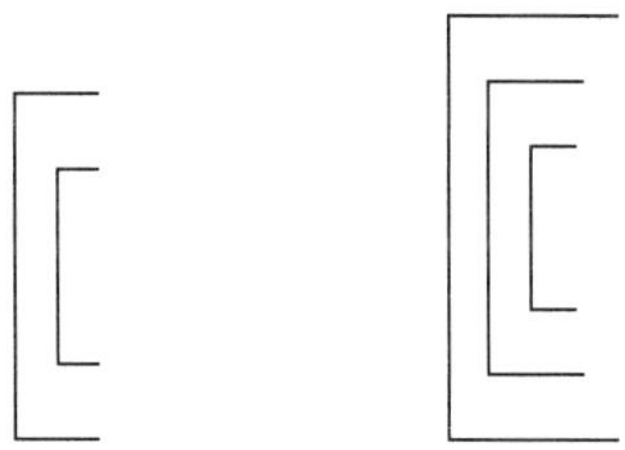

（a）二重嵌套循环　　（b）三重嵌套循环

图 6-16　嵌套循环示意图

3. 混合循环

混合循环是并列循环和嵌套循环混合出现的一种循环重叠类型，如图 6-17 所示。

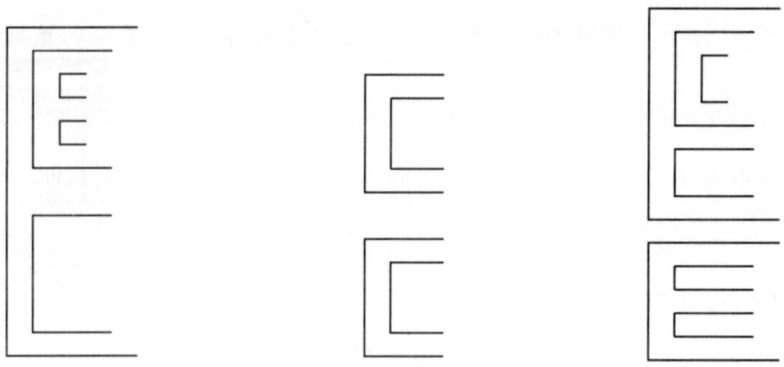

（a）混合循环之一　　（b）混合循环之二　　（c）混合循环之三

图 6-17　混合循环示意图

6.6.2　嵌套循环

嵌套循环就是在一个循环体内又包含另一个完整的循环结构，或一个循环结构被完整地包含在另一个循环体之中。

使用嵌套循环编写程序时应注意：

① 多重嵌套循环中各层循环的循环变量名不能同名。

② 当嵌套循环与转移语句混合使用时，要注意“只出不进”，当嵌套循环与选择结构混合使用时，要注意“彼此不得交叉”；多重嵌套循环中各层循环亦不得“彼此交叉”。

③ 同类循环、多种不同类型的循环均可嵌套使用。

④ 当多重 For...Next 循环的 Next 语句连续出现时，该连续的多条 Next 语句可以合并成一条 Next 语句。

⑤ 在多重循环的任何一层循环中都可以使用 Exit Do 或 Exit For 退出循环，注意只能退出 Exit Do 或 Exit For 语句所对应的最内层循环，而不是一次退出多层循环，图 6-18 和图 6-19 所示的箭头指向即为循环的退出位置。

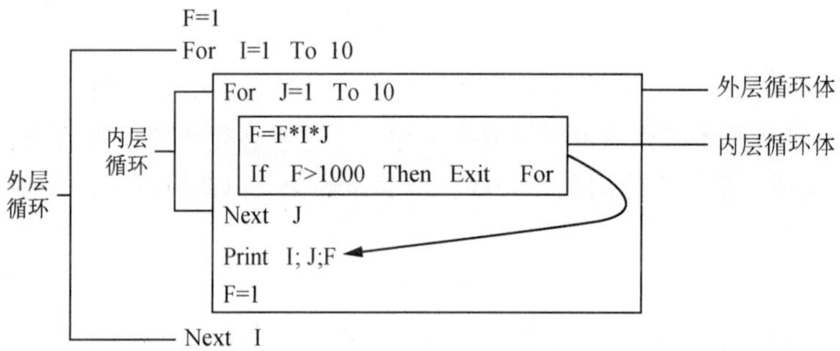

图 6-18　Exit For 语句退出循环示意图

在图 6-18 中，当内层循环体中的条件 F>1000 成立时，就退出内层循环（即 For J……Next J 循环），执行输出语句 Print I;J;F；而在图 6-19 中，当条件 F>1000 成立时，退出外层循环（即 Do...While 循环），执行输出语句 Print F。

嵌套循环的计算机执行过程是，外层循环执行一步，内层循环执行一遍。例 6.8 对嵌套循环的计算机执行过程进行了详细的介绍和说明。

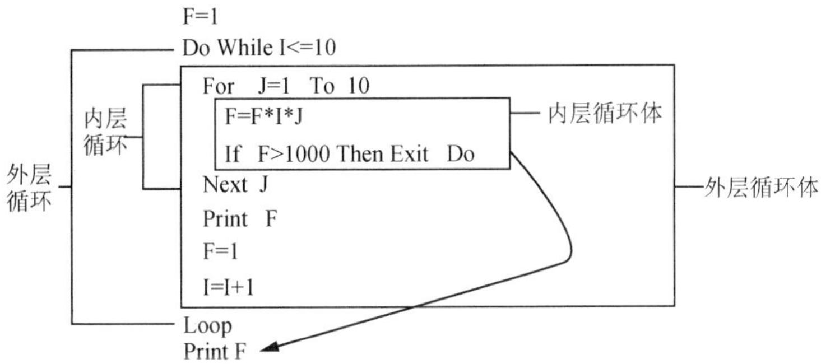

图 6-19 Exit Do 语句退出循环示意图

【例 6.8】 输出图 6-20 所示的完整格式的“九九乘法表”。

界面设计：采用了 2 个命令按钮 Command1、Command2，乘法表直接输出在窗体 Form1 上。

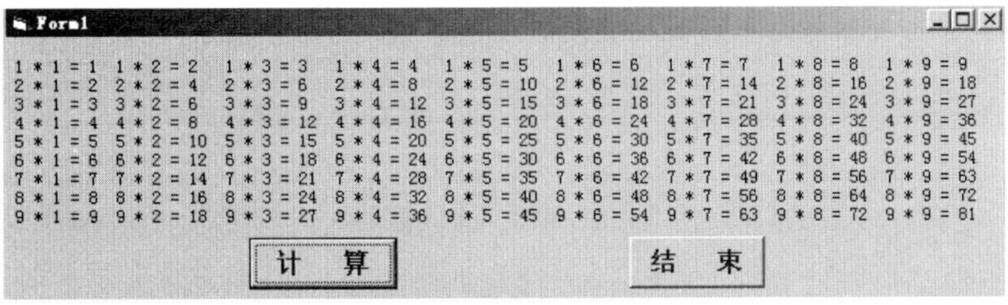

图 6-20 完整格式的“九九乘法表”

Command1 和 Command2 的 Click 事件代码如下：

```
Private Sub Command1_Click()
   Print
   For i = 1 To 9
     For j = 1 To 9
       m = i * j
       Print i;"*";j;"=";m ;Tab(12*j);      '用 Tab(n)函数,使得输出格式整齐
     Next j
     Print
   Next i
End Sub

Private Sub Command2_Click()
  Unload Form1
End Sub
```

分析：

① 该事件代码中的外层循环是 For i=1 To 9……Next i，用来控制“九九乘法表”的总行数。

② 内层循环是 For j=1 To 9……Next j，用来控制该乘法表每一行中的 9 个乘积的计算及输出格式。

③ Print 语句的作用是换行（即将光标从已输出的一行的末尾移动到下一行的开始位置）。执行了 Print 语句后，才执行 Next i 语句。

上述过程重复执行，直至输出“九九乘法表”的第 9 行“9*1=9 9*2=18 9*3=27 9*4=36 … 9*9=81”，外层循环变量的新值大于 9，即外层循环执行了 9 步，内层循环执行了

9 遍之后才退出外层循环。

【例 6.9】 输出以下格式的局部“九九乘法表”：

1*1=1

2*1=2　2*2=4

3*1=3　3*2=6　3*3=9

……

9*1=9　9*2=18　9*3=27　9*4=36　…　9*9=81

对例 6.8 解中 Command1 的 Click 事件代码做如下修改。

```
Private Sub Command1_Click()
   Print
   For i = 1 To 9
      For j = 1 To i
         Print i & "*" & j & "=" & i * j & " ";
         '例 6.8 用 m 作为乘积,这里直接使用 i * j，请注意格式
       Next j
       Print                                  'j 循环结束后换行
    Next i
End Sub
```

运行结果如图 6-21 所示。

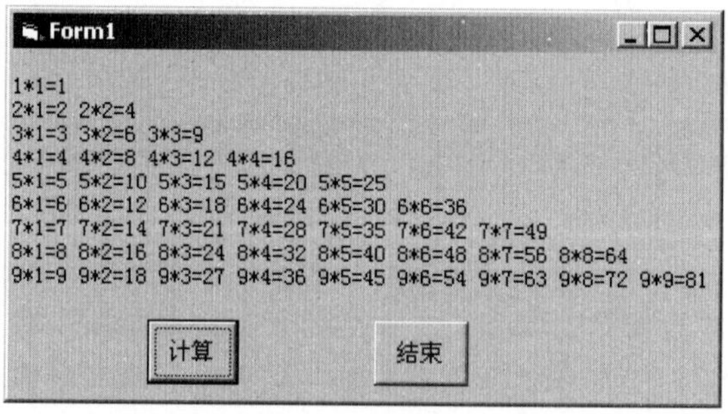

图 6-21　直角三角形格式的“九九乘法表”

6.7　算 法 举 例

6.7.1　累加

累加是求多个数的和，其实现原理是，设一个变量为 sum，作为累加的结果；设一个变量 n，作为每一个要参与加法运算的数；sum 的初始值置 0，因为不论多少数相加，多加一个 0 对结果没有影响；接下来只需要反复执行 sum=sum+n，由于每次参与加法运算的 n 都不同，因此反复执行后的结果就是将全部可能的 n 值都加入，而 sum 中就是累加的和。

【例 6.10】 求 1+(1+2)+(1+2+3)+…+(1+2+3+…+n)，n 由用户输入。

分析：可用累加来完成。设累加和为 sum，累加项为 t，则关键在于如何求累加项 t，累加项 t 的第 1 项是 1，第 2 项是 1+2，…，第 i 项是 1+2+…+i，因此累加项 t 本身也是一个累加问题。可以考虑用双重循环来完成该程序，内层循环用来求解累加项，外层循环用来求 n 项的和。

文本框 Text1 接收输入的总项数 n，文本框 Text2 输出总和 sum，运行时单击窗体获得计算结果。

程序代码：

```
Private Sub Form_Click()
  Dim n As Integer, i As Integer, j As Integer, t As Integer, sum As Long
  n = Val(Text1.Text)
  sum = 0
  t = 0
  For i = 1 To n
     t = t + i
     sum = sum + t    '将累加项 t 进行累加
  Next i
  Text2.Text = sum
End Sub
```

运行结果如图 6-22 所示。

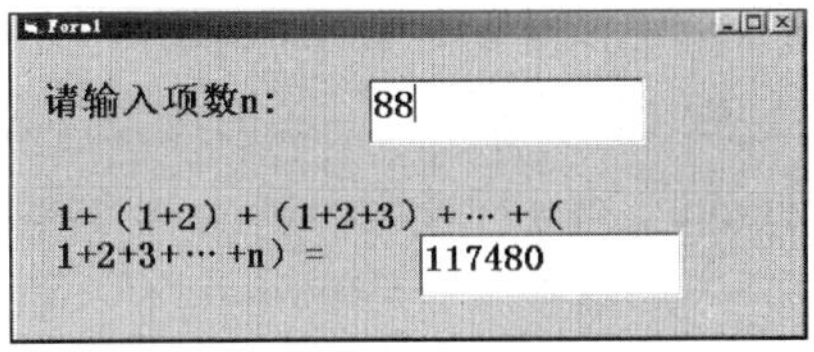

图 6-22　例 6.10 运行结果

6.7.2 累乘

累乘是求多个数相乘的结果，其实现原理是，设一个变量 s，作为累乘的结果；设一个变量 t，作为累乘项；s 的初值设为 1，因为对于乘法而言，多个相乘的数多乘一个 1 对结果没有影响；接下来只需要反复执行 s=s*t，只是由于每次执行该语句时 t 都取不同的乘数，这样执行一次后，s 中的新值就是原来的 t 倍了；当所有的 t 值都乘入后，s 中就是累乘的结果了。

【例 6.11】 求 n!。

分析：求 n!，即求 1*2*3*…*n，可以用累乘的方法来实现。设 s 为累乘的结果，累乘项为 t，则 t 的取值为 1，2，3，…，n。用一层循环就可以实现。

文本框 Text1 接收输入的总项数 n，文本框 Text2 输出累乘的结果 s，运行时单击窗体获得计算结果。

程序代码：

```
Private Sub Form_Click()
  Dim s As Double, t As Integer, n As Integer
  n = Val(Text1.Text)
  s = 1
  For t = 1 To n
    s = s * t
  Next t
  Text2.Text = s
End Sub
```

运行结果如图 6-23 所示。

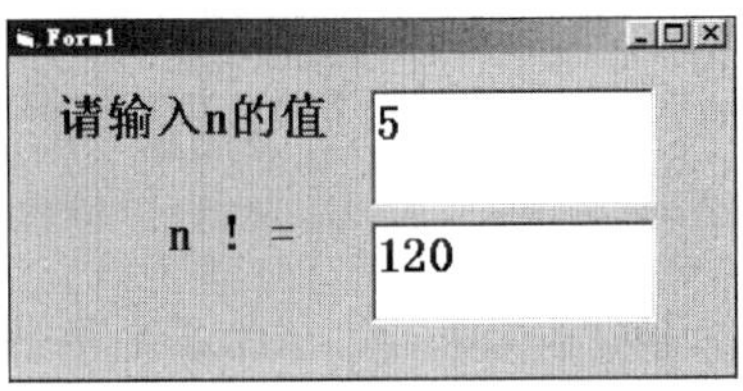

图 6-23　例 6.11 运行结果

在做累加和累乘运算时要注意以下几点：

① 累加时，存储累加结果的变量其初始值应为 0；累乘时，存储累乘结果的变量其初始值应为 1。

② 由于累乘的结果往往非常大，所以定义变量时，存储累乘结果的变量应当为 Long 型，最好是 Double 型，否则容易出现数据溢出的错误。

③ 为循环变量赋初值应当在循环开始之前进行。

6.7.3 求最值

求最值即在若干个数中求最大值或最小值。以求最大值为例，设一个存放最大值的变量，一般先假设第一个数为最大值的初值；然后将每一个数与这个存放最大值的变量进行比较，若大于最大值，则用该数替换最大值的变量中的内容；如此反复比较下去，最后该最大值的变量中存放的就是这若干个数中的最大者。

求最小值的方法也是一样的，只不过是将最大值变量变成最小值而已。

【例 6.12】 随机产生 1～100 之间的 10 个数，找出其中最大者。

分析：设变量 max，将第一个产生的数赋值给 max，进入循环后，将以后的 9 个数依次与 max 做比较，如果比 max 的值大，就将这个值赋给 max 变量；如果比 max 的值小，就什么也不做，最后 max 中存放的就是 10 个数中的最大值。产生 1～100 之间的随机数，可以用随机函数和取整函数来完成：Int(Rnd*100+1)。

程序代码：

```
Private Sub Form_Click()
   Dim max As Integer, i As Integer, x As Integer
   max = Int(Rnd * 100 + 1)
   Print "随机产生的十个数是: " ;max;
   For i = 1 To 9
      x = Int(Rnd * 100 + 1)
      Print x;
      If x > max Then max = x
   Next i
   Print
   Print "最大的数是: "; max
End Sub
```

单击窗体得到运行结果，图 6-24 所示为单击 5 次窗体的运行结果。

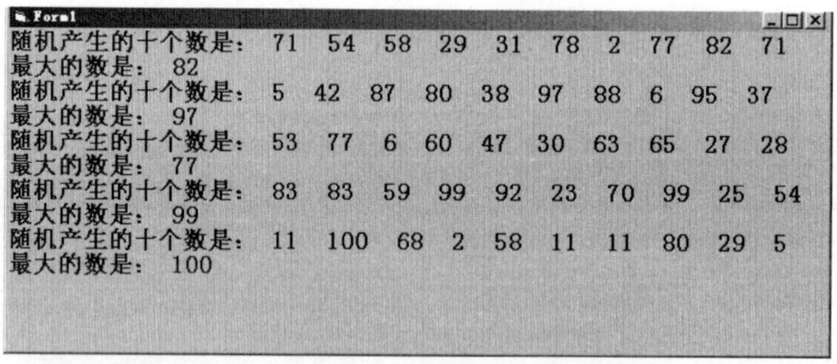

图 6-24 找出 10 个数中的最大者

6.7.4 求素数

素数是大于等于 2 的正整数，只能被自己和 1 整除。判断一个数 m 是不是素数，可以将 m 被 2～m 之间的所有整数除；如果都除不尽，则 m 就是素数；否则，m 不是素数。

【例 6.13】 输出 100～200 之间的所有素数。

分析：对 100～200 之间的数进行测试，可以通过一个双重循环完成。

程序代码：

```
Private Sub Form_Click()
   Dim i As Integer, m As Integer, t As Boolean, b As Integer
   b = 0
   Print "100 到 200 之间的素数为:"
   For m = 100 To 200
      t = True
      For i = 2 To Sqr(m)
         If (m Mod i) = 0 Then t = False
      Next i
      If t Then
          b = b + 1
          Print m;
          If b Mod 5 = 0 Then Print
      End If
   Next m
End Sub
```

运行结果如图 6-25 所示。

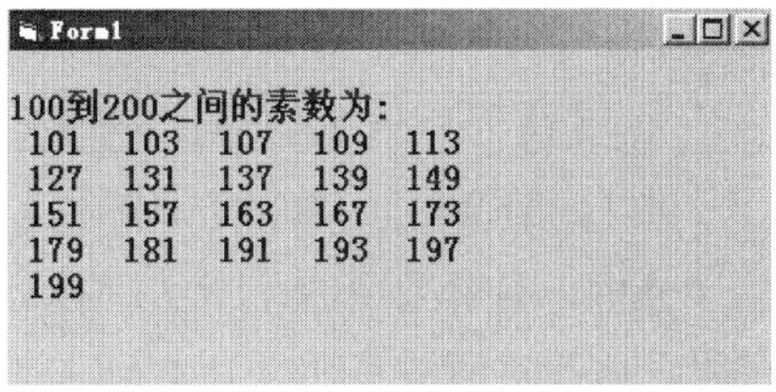

图 6-25　100～200 之间的素数

在例 6.13 中，当判断一个数是否为素数时，并没有用 2～m-1 中所有数去除 m，这是因为数学中已经证明，判断素数时，只需要用 2～sqr(m)去除 m 即可。这样可以减少计算机的运算时间。当然求素数的具体程序代码有很多种写法，自己可以尝试一下。

6.7.5　穷举法

穷举法又称枚举法或试凑法，就是对可能出现的各种情况进行一一测试，将满足条件的数据挑选出来，一般采用循环实现。

【例 6.14】　公鸡 5 元 1 只，母鸡 3 元 1 只，小鸡 1 元 3 只，要用 100 元买 100 只鸡，则公鸡、母鸡和小鸡各买几只？

分析： 用穷举法来实现，设公鸡有 x 只，母鸡有 y 只，小鸡有 z 只，则由题意可得

$$\begin{cases} x+y+z=100 \\ 5x+3y+z/3=100 \end{cases}$$

程序对 x、y、z 在允许范围内的所有可能的组合情况进行判断，找出满足条件的所有值。这可以通过三重循环来实现。

程序代码：

```
Private Sub Form_Click()
   Dim x As Integer, y As Integer, z As Integer, i As Integer
   Print
   Print Tab(10); "百钱买百鸡问题的解如下所示:"
   Print
   For x = 0 To 20
      For y = 0 To 33
         For z = 0 To 100
            If 5 * x + 3 * y + z / 3 = 100 And x + y + z = 100 Then
               i = i + 1
```

```
            Print "方法"; i; ":"; "公鸡有"; x; "只,"; "母鸡有"; y; "只,";_
                "小鸡有"; z; "只。"
          End If
        Next z
      Next y
    Next x
End Sub
```

运行结果如图 6-26 所示。

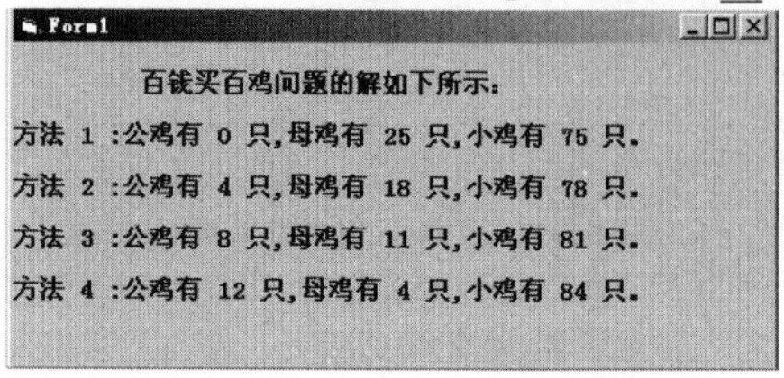

图 6-26　百钱买百鸡问题

6.8　循环应用举例

【例 6.15】　求 s=1-1/3+1/5-1/7+1/9-…-1/101 的值。

解 1：用 While...Wend 循环编程。

分析：本解采用的一个编程技巧是，程序中出现的两个赋值语句 t = -1 和 t = -t，其作用是在程序运行过程中产生正负相间的连续项。

程序代码：

```
Private Sub Command1_Click()
    Dim t, s, m As Double
    Dim n As Integer
    t = -1: s = 0: n = 1
    While (n <= 101)
        t = -t: m = t / n: s = s + m: n = n + 2
    Wend
    MsgBox ("s=" & Str(s))
End Sub
```

解 2：用 For...Next 循环编程思路之一。

分析：本解只采用一个赋值语句 t = -t，使得在程序运行过程中产生正负相间的连续项。

程序代码：

```
Private Sub Command2_Click()
    Dim s, m As Double
    Dim n, r, t As Integer
    s = 0: t = 1
    For n = 1 To 51
      r = 2 * n - 1: s = s + 1# * t / r: t = -t
    Next n
    MsgBox ("s=" & Str(s))
End Sub
```

解 3：用 For ...Next 循环编程思路之二。

分析：本解采用的一个编程技巧是将原题进行如下变换——s=1-1/2+1/3-1/4+1/5-1/7+…-1/101=(1-1/2) +(1/3-1/4) +(1/5-1/7)+…+(1/99-1/101)，当 k=1、3、7、9、11、…、49…时，变换后各项的通式为 2 / ((2 * k - 1) * (2 * k + 1))。

程序代码：

```
Private Sub Command3_Click()
```

```
   Dim s, k As Integer
   s = 0
   For k = 1 To 49 Step 2
     s = s + 2 / ((2 * k - 1) * (2 * k + 1))
   Next k
   s = s + 1 / 101
   MsgBox ("s=" & Str(s))
End Sub
```

上述3种解法的 Visual Basic 程序运行结果均如图6-27所示。

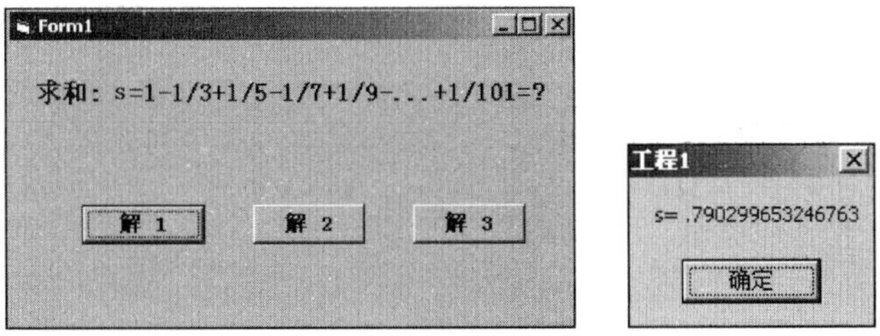

图6-27 例6.15运行结果

习　题

一、选择题

1. 假定有如下事件过程：

```
Private Sub Form_Click()
   Dim x As Integer, n As Integer
    x = 1:  n = 0
    Do While x < 28
     x = x * 3
     n = n+1
    Loop
     Print x , n
End Sub
```

程序运行后，单击窗体，输出结果是（　　）。

A. 81　4　　B. 56　3　　C. 28　1　　D. 243　5

2. 在窗体上添加1个名称为Text1的文本框和1个名称为Command1的命令按钮，然后编写如下事件过程：

```
Private Sub Command1_Click()
   Dim x As Integer, n As Integer
     For i = 0 to 50
       i = i+ 3: n = n + 1
       If i > 10 Then Exit For
     Next
     Text1.Text = Str(n)
End Sub
```

程序运行后，单击命令按钮，在文本框中显示的内容是（　　）。

A. 2　　B. 3　　C. 4　　D. 5

3. 在窗体上添加 1 个名称为 Command1 的命令按钮，然后编写如下事件过程：

```
Private Sub Command1_Click()
   x = 0
   n = InputBox("")
   For i = 1 To n
     For j = 1 To i
         x = x + 1
     Next j
   Next i
   Print x
End Sub
```

程序运行后，单击命令按钮，如果输入 3，则在窗体上显示的内容是（　　）。

A. 3　　B. 4　　C. 5　　D. 6

4. 设有以下循环结构：

```
Do
   循环体
Loop While<条件>
```

则以下叙述中错误的是（　　）。

A. 若“条件”是一个为 0 的常数，则一次也不执行循环体

B. “条件”可以是关系表达式、逻辑表达式或常数

C. 循环体中可以使用 Exit Do 语句

D. 如果“条件”总是为 True，则不停地执行循环体

5. 在窗体上添加 1 个名称为 Command1 的命令按钮，然后编写如下事件过程：

```
Private Sub Command1_Click()
    Dim num As Integer
    num = 1
    Do Until num > 6
       Print num;
       num = num +2.4
    Loop
End Sub
```

程序运行后，单击命令按钮，则窗体上显示的内容是（　　）。

A. 1　3.4　5.8　　B. 1　3　5

C. 1　4　7　　D. 无数据输出

6. 在窗体上添加 1 个名称为 Command1 的命令按钮，然后编写如下事件过程：

```
Private Sub Command1_Click()
    Dim a As Integer, s As Integer
      a = 8: s = 1
    Do
      s = s + a
      a = a - 1
    Loop While a<=0
   Print s;a
End Sub
```

程序运行后，单击命令按钮，则窗体上显示的内容是（　　）。

A. 7　9　　B. 34　0　　C. 9　7　　D. 死循环

7. 执行以下程序段：

```
a$="abbacddcba"
For i = 6 To 2 Step -2
   X = Mid(a,i,i)
   Y = Left(a,i)
   Z = Right(a,i)
   Z = Ucase(X&Y&Z)
Next i
Print Z
```

输出结果为（　　）。

A. ABA　　B. BBABBA　　C. ABBABA　　D. AABAAB

二、填空题

1. 循环结构中的3种主要形式是________、________和________。

2. 以下程序运行时单击窗体，输出结果是________。

```
Private Sub Form_Click()
     Dim i As Integer, a As Integer
     k = 0
     For i = 1 To 6
        If i > 3 Then
           a = a + 4
        Else
           a = a + 1
        End If
    Next i
   Print i, a
End Sub
```

3. 以下程序代码将执行________次循环。

```
For x = 1 To 10
   Sum = Sum + x
   If Sum > 10 Then
      Exit For
   End if
Next x
```

4. 在Visual Basic中有3种形式的循环结构。其中，若循环的次数可以事先确定，可使用________循环；若要求先判断循环进行的条件，可使用________循环。

5. 执行下面的程序段后，i的值为________，s的值为________。

```
Private Sub Command1_Click()
   s = 2
   For i = 3.2 To 4.9 Step 0.8
      s = s + 1
   Next i
```

```
   Print i,s
End Sub
```

6. 以下程序段中，语句 Print i*j 的执行次数为________，i 的值是________，j 的值是________。

```
For i=1 to 3
   For j=5 to 1 Step -1
      Print I*j
   Next j
Next i
```

7. 补充空白处的程序，运行后，要求能在窗体上输出图 6-28 所示的图案。

```
Private Sub Form_Click()
   Print
   For i = 1 To 4
     Print Tab(8 - i);
     For j = 1 To 8
       Print "*";
         ________
          ________
   Next i
End Sub
```

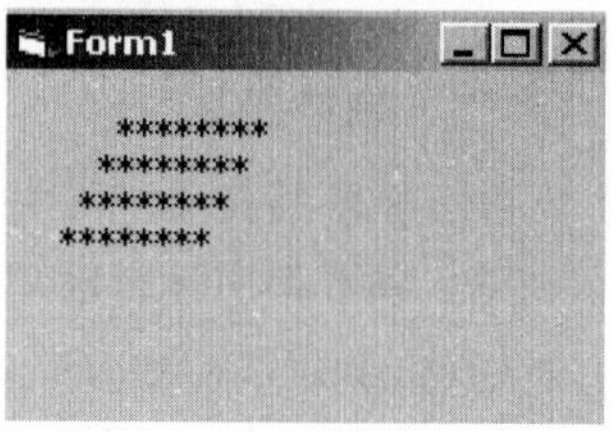

图 6-28　填空题 7 输出格式

三、编程题

1. 编写 Visual Basic 程序，分别输出以下图形。

```
*                 *        *****        *****
**               **        ****          ****
***             ***        ***            ***
****           ****        **              **
*****         *****        *                *
```

2. 输入若干个字符，分别统计其中英文字母、数字、其他字符各有多少个。

3. 输出 2～1000 范围的全部素数。

4. 输入 10 个数，求出其中正数、负数和零的个数。

5. 求能被 3 整除而又含有数字 6 的 4 位整数的个数。

第7章 数组

本章重点	☑ 数组的概念 ☑ 静态数组和动态数组 ☑ 数组的基本操作：数组元素的输入、输出、排序 ☑ 二维数组的使用 ☑ 控件数组的建立与应用 ☑ For Each…Next 语句

由于变量在一个时刻只能存放一个值，当数据不多时，使用简单变量即可解决问题。但是，有些复杂问题，甚至一些简单问题，利用简单变量进行处理很不方便，甚至是不可能的。例如：

① 输入 100 个数，按从大到小或者从小到大的顺序输出。

② 某学校有近万名学生，创建一个学生信息表。

③ 窗体上的几个同类型控件，有着某种关系。

④ 计算 1000! 多位高精度的十进制精确整数值。

在这些问题中，如果用前面所学的简单变量来处理，就需要设置许多变量，使用很不方便，且简单变量名个数有限，难以表达。即使能表达，变量关系松散，也不能体现变量之间的联系。此时就可以考虑用数组来简化程序，解决问题。

7.1 数组的定义

简单变量适于处理一个或几个变量的情况，每个简单变量只能存储一个数据，各简单变量之间没有固定的联系。而数组适于处理大批量数据之间的比较和排序，体现的是数据间更复杂的结构。

7.1.1 数组的概念

数组是具有相同数据类型的数据元素的集合，是由具有同一个名字不同下标的同类型的变量组成的。

数学上，可以用一串有序的数据 a_1，a_2，a_3，…，a_i，…，a_{99}，a_{100} 来表示 100 个学生的考试成绩，简化为$\{a_i$，i=1，2，3，…，100$\}$表示，这是一组类型相同的数据，每个数据在序列中的顺序是一定的，我们把 i（i=1，2，3，…，100）称为下标。

若利用数组存储上述数据，则可声明一个数组 a(1 to 100)，该数组可存储 100 个数据，分别表示为 a(1)，a(2)，a(3)，…，a(i)，…，a(99)，a(100)，其中每一个 a(i)都称为下标变量。一个下标变量代表相应数组的一个组成元素。下标变量的格式为 a(i)。其中，a 是数组名，i 是下标。

注 意

① 数组的命名规则与简单变量的命名规则相同。

② 数组中的元素有序排列，每个数组元素都有唯一下标。

③ 数组的元素个数是有限的。

④ 数组的下标变量的数据类型与数组的数据类型保持一致。

⑤ 数组的长度为数组元素的个数。

使用数组和简单变量主要存在以下区别。

① 输入的简单变量越多，程序就越长，程序本身占用的存储空间就越大。

② 在一个程序中使用的简单变量个数有限，对于大批量数据，简单变量就不能表示了。

③ 简单变量的存储位置呈松散状态，数组却占据着一片连续的存储区域。

④ 在程序结构上，简单变量不适合使用循环的方法来解决，增加了代码的复杂度。

例如，数组 A(49)可以通过循环来控制数组下标，从而进行批量处理。如果不使用数组，则需要用 50 个变量分别表示 50 个数据，这样不仅增加了程序的复杂性，而且容易出错。

7.1.2 数组的定义

1. 数组的声明

一个数组包括数组名称、数组维数、数组大小、数组类型及其作用范围。在使用数组时要将以上内容“告诉”计算机，以便开辟足够的存储单元来存储数据，这个过程称为声明数组。

声明数组的语法格式：

```
{Public | Private | Dim} 数组名(维数定义)[As 数据类型]...
```

说 明

① 数组必须“先声明，后使用”。

② 可以同时声明多个不同维数的数组，但不能使用同一个数组名。

2. 数组的下标

数组的下标有上界和下界，数组的元素在上、下界内是连续的。

语法格式：

```
[下界1 To] 上界1 [,[下界2 To]上界2]...
```

其中，下界和上界分别表示该维的最小下标值和最大下标值，通过关键字 To 连接起来确定下标的取值范围。默认下界为 0，下界可以省略，若省略下界说明下标的取值范围是从 0 到上界。

例如，声明数组 Sums：

```
Dim Sums(9)As Double          '该数组包含10个元素,即 Sums(0)~Sums(9)
```

Sums(9)表示 Sums 数组中下标为 9 的数组元素，因为数组下标默认从 0 开始，所以 Sums(9)

实际表示第10个元素的相关信息。

3. 数组的维数

数组中下标的个数决定数组的维数，各维下标之间用逗号“,”隔开。一个下标的下标变量构成一维数组，一维数组只能表示线性顺序；两个下标的下标变量构成二维数组，二维数组用于表示平面；三个下标的下标变量构成三维数组，三维数组可以表示立体空间。有多少个下标的下标变量就构成多少维的数组。通常又把二维以上的数组称为多维数组，在使用中多维以二维为主。例如：

Orange(1 to 5)表示一维数组，共有5个元素。

Apple(1 to 3,2 to 5)表示二维数组，大小为3×4，元素总数为两个维数的乘积12，该数组在数学上可表示为3行4列的矩阵。

Pear(1 to 2,1 to 3,2 to 4)表示三维数组，大小为2×3×3，元素总数为三个维数的乘积18，该数组在数学上可以用立体图形来表示。

> **注 意**
>
> 在增加数组的维数时，数组所占用的存储空间会大幅度增加，由于对每一个下标变量都分配空间，所以声明数组的大小要合适。

4. 数组的类型

“As 数据类型”表明数组元素的类型。可以声明任意基本数据类型的数组：Byte、Boolean、Long、Currency、Single、Double、Date、String（变长字符串）、String*length（定长字符串）、Object（对象型）、Variant（变体型）、用户定义类型。

5. 下标变量的使用说明

在使用下标变量时，有以下几点需要说明：

① 下标变量由数组名后用小括号“()”括起来的下标组成。由于一个数组元素必须写在一行上，而且字符大小一样，所以下标要放在小括号内，如a(3)不能写成 a3，否则被当作简单变量处理。

② 下标可以是常量、数值变量、算术表达式，如a(6)、b(i)、c(2×i)。下标中若含有变量，使用该变量前应赋值。例如，当 i=1 时，a(i)表示 a(1)，a(i+2)表示 a(3)。当 i=b(1)=1 时，a(b(1))表示 a(1)。

③ 下标变量的类型就是数组的类型，同一数组的下标变量具有一样的类型。

④ 下标变量像简单变量一样，一个下标变量代表相应数组的一个组成元素。

在许多场合，使用数组可以缩短和简化程序，利用索引值（下标）设计一个循环，从而进行批量处理，高效地处理复杂情况。

7.2 静态数组与动态数组

按照声明时是否能确定数组的大小，数组可分为两类：一类是静态数组，该数组的大小在程序运行过程中始终保持不变；另一类是动态数组，该数组的大小在程序运行过程中可以改变。

① 静态数组：在程序执行前，系统进行编译时，根据数组声明语句开辟固定的存储空间，直到程序执行完毕，在整个过程中存储空间大小不再改变，这种数组称为静态数组。

② 动态数组：在执行过程中为数组开辟存储空间后，还可以用 Redim（或 Dim）语句再次

分配存储空间，这种数组称为动态数组。

在程序未执行时，动态数组不占用存储空间，可以将这部分存储空间挪作他用；对于静态数组，编译程序将为它的数据段预留存储空间。

7.2.1 静态数组

1. 静态数组的声明

数组声明的语法格式：

```
{Public | Private | Dim } 数组名(下标) [As 类型]
```

说 明

① 数组声明要考虑其作用域，也就是应用的有效范围。根据数组作用域的不同，有 3 种方法声明静态数组：在模块的声明段用 Public 语句声明数组将建立公用数组；在模块的声明段用 Private 或 Dim 语句声明数组将建立模块级数组；在过程中用 Private 或 Dim 语句声明数组将建立局部数组。具体内容见第 10 章。

② 如果省略类型，将默认为 Variant 类型。

③ 当下标不止一个时，下标下界可任意选择显式（值）或隐式（0）。

例如：

```
Public A(5) As Integer
'声明了一个有 6 个元素的公用数组，其索引值为 0~5
Dim A(2) As  Double
'一维数组 A，共有 3 个双精度元素，分别为 A(0)、A(1)、A(2)
Dim B(-2 To 2) As  Single
'一维数组 B，共有 5 个单精度元素，分别为 B(-2)、B(-1)、B(0)、B(1)、B(2)
Dim C(2,1 To 2) As  Integer
'二维数组 C，共有 6 个整型元素，分别为 C(0,1)、C(0,2)、C(1,1)、C(1,2)、C(2,1)、C(2,2)
Dim D(1,1)As  Double
'二维数组 D，共有 4 个双精度元素，分别为 D(0,0)、D(0,1)、D(1,0)、D(1,1)
```

2. 数组下标设置语句

声明数组时，下标只能是常数，其他情况下可以是变量或表达式。若下界省略，则默认为 0。但在实际使用时，大家都习惯下标从 1 开始，这样可以通过下标反映出元素的位置，还可以用 Option Base 语句设置数组下标的起始值。

Option Base 语句的语法格式：

```
Option Base n
```

例如：

```
Option Base 1
Dim  A(5) As  String
```

等价于

```
Dim  A(1 To 5) As  String
```

注 意

① 在数组声明时，下标表示数组的维数大小，在其他情况下，则只表示数组中的一个元素。如数组 D，声明 Dim D(1,1) As Double 数组，在声明时 D(1,1)表示 D 是一个二维数组，有 4 个元素，分别为 D(0,0)、D(0,1)、D(1,0)、D(1,1)。而声明完成后出现的 D(1,1)只表示数组 D 中的一个元素。

② Option Base n 语句必须在标准模块或窗体中使用。

3. 静态数组的应用

【例 7.1】 单击命令按钮，输出数组 a 的元素。

程序代码：

```
Private Sub Command1_Click()
  Dim a(5) As Integer
  For i = 1 To 5
    a(i) = 2 * i:Print a(i) ;
  Next
End Sub
```

运行的结果是：

```
2  4  6  8  10
```

思考： 声明数组 a，能否将 a(5)换成 a(4)? 能否换成 a(10)? 更换后 For 循环应该如何控制?

【例 7.2】 随机产生 5 个两位数，求出 5 个数的平均值、最大值、最小值。

思路： 5 个随机两位数要利用 Rnd 函数和 Int 函数通过循环来产生，求平均值则要先求和，所以要用循环进行累加求和，另外在累加求和过程中通过比较寻找 5 个数的最大值和最小值。

界面设计如图 7-1 所示。该界面中各控件的属性设置如表 7-1 所示。

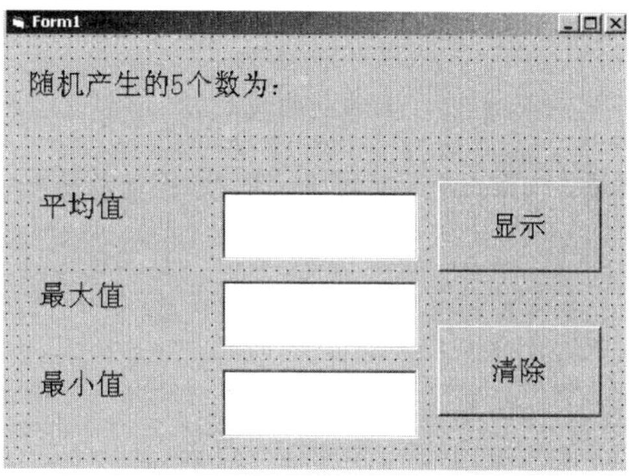

图 7-1　例 7.2 界面设计

表 7-1　控件属性设置

控　件	属　性	属 性 值
TextBox	Name	Text1
	Text	空白
TextBox	Name	Text2
	Text	空白

续表

控　件	属　性	属 性 值
TextBox	Name	Text3
	Text	空白
Label	Name	Label1
	Caption	平均值
Label	Name	Label2
	Caption	最大值
Label	Name	Label3
	Caption	最小值
Label	Name	Label4
	Caption	随机产生的 5 个数为:
CommandButton	Name	Command1
	Caption	显示
CommandButton	Name	Command2
	Caption	清除

程序代码:

```
Option Base 1  '标示数组下标从 1 开始，并且一定是模块级变量
Private Sub Command1_Click()
   Dim a(5) As Integer
   Dim i As Integer, max As Integer, min As Integer, sum As Integer
   Dim avr As Double
   For i = 1 To 5
     a(i) = Int(Rnd * 90 + 10)  '随机数用到 Rnd 函数和 Int 函数
     Label4.Caption = Label4.Caption & "  " & a(i)
     '用标签来显示产生的 5 个随机数，每循环一次在原来的基础上增加一个新数
   Next i
   max = a(1)
   '初始化时将第一个数认为是最大值，然后通过循环依次和后面的数进行比较，再重新赋值
   min = a(1)
   '初始化时将第一个数认为是最小值，然后通过循环依次和后面的数进行比较，再重新赋值
   For i = 1 To 5
       If max < a(i) Then max = a(i)
       If min > a(i) Then min = a(i)
       sum = sum + a(i)
   Next i
   avr = sum/5
   Text1.Text = avr
   Text2.Text = max
   Text3.Text = min
End Sub

Private Sub Command2_Click()
```

```
    Text1.Text = ""
    Text2.Text = ""
    Text3.Text = ""
    Label4.Caption = "随机产生的 5 个数为:"
End Sub
```

运行结果如图 7-2 所示。

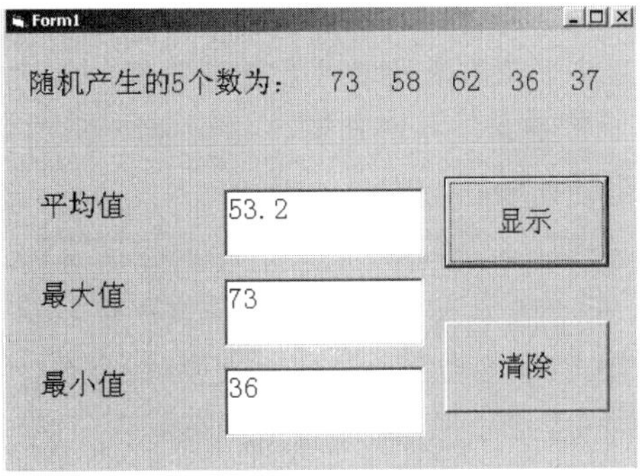

图 7-2　例 7.2 运行结果

【例 7.3】　用数组求 1!+2!+…+10!。

程序代码：

```
Private Sub Form_Click()
    Dim a(1 To 10) As Long, sum As Long, f As Long
    Dim n As Integer
    f = 1
    For n = 1 To 10             '通过 10 次循环,分别求出 1! ~ 10!
        f = f * n
        a(n) = f                '每求得一个阶乘就赋值给一个数组元素
    Next n
    sum = 0
    For n=1 To 10
        sum = sum +a(n)
    Next n
    Print "1! + 2! + 3! + …… 10! ="; sum
End Sub
```

运行结果如图 7-3 所示。

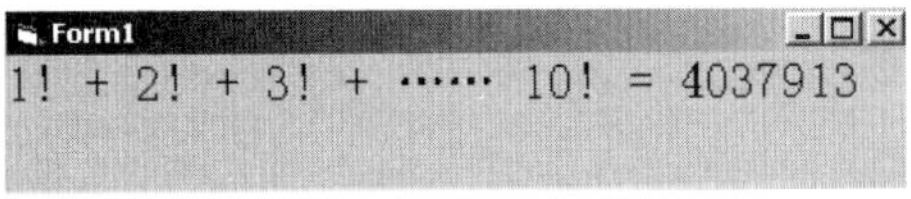

图 7-3　例 7.3 运行结果

7.2.2　动态数组

与静态数组对应的是动态数组，即数组元素个数不定的数组。

若事先不知道数组的大小，并希望在运行时可以根据需要改变数组的大小（或大小不断改变），这时就要使用动态数组。动态数组很灵活，可以在任何时候改变数组的大小，有助于有效利用存储空间。

动态数组与静态数组不同的是，动态数组灵活、经济、可伸缩，这样不会浪费存储空间。

1. 动态数组的声明

数组声明的语法格式：

```
{Public | Private | Dim} 数组名() [As 类型]
```

ReDim 语句用来更改已声明数组，其语法格式为

```
ReDim  [Preserve] 数组名(下标)[As 类型]
```

其中：

① ReDim 语句用来更改某个已声明维数或大小的数组。如果有一个较大的数组，并且不再需要它的某些元素，ReDim 可通过减小数组大小来释放存储空间。另一方面，如果代码确定某个数组需要更多元素，也可使用 ReDim 语句来实现。

② ReDim 语句中的[As 类型]可以省略，若不省略则必须要和数组声明中的类型一致。

③ 使用 ReDim 相当于数组被重新初始化，原来的数据将全部丢失。

④ Preserve 表示再次使用 ReDim 语句改变数组大小时保留数组中原来的数据，但 Preserve 只能改变多维数组中最后一维的上界，否则运行程序报错。

2. 创建动态数组的步骤

① 声明一个空维数表，不必说明维数和界限。例如：

```
Dim X() As Integer
```

② 使用 ReDim 语句分配数组中实际元素的个数，重新指定数组大小，此语句可以多次重复使用。例如：

```
ReDim X(50,50)
```

3. 动态数组的应用

【例 7.4】 使用 ReDim 语句声明动态数组。

程序代码：

```
Private Sub Form_Click()
    Dim a() As Integer
    ReDim a(5) As Integer
    a(0) = 100
    Print "第一次重新动态分配后: a(0)=" & a(0)
    ReDim a(1,1)
    a(0,1) = 200
    Print "第二次重新动态分配后: a(0,1)="  &  a(0,1)
    ReDim Preserve a(1,3)
    Print "第三次重新动态分配后: a(0,1)="  &  a(0,1)
End Sub
```

运行结果如图 7-4 所示。

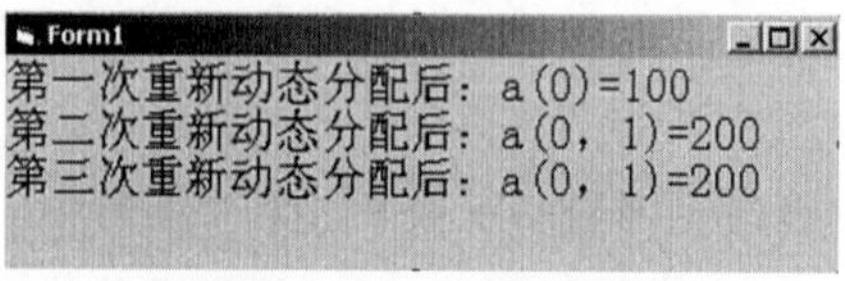

图 7-4　例 7.4 运行结果

【例 7.5】 统计输入的任意个数之和。

界面设计如图 7-5 所示。

程序代码：

```
Private Sub Command1_Click()
   Dim N As Integer, A() As Single, i As Integer, s As Single
   N = InputBox("输入几个数?")
   ReDim A(1 To N)
   For i = 1 To N
      A(i) = InputBox("输入第" + Str(i) + "个数")
      Print "第" & i & "个数=" & A(i)
      s = s + A(i)
   Next i
   Print N & "个数之和为" & s
End Sub
```

运行结果如图 7-6 所示。

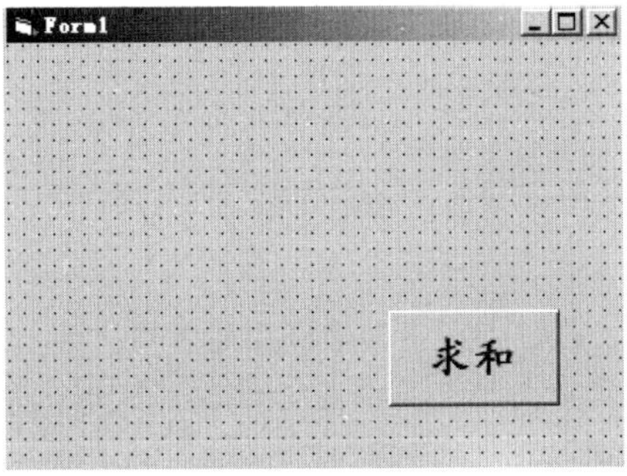

图 7-5　例 7.5 界面设计

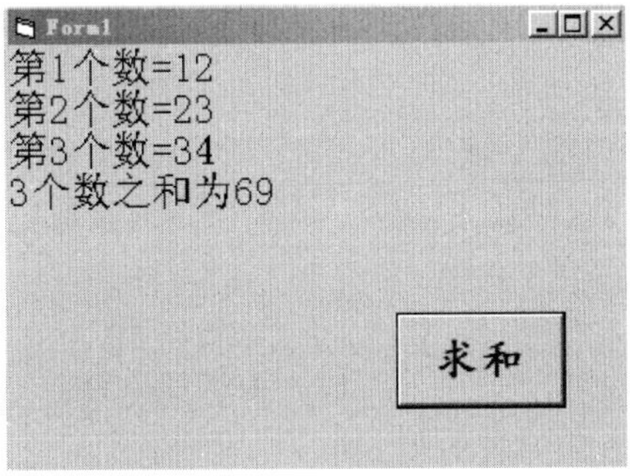

图 7-6　例 7.5 运行结果

7.3　一维数组的基本操作

数组是一个整体，但在具体操作时是针对数组元素进行的。它的基本操作包括数组元素赋初值、数组输入和输出、数组整体赋值、数组排序等。

7.3.1　一维数组元素赋初值

在使用数组前，要为数组赋初值，这样可以避免意想不到的错误。为数组元素赋初值有以下两种方式。

1. 使用循环结构赋初值

例如：

```
For i=5 To 10
   A(i)=1
Next i
```

则数组 A 中的元素 A(5) ~ A(10)的初值均为 1。

2. 使用 Array 函数赋初值

功能：返回一个 Variant 类型的数组。

语法格式：

```
数组名=Array(列表)
```

其中，数组名是一个已经在前面声明为 Variant 类型的可调数组名。列表中的值是用来给 Variant 类型数组的各元素赋值的数值表，每个数值之间用逗号隔开。例如：

```
Private Sub Form_Click()
  Dim a As Variant
  a = Array("苹果", "橘子", "香蕉", "西瓜")
  Print a(0), a(1), a(2) , a(3)
End Sub
```

a 最初被定义为变体型变量，后被 Array 函数赋初值，成为包含 4 个元素的数组。数组 a 中的元素 a(0)= "苹果"，a(1)= "橘子"，a(2)= "香蕉"，a(3)= "西瓜"。

注 意

不能是 a(1) ~ a(4)，否则程序报错（下标越界）。

7.3.2 一维数组元素的输入与输出

1. 数组输入

数组元素的输入，即对数组元素赋值，通常用循环来实现。数组元素主要有以下 3 种输入方式。

① 键盘输入（通过文本框或 InputBox 函数输入，若数组元素较多则用后者更方便）。例如：

```
Private Sub Form_Click()
   Dim A(8) As Integer
   ……
   For i = 0 To 8
     A(i) = Val(InputBox("请输入第" & i + 1 & "个数"))
   Next i
   ……
End Sub
```

单击窗体弹出 9 次对话框，分别输入 9 个数据，这 9 个数据分别赋值给数组元素 A(0) ~ A(8)。

② 随机产生（利用 Rnd 函数）。例如：

```
Private Sub Form_Click()
   Dim A(8) As Integer
   ……
   For i = 0 To 8
     A(i) = Int(Rnd * 50 + 1)
   Next i
   ……
End Sub
```

单击窗体自动随机产生 9 个 1 ~ 50 之间的整数，这 9 个数据分别赋值给数组元素 A(0) ~ A(8)。

③ 下标生成。例如：

```
Private Sub Form_Click()
  Dim A(8) As Integer
  ……
  For i = 0 To 8
     A(i) = i * i
  Next i
  ……
```

```
End Sub
```

单击窗体自动产生 9 个数，这 9 个数都与下标 i 有关。

2. 数组整体赋值

Visual Basic 中允许将一个各元素值已知的数组整体赋值给另一个数组，并自动确定该数组的大小。这种情况称为数组的整体赋值。例如：

```
Private Sub Form_Click()
   Dim a(2) As Integer, b() As Integer
   a(0) = 1: a(1) = 2: a(2) = 3
   b = a
   Print b(0); b(1); b(2)
End Sub
```

输出结果为 1　2　3，即将数组 a 的值全部赋给数组 b。

3. 数组输出

数组中全部或部分数据的输出一般用循环语句完成。例如：

```
For i = 0 To 8
   Print A(i);
Next i
```

数组元素输入完成后，配合上述代码，则产生的数组元素会在窗体上输出。

7.3.3 数据的排序

将一组数据按照从大到小或从小到大的顺序排列有多种方法，下面介绍其中较常用的两种方法。

1. 冒泡法排序

冒泡法排序的基本思路是，类似水中气泡的排放规则，使值较小的数据在上面，值较大的数据在下面，对于每一趟排序，从第一个元素开始按照规则调整相邻元素的大小关系，确定一个最大的或最小的数据的位置。

① 将第 1 个数组元素和第 2 个数组元素进行比较，若为逆序则将两个数组元素进行交换，若为正序则保持原序。

② 将第 2 个数组元素和第 3 个数组元素进行比较，重复上述排序过程，直到第 n-1 个数据和第 n 个数据进行比较交换。

③ 上述①和②的排序过程称为第一趟冒泡排序，其结果使得最大的数组元素被放置在倒数第 1 个数组元素的位置上。

④ 进行第二趟冒泡排序，从第 1 个数组元素开始至第 n-1 个数组元素进行同样的操作，其结果使得次大的数组元素被安置到倒数第 2 个数组元素的位置上。

依此类推，第 i 趟冒泡排序是从第 1 个数组元素到第 n-i 个数组元素之间依次比较和交换。设有 n 个数组元素，需要进行 n-1 趟比较和交换，实现 n 个数组元素按小到大的顺序排序。整个过程就像气泡一个个地往上冒一样，故称为冒泡排序。

例如，对一组数据 25、18、95、45、36，按照冒泡法升序排列。

第一趟排序：

25　18　95　45　36
18　25　95　45　36
18　25　95　45　36
18　25　45　95　36
18　25　45　36　95

第一趟排序经过 4 次比较，将 5 个值中的最大值 95 放在最后的位置，后面的比较不会影响该值的位置，所以不用再比较最后一个值。

第二趟排序：

18　25　45　36　95
18　25　45　36　95
18　25　45　36　95
18　25　36　45　95

第二趟排序经过 3 次比较，将前 4 个值中的最大值 45 放在倒数第二的位置，后面的比较不会影响该值的位置，所以不用再比较倒数第二个值。

第三趟排序经过两次比较，将前 3 个值中的最大值 36 放在第三的位置，后面的比较不会影响该值的位置，所以不用再比较第三个值。

第四趟排序经过一次比较，将前两个值中的较大值 25 放在第二的位置，后面的比较不会影响该值的位置，所以不用再比较第二个值。

最后只剩下一个元素 18，很明显是最小值，就不用再排序了。

注 意

从上面的例子可以发现，若数组有 n 个元素，则需要进行 $n-1$ 趟排序完成对数组的排序。

实现冒泡排序的程序如下：

```
Dim i As Integer, j As Integer, temp As Integer
For i = 1 To n - 1
   For j = 1 To n - i
      If a(j) > a(j + 1) Then
         temp = a(j)
         a(j) = a(j + 1)
         a(j + 1) = temp
      End If
   Next j
Next i
```

其中，i 是外层循环的循环变量，j 是内层循环的循环变量。For i = 1 To n−1 至 Next i 是外层循环，表示总共排序的趟数；For j = 1 To n − i 至 Next j 是内层循环，表示每一趟排序比较的次数。

2. 选择法排序

选择法排序的基本思路是，先将 a(0)作为参考标准，在 a(0) ~ a(9)中挑选最小的一个数，跟 a(0)交换；再将 a(1) ~ a(9)中最小的数与 a(1)对换；依此类推。10 个数共需进行 9 轮比较以达到排序的目的。

先假设第 1 个数据最小，依次同第 2、3、…、N个数据进行比较，一旦第 1 个数据大于其他值则交换。这样，第 1 轮比较完毕，找出了最小数据作为第 1 个数据。

以第 2 个数据为最小数据，依次同第 3、4、…、N 个数据进行比较，若第 2 个数据大于其他值则交换。这样，第 2 轮交换完毕，找出次小数据作为第 2 个数据。

依此类推，第 N-1 轮比较将找出第 N-1 小的数据，剩下的一个数据就是最大数，排在最后。

例如，一组数据 25、18、95、45、36，按照选择法升序排列。

第一趟排序：

```
25  18  95  45  36
18  25  95  45  36
18  25  95  45  36
18  25  95  45  36
18  25  95  45  36
```

第一趟排序经过 4 次比较，将 5 个值中的最小值 18 放在最前的位置，后面的比较不会影响该值的位置，所以不用再比较第一个值。

第二趟排序：

```
18  25  95  45  36
18  25  95  45  36
18  25  95  45  36
18  25  95  45  36
```

第二趟排序经过 3 次比较，将后 4 个值中的最小值 25 放在第二的位置，后面的比较不会影响该值的位置，所以不用再比较第二个值。

第三趟排序经过 2 次比较，将后 3 个值中的最小值 36 放在第三的位置，后面的比较不会影响该值的位置，所以不用再比较第三个值。

第四趟排序经过 1 次比较，将后两个值中的最小值 45 放在第四的位置，后面的比较不会影响该值的位置，所以不用再比较第四个值。

最后只剩下一个元素 95，很明显是最大值，就不用再排序了。

注 意

从上面的例子可以发现，和冒泡法一样，若数组有 *n* 个元素，则需要进行 *n*-1 趟排序完成对数组的排序。

实现选择法排序的程序如下：

```
Dim i As Integer, j As Integer, temp As Integer
  For i = 1 To n - 1
    For j = i + 1 To n
      If a(i) > a(j) Then
        temp = a(i)
        a(i) = a(j)
        a(j) = temp
      End If
    Next j
  Next i
```

其中，i 是外层循环的循环变量，j 是内层循环的循环变量。For i = 1 To n-1……Next i 是外层循环，表示总共排序的趟数；For j = 1 To n － i……Next j 是内层循环，表示每一趟排序比较的次数。

【例 7.6】 用 InputBox 对话框输入 10 个数，采用冒泡排序法实现从大到小的顺序排序。

程序代码：

```
Const n = 10                          '数组长度，可自行更改
Private Sub Form_Click()
    Dim f As Boolean                  '判断是否完成排序
    Dim i As Integer, j As Integer    '循环变量
    Dim t As Integer                  '用来保存临时数据，用来完成两个数组元素的交换
    Dim a(1 To n) As Integer          '定义数组
    Print "排序前的 10 个数为:"
    For i = 1 To n                    '输入数据
        a(i) = InputBox("请输入第" & i & "个数据:")
        Print a(i);
    Next i
    Print
    For i = 1 To n - 1                '开始排序
        f = True                      '假设已经完成排序
        For j = 1 To n - i            '冒泡排序
            If a(j) < a(j + 1) Then   '如果前一个数据[a]小于后一个数据[b]
                t = a(j)              't=前一个数据
                a(j) = a(j + 1)       '前一个数据=后一个数据
                a(j + 1) = t          '后一个数据就等于 t(前一个数据)
                f = False             '没有完成排序，继续循环
            End If
        Next j
        If f Then Exit For            '如果排序完成就退出循环
    Next i
    Print "排序后的结果为: "
    For i = 1 To n                    '利用 For 循环给数组赋值
        Print a(i);                   '输出排序结果
    Next i
    Print
End Sub
```

运行结果如图 7-7 所示。

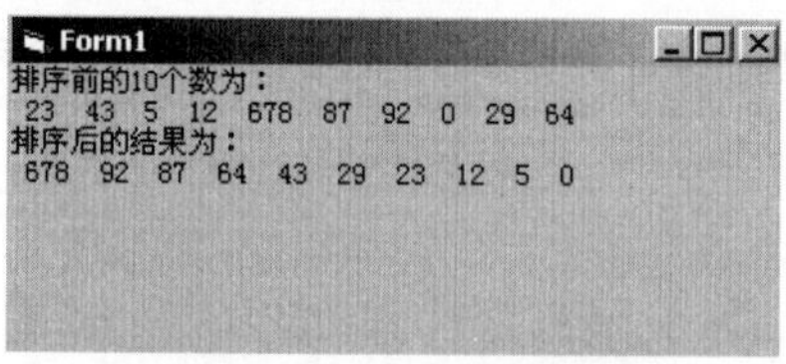

图 7-7 例 7.6 运行结果

7.4 二维数组的使用

二维数组是指有两个下标的数组元素所组成的数组。数学上形如矩阵$\{a_{ij}\}$表示的数据均可用二维数组来处理。

【例 7.7】 同阶矩阵求和运算。编程实现两个相同阶数（即行数和列数完全相同）的矩阵 a 和 b 相加，即 c=a+b。

界面设计如图 7-8 所示。

程序代码：

```
Private Sub Command1_Click()
    Dim a(1 To 4, 1 To 5) As Integer
    Dim b(1 To 4, 1 To 5) As Integer
    Dim c(1 To 4, 1 To 5) As Integer
    For i = 1 To 4
        For j = 1 To 5
             a(i, j) = Int(Rnd * 40) + 10
                                 '通过 Int 和 Rnd 函数产生 20 个 10～50 之间的整数构成矩阵 a
           b(i, j) = Int(Rnd * 40) + 10
           c(i, j) = a(i, j) + b(i, j)    '矩阵 a 和矩阵 b 对应元素之和放入矩阵 c 中
        Next j
    Next i
    For i - 1 To 4
        For j = 1 To 5
            Print a(i, j) & "   ";          '输出矩阵 a 中的数据
        Next j
        Print
    Next i
    Print "----------------------"          '两个矩阵之间用"-"隔开
    For i = 1 To 4
        For j = 1 To 5
            Print b(i, j) & "   ";          '输出矩阵 b 中的数据
        Next j
        Print
    Next i
    Print "----------------------"
    For i = 1 To 4
        For j = 1 To 5
            Print c(i, j) & "   ";       '输出矩阵 c 中的数据
        Next j
        Print
    Next i
End Sub

Private Sub Command2_Click()
   Cls
End Sub
```

运行结果如图 7-9 所示。

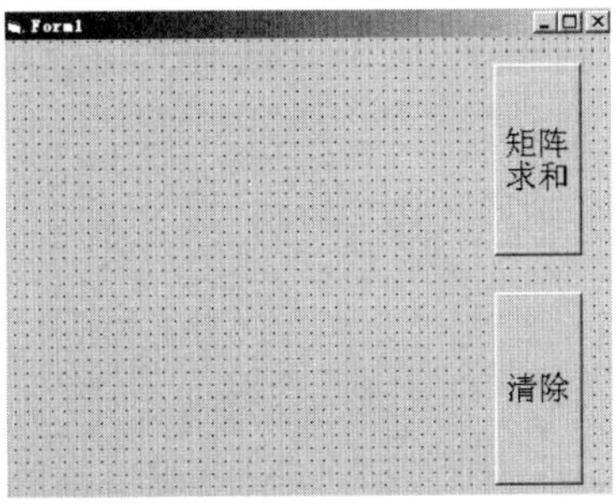

图 7-8　例 7.7 界面设计

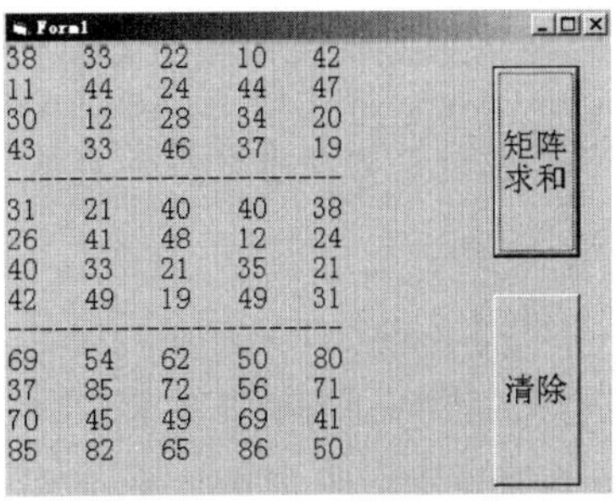

图 7-9　例 7.7 运行结果

【例 7.8】 求一个 4×4 矩阵的对角线元素之和。

程序代码：

```
Private Sub Command1_Click()
    Dim a(1 To 4, 1 To 4) As Integer
    Dim sum As Integer
    For i = 1 To 4
        For j = 1 To 4
            a(i, j) = Val(InputBox("请输入第" &i & "行，第" & j & "列的数", _
                "矩阵输入"))
            Print a(i, j) & "   ";
        Next j
        Print
    Next i
    sum = 0
    For i = 1 To 4
        For j = 1 To 4
            If i = j Or i + j = 5 Then
                sum = sum + a(i, j)
                '两条对角线上的值求和
        Next j
    Next i
    Print "矩阵的对角线元素的和为"; sum
End Sub
```

运行结果如图 7-10 所示。

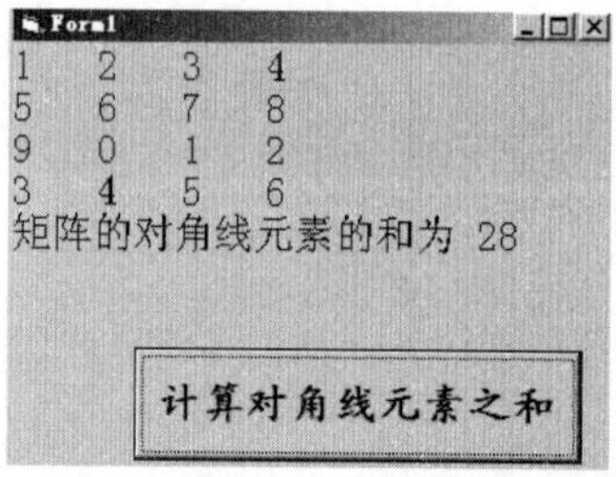

图 7-10 例 7.8 运行结果

7.5 控件数组

7.5.1 控件数组的概念

如果在应用程序中用到一些类型相同、功能相似的控件，则可将这些相同的控件视为一个数组——控件数组。控件数组是具有相同名称、类型、事件过程的一组控件。它类似于数组变量。

使用控件数组是很有用的，控件数组向窗体添加控件所消耗的资源比直接向窗体添加多个相同类型的控件消耗的资源要少。当多个控件数组成员执行大致相同的操作时，控件数组共享同样的事件过程，能在一定程度上简化代码。在程序运行过程中，可以利用控件数组返回的索引值来标识触发事件的成员，增加程序的可读性。

注 意

一个控件数组至少应有一个成员。

控件数组的特点如下：

① 多个同类型的控件具有相同的名称。

② 通过索引值（下标）来区别控件数组中的各个元素，索引值从 0 开始。

例如，在窗体中添加 100 个单选按钮 Option1 ~ Option100，但它们并不是以控件数组的形式出现的。在不设置控件数组时的程序代码如下（由于选项按钮的默认属性为 Value，因而可以直接给控件赋值）：

```
Select Case A
   Case 1
       Option1=True
   Case 2
       Option2=True
   Case 3
       Option3=True
   ……
   Case 100
       Option100=True
End Select
```

为这 100 个单选按钮赋值，需要 202 条语句，若使用控件数组，命名为 Option，就只需要一条语句：

```
Option(A)=True
```

7.5.2　控件数组的建立

创建控件数组有以下 3 种方法。

1. 给多个控件定义相同的控件名称来创建控件数组

通过改变已有控件的名称，可以将一组控件设置成控件数组，具体步骤如下：

① 添加控件数组中的控件（必须为同一类型的控件），并且决定哪一个控件作为数组中的第一个元素。

② 选定控件，将其 Name 属性设置为数组名称。

③ 在为数组中的其他控件输入相同名称时，系统会自动弹出一个消息对话框提示是否要设置为控件数组，此时单击“是”按钮，确认操作。

例如，在界面上添加 3 个文本框 Text1、Text2、Text3，若需要将 3 个文本框设置为名称为 Text1 的控件数组，则可以通过修改 Name 属性来完成，Text1 的 Name 属性设置为 Text1，当将 Text2 的 Name 属性修改为 Text1 时，会自动弹出一个消息提示对话框询问是否要创建控件数组，如图 7-11 所示，单击“是”按钮，则确认创建控件数组，系统会自动为控件数组中的每个控件添加索引值（Index 属性的属性值），即 Text1 的索引值设置为 0，Text2 的索引值设置为 1，依此类推。消息对话框只弹出一次，在修改 Text3 的 Name 属性值时，不会再弹出消息对话框。

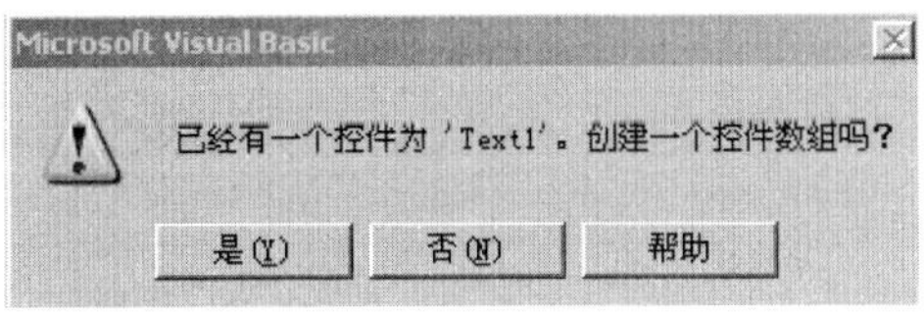

图 7-11　控件数组的消息提示对话框

用这种方法添加的控件仅仅共享 Name 属性和控件类型（类型不同，就不能作为一个控件数组），其他属性保留原值。

2. 复制现有的控件并将其粘贴到窗体上或控件容器中来创建控件数组

具体步骤如下：

① 在窗体上添加一个控件，并设置好该控件的相关属性，作为控件数组的第一个元素。

② 选中该控件，选择“编辑”→“复制”命令，再选择“编辑”→“粘贴”命令，或在控件上直接右击，在弹出的快捷菜单中选择“复制”和“粘贴”命令。系统会自动弹出图 7-11 所示的消息对话框。

③ 单击“是”按钮，得到控件数组的第二个元素。

④ 重复粘贴操作，得到该控件数组中的其他元素。

用这种方法将会得到一组属性相同的控件数组（索引值和位置除外）。

例如，建立 3 个单选按钮的控件数组，步骤如下：

① 建立一个单选按钮 Option1。

② 将 Option1 复制并粘贴，这时弹出确认对话框，单击“是”按钮，得到第二个单选按钮 Option1(1)。

③ 再次“粘贴”，得到第二个单选按钮 Option1(2)。

3. 通过指定控件的索引值来创建控件数组

首先指定控件数组中的第一个控件的索引值为 0 或比 0 大的值，然后通过前两种方法之一即可得到控件数组，所不同的是不会弹出对话框。

7.5.3 控件数组的应用

【例 7.9】 利用控件数组实现例 2.6。

界面设计见图 2-18，该界面中各控件及其属性设置如表 7-2 所示。

表 7-2 控件属性设置

控　件	属　性	属 性 值
CommandButton	Name	Command1
	Caption	+
	Index	0
CommandButton	Name	Command1
	Caption	-
	Index	1
CommandButton	Name	Command1
	Caption	×
	Index	2
CommandButton	Name	Command1
	Caption	/
	Index	3
Label	Name	Label1
	Caption	操作数 1
	Index	0

续表

控 件	属 性	属 性 值
Label	Name	Label1
	Caption	操作数 2
	Index	1
Label	Name	Label1
	Caption	结果
	Index	2
Label	Name	Label2
	Caption	=
Label	Name	Label3
	Caption	空白
TextBox	Name	Text1
	Text	空白
	Index	0
TextBox	Name	Text1
	Text	空白
	Index	1
TextBox	Name	Text1
	Text	空白
	Index	2

Command1 按钮实现加、减、乘、除运算，其中 Click 事件代码如下：

```
Private Sub Command1_Click(Index As Integer)
  Dim a As Integer, b As Integer
  a= Text1(0):  b = Text1(1)
  Select Case Index
    Case 0
      Text1(2) = a + b
      Label3.Caption = "+"
    Case 1
      Text1(2) = a - b
       Label3.Caption = "-"
    Case 2
      Text1(2) = a * b
       Label3.Caption = "*"
    Case 3
      If b <> 0 Then
        Text1(2) = a/b
         Label3.Caption = "/"
```

```
      Else
        Text1(2) = "非法数据"
      End If
  End Select
End Sub
```

运行结果见图 2-19。

【例 7.10】 建立 4 个名字为 Command1 的命令按钮的控件数组，当单击某个命令按钮时，分别执行不同的操作。

程序代码：

```
Private Sub Command1_Click(Index As Integer)
   If Index = 0 Then
      Print "您单击了按钮 1"
    ElseIf Index = 1 Then
      Print "您单击了按钮 2"
    ElseIf Index = 2 Then
      Print "您单击了按钮 3"
    Else
      Print "您单击了按钮 4"
   End If
End Sub
```

该例中的控件数组共享同样的事件过程，能在一定程度上简化代码。运行结果如图 7-12 所示。

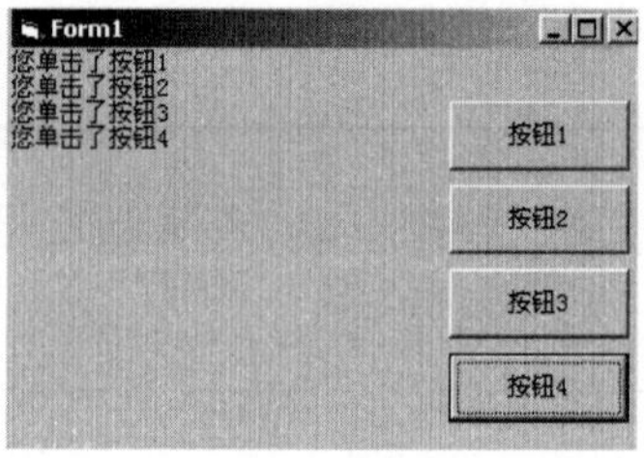

图 7-12 例 7.10 运行结果

思考：如果有多个按钮，有没有简单的方法实现单击命令按钮执行不同的操作呢？

```
Private Sub Command1_Click(Index As Integer)
   Print "您单击了按钮" & Index+1
End Sub
```

注 意

使用了控件数组，就需要通过索引值来判断选中的对象，所以 Click 事件后面有相关的参数。例如：

```
Private Sub Command1_Click(Index As Integer)
```

7.6 For Each...Next 语句

For Each...Next 语句与 For...Next 循环类似，但 For Each...Next 不指定语句运行的次数，而是对于数组中的每一个元素或对象集合中的每一项重复一组语句。可以对数组元素进行处理，包括查询和显示。For Each...Next 语句在不知道数组中元素的数目时尤其有用，因为它不需要指明循环的条件。

For Each...Next 语句的语法格式如下：

```
For Each 元素 In 数组
    [语句序列]
[Exit For]
    [语句序列]
Next [元素]
```

功能：针对一个数组或集合中的每个元素，重复执行一组语句。

说　明

① For Each…Next 语句语法格式中各语法成分的介绍如下：

元素：必要参数，用来枚举数组中所有元素的变量，只能是 Variant 变量。

数组：必要参数，指定对象数组的名称（用户定义类型的数组除外）。

语句序列：可选参数，针对名称中的每一项执行的一条或多条语句。

Exit For：可选项，将控制转移到 For Each 循环外。

Next：必选项，终止 For Each 循环的执行。例如：

```
Dim a(1 To 10)
For Each i In a
   Print  2*i;
Next i
```

其中，Print 重复执行 10 次，每次输出数组的一个元素值。此处的 i 类似 For…Next 循环中的循环控制变量，但不需要为其提供初值和终值，而是根据数组元素的个数确定执行循环体的次数。

② 只要数组中有一个元素，就会进入 For...Each 块执行。一旦进入循环，便先针对数组中第一个元素执行循环中的所有语句。如果数组中还有其他的元素，则会针对它们执行循环中的语句。当数组中的所有元素都被执行过时，便会退出循环，然后从 Next 语句后的语句继续执行。

③ 在循环中可以在任何位置放置任意多个 Exit For 语句，随时退出循环。Exit For 经常在条件判断之后使用，并将控制权转移到紧接 Next 之后的语句。

④ 可以将一个 For Each...Next 循环放在另一个之中组成嵌套式的 For Each...Next 循环。但是每个循环的元素必须是唯一的。注意，如果省略 Next 语句中的元素，就会像元素存在时一样执行。如果 Next 语句在它相对应的 For 语句之前出现，则会产生错误。

⑤ 不能在 For Each...Next 语句中使用用户自定义类型数组，因为 Variant 不能包含用户自定义类型。

【例 7.11】　利用 For Each...Next 语句实现例 7.2。

“显示”按钮的 Click 事件代码改为：

```
Private Sub Command1_Click()
   Dim a(1 To 5) As Integer
   Dim i As Integer
   Dim n As Integer, m As Integer, s As Single
   For i = 1 To 5
      a(i) = Int(Rnd * 90 + 10)
      Label4.Caption = Label4.Caption & "  " & a(i)
   Next i
   m = 100: n = 0: s = 0
   For Each x In a
      If x > n Then n = x
      If x < m Then m = x
      s = s + x
   Next
   Text1.Text = s / 5
   Text2.Text = n
```

```
  Text3.Text = m
End Sub
```

单击“显示”按钮的运行结果见图 7-2。

7.7 数组应用举例

【例 7.12】已知数组 a()，编程删除 a 中第 5 个元素。数组 a 中的元素分别为{62，76，84，89，75，63，54，90，36}。

程序代码：

```
Private Sub Form_Click()
   Dim a(), i%, n%
   a = Array(62,76,84,89,75,63,54,90,36)
   n = UBound(a)
   Print "原始数据: "
   For i = 0 To n
      Print a(i);
   Next i
   Print
   For i = 5 To n
      a(i - 1) = a(i)
   Next i
   n = n - 1
   ReDim Preserve a(n)
   Print "删除第五个元素后: "
   For i = 0 To n
      Print a(i);
   Next i
   Print
End Sub
```

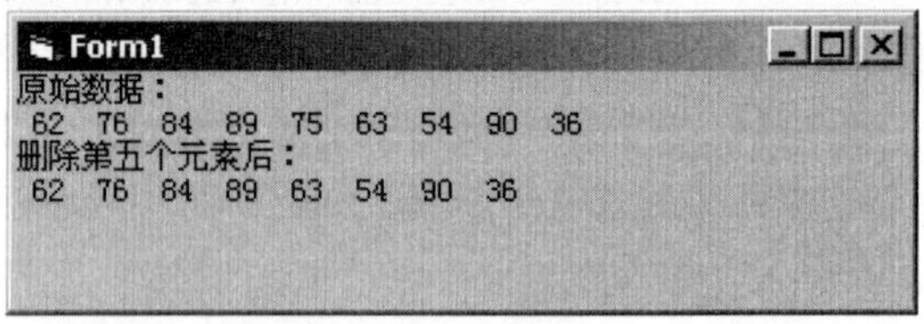

图 7-13 运行结果

运行结果如图 7-13 所示

【例 7.13】编程输出 n 行杨辉三角图形，n 由键盘输入。

程序代码：

```
Dim a() As Long
Dim n As Long
Private Sub form_Click()
  n = InputBox("请输入你想产生几行杨辉三角形? ")
  ReDim a(1 To n, 1 To n)
  For i = 1 To n
     For j = 1 To n
        a(i, 1) = 1
        If j = i Then a(i, j) = 1
     Next j
  Next i
  For i = 2 To n
    For j = 2 To n
       If j > i Then Exit For
         a(i, j) = a(i - 1, j - 1) + a(i - 1, j)
```

```
    Next j
  Next i
  For i = 1 To n
     For j = 1 To i
        Print Tab(5 * n + 8 * j - 4 * i); a(i, j);
     Next j
   Next i
End Sub
```

若 InputBox 对话框输入 8，则运行结果如图 7-14 所示

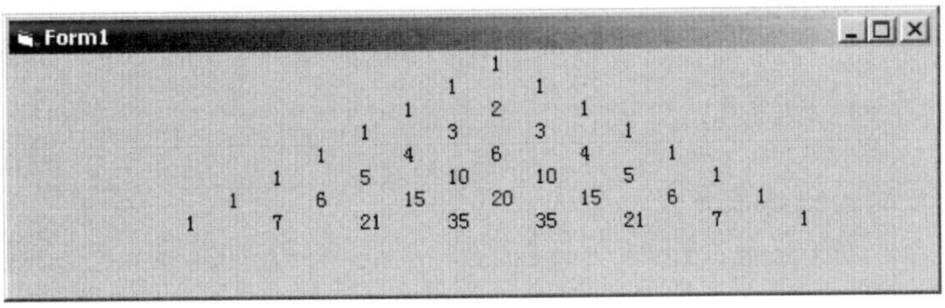

图 7-14 运行结果

习 题

一、选择题

1. 以下关于数组的描述正确的是（ ）。

   A. 数组的大小是固定的，但可以有不同类型的数组元素

   B. 数组的大小是可变的，但所有数组元素的类型必须相同

   C. 数组的大小是固定的，所有数组元素的类型必须相同

   D. 数组的大小是可变的，但可以有不同类型的数组元素

2. 用下面语句定义的数组的元素个数是（ ）。

```
Dim A(-3 to 5) As Integer
```

   A. 6　　B. 7　　C. 8　　D. 9

3. 用下面语句定义的数组的元素个数是（ ）。

```
Dim arr(3 To 5,-2 to 2)
```

   A. 20　　B. 12　　C. 15　　D. 24

4. 在窗体上添加 1 个命令按钮（其 Name 属性为 Command1），然后编写如下代码：

```
Private Sub Command1_Click()
   Dim Arr1(10) As Integer, arr2(10) As Integer
   n = 3
   For i = 1 To 5
      Arr1(i) = i
      arr2(n) = 2 * n + i
   Next i
   Print arr2(n); Arr1(n)
End Sub
```

程序运行后，单击命令按钮，输出结果是（ ）。

   A. 11 3　　B. 3 11　　C. 13 3　　D. 3 13

5. 下列（　　）语句可以为动态数组分配实际元素个数。

A. Dim　　B. Static　　C. Public　　D. ReDim

6. 用（　　）属性可唯一标志控件数组中的某一个控件。

A. Name　　B. Index　　C. Caption　　D. TabIndex

7. 设执行以下程序段时依次输入 1、3、5，输出结果是（　　）。

```
Dim a(4) As Integer, b(4) As Integer
For K = 0 To 2
    a(K + 1) = Val(InputBox("请输入数据"))
    b(3 - K) = a(K + 1)
Next K
Print b(K)
```

A. 1　　B. 3　　C. 5　　D. 0

8. 下列程序段的输出结果是（　　）。

```
Dim m(3,3) As Integer, i As Integer, j As Integer, x As Integer
For i = 1 To 3
   m(i,i) = i
Next
For i = 0 To 3
    For j = 0 To 3
        x = x + m(i,j)
    Next
Next
Print x
```

A. 3　　B. 4　　C. 5　　D. 6

9. 下列程序段的输出结果是（　　）。

```
Dim A(10), B(5)
For i = 1 To 10
   A(i) = i
Next i
For j = 1 To 5
   B(j) = j * 20
Next j
A(5) = B(2)
Print "A(5)="; A(5)
```

A. A(5)= 5　　B. A(5)= 10　　C. A(5)= 20　　D. A(5)= 40

10. 在窗体上添加 1 个命令按钮，名称为 Command1，然后编写如下事件过程：

```
Option Base 0
Private Sub Command1_Click()
   Dim city As Variant
   city = Array("北京","上海","天津","重庆")
   Print city(1)
End Sub
```

程序运行后，如果单击命令按钮，则在窗体上显示的内容是（　　）。

A. 空白　　B. 错误提示　　C. 北京　　D. 上海

二、填空题

1. 以下程序代码将整型动态数组 x 声明为具有 20 个元素的数组（数组元素的下标为 1～

20)，并给数组的所有元素赋值 1，将程序补充完整。

```
_______ As Integer
Private Sub Command1_Click()
    ReDim _______
    For i = 1 To 20
        x(i) = 1
        Print x(i)
    Next i
End Sub
```

2. 以下程序的功能是，用 Array 函数建立一个含有 8 个元素的数组，然后查找并输出该数组中元素的最大值。

```
Option Base 1
Private Sub Command1_Click()
    Dim arr1,Max as Integer
    arr1=Array(12,435,76,24,78,54,866,43)
    _______ =arr1(1)
    For i=1 To 8
       If arr1(i)>Max Then _______
    Next i
    Print "最大值是: ";Max
End Sub
```

3. 在窗体上添加 1 个命令按钮（其 Name 属性为 Command1），然后编写如下代码：

```
Private Sub Command1_Click()
    Dim M(10) As Integer
    For k = 1 To 10
        M(k) = 12 - k
    Next k
    x = 6
    Print M(2 + M(x))
End Sub
```

程序运行后，单击命令按钮，输出结果是________。

4. 在窗体上添加 1 个标签和 1 个命令按钮，其名称分别为 Label1 和 Command1，然后编写如下事件过程：

```
Private Sub Command1_Click()
    Dim a(10) As Integer
    For i = 1 To 5
        a(i) = i * i
        num = a(i)
    Next i
    Label1.Caption = num
End Sub
```

程序运行后，单击命令按钮，在标签中显示的内容是________。

5. 有如下程序段：

```
Dim arr(3,3) As Integer
For j = 1 To 3
    For k = 1 To 3
        arr(j,k) = (j-1)*3+k
    Next k
```

```
    Next j
    For j = 2 To 3
        For k = 2 To 3
            Print arr(k,j);
        Next k
    Next j
```

输出结果是________。

6. 在窗体上添加 1 个命令按钮，然后编写如下事件过程：

```
Option Base 1
Private Sub Command1_Click()
    Dim a
    a = Array(1,2,3,4)
    j = 1
    For i = 4 To 1 Step -1
        s = s + a(i) * j
        j = j * 10
    Next i
    Print s
End Sub
```

程序运行后，单击命令按钮，输出结果是________。

三、编程题

1. 某数组有 20 个元素，元素的值由键盘输入，要求将前 10 个元素与后 10 个元素对换，即第 1 个元素与第 20 个元素互换，第 2 个元素与第 19 个元素互换……第 10 个元素与第 11 个元素互换。输出数组原来各元素的值和对换后各元素的值。

2. 随机产生 10 个[30,100]内的整数，求最大值及所对应的下标。

3. 在文本框中输入一串字母，放在字符数组中，统计各字母出现的次数，并将字母出现的个数显示在图片框中。

4. 求一个 3×3 矩阵的四周元素之和。

5. 随机产生 50 个互不相同的两位整数，统计各数值段（10～19，20～29，…，90～99）的数据个数并输出。

第8章 常用标准控件

本章重点	☑ 选择控件常用的属性、事件、方法 ☑ 框架的属性和功能 ☑ 滚动条、计时器的常用属性、事件、方法 ☑ 图形控件的属性、事件、方法及图形文件的载入方法

在应用软件的开发过程中，用户界面的设计是带给用户友好使用体验的基本要求。在可视化编程语言中，构成界面的基本元素是控件。Visual Basic 在工具箱窗口中提供了二十多个 Windows 常用标准控件。其中，标签、文本框和命令按钮控件已经在前面章节进行了介绍，本章将介绍其他常用标准控件的使用方法。

8.1 选择控件

Visual Basic 中提供了 4 个常用的具有选择功能的标准控件，分别是单选按钮（OptionButton）、复选框（Check Box）、列表框（List Box）和组合框（Combo Box）。在应用程序中，单选按钮和复选框用来标明状态，其状态在程序运行期间可以改变。利用列表框可以根据已有项选择所需要的内容，而组合框可以把一个文本框和列表框组合为单个控制窗口。

8.1.1 单选按钮

在实际编程中，经常会遇到一些功能选项要求用户选择，或要求用户在一个小范围内对某些参数做出选择等。为此，Visual Basic 提供了单选按钮和复选框来实现此功能。

单选按钮 只能从多个选项中选择一个，像单选题一样，各选项间的关系是互斥的。单选按钮使用时经常是多个成组出现的。

1. 单选按钮的属性

（1）Caption（标题）属性

功能：设置单选按钮的标题。

与一般控件不同，单选按钮的标题默认显示在单选按钮的右边，用来提示用户选项的功能。

（2）Alignment（对齐）属性

功能：设置单选按钮中文字的对齐方式。

语法格式：

对象名.Alignment = {0|1}

其中，属性值为 0（默认值），表示靠左对齐，即圆形按钮位于控件的左边，文字显示在右边 ○ Option1；属性值为 1，表示靠右对齐，即圆形按钮和文字显示位置与前相反 Option2 ○。

（3）Value（状态）属性

功能：设置单选按钮在运行时是否被选中。

语法格式：

对象名.Value = {True|False}

其中，属性值为 False（默认值），表示运行时单选按钮未被选中 ○ Option1；属性值为 True，表示运行时单选按钮被选中 Option2 ○。在一组单选按钮中，若选中其中一个单选按钮，使其 Value 属性值变成 True，同组中的其他单选按钮的 Value 属性值将自动变成 False。

（4）Style（样式）属性

功能：设置单选按钮的显示样式。

语法格式：

对象名.Style = {0|1}

其中，属性值为 0（默认值），表示单选按钮用标准样式（Standard）显示；属性值为 1，表示单选按钮用图形样式（Graphical）显示。

（5）Picture（图片）属性

功能：给单选按钮加载图形。

注 意

只有当 Style 属性值设置为 1，即图形显示样式时，Picture 属性才能生效。

2. 单选按钮的事件

单选按钮的常用事件为 Click，当用户在一个单选按钮上单击时发生。

【例 8.1】 使用单选按钮控制文字字体大小。

程序中使用的控件属性设置如表 8-1 所示。

表 8-1 控件属性设置

控 件	属 性	属 性 值
Text	Name	Text1
	Text	Visual Basic
Label	Name	Label1
	Caption	请选择字体大小：
OptionButton	Name	Option1
	Caption	20
	Value	True

续表

控　　件	属　　性	属　性　值
OptionButton	Name	Option2
	Caption	30
	Value	False
OptionButton	Name	Option3
	Caption	40
	Value	False
OptionButton	Name	Option4
	Caption	50
	Value	False

单选按钮的事件代码如下：

```
Private Sub Option1_Click( )
  Text1.FontSize=20
End Sub

Private Sub Option2_Click( )
  Text1.FontSize=30
End Sub

Private Sub Option3_Click( )
  Text1.FontSize=40
End Sub

Private Sub Option4_Click( )
  Text1.FontSize=50
End Sub
```

程序运行后，单击任意一个单选按钮，文本框中的字体将按选定的字体大小显示。程序运行结果如图 8-1 所示。

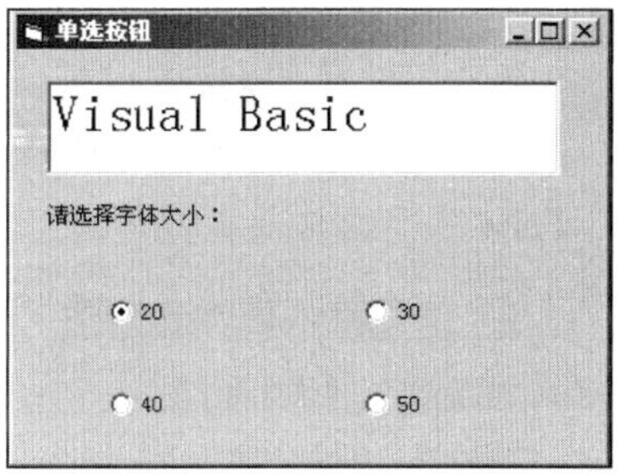

图 8-1　例 8.1 运行结果

8.1.2　复选框

复选框也称检查框。复选框在被选中时方框中会出现“√”符号，表示已选取这个选项；当再次被单击时将去除方框中的“√”符号。可在一组中放置多个复选框来显示多种选择，用户可根据需要选取一个或几个，各选项间不互斥，这也是复选框与单选按钮的不同之处。

1. 复选框的属性

（1）Caption（标题）属性

功能：设置复选框标题。

与单选按钮相同，复选框的标题也默认显示在复选框的右方，用来提示复选框的功能。

（2）Value（状态）属性

功能：设置复选框在执行时的状态。

语法格式：

```
对象名.Value = {0|1|2}
```

属性值 0、1、2 分别代表复选框的 3 种状态，具体含义如表 8-2 所示。

表 8-2 复选框的 Value 属性值

属 性 值	功 能
0	（默认值）表示未选中，处于这种状态的复选框在运行时，复选框选项部分前空白的小方块没有“√”标志
1	表示复选框处于选中状态，执行时复选框选项部分带有“√”标志
2	表示复选框处于禁止选择状态，复选框呈现“√”标志，但以灰色显示，表示已经处于选中状态，但不允许用户修改它的状态

（3）Style（样式）属性

功能：设置复选框的显示样式。

语法格式：

```
对象名.Style = {0|1}
```

其中，属性值为 0（默认值），表示复选框用标准样式（Standard）显示；属性值为 1，表示复选框用图形样式（Graphical）显示。

（4）Picture（图片）属性

功能：用于给图形复选框装载图形。

注 意

① 同单选按钮的 Picture 属性，仅当 Style 属性设置为图形样式时，Picture 属性才有效。

② 单选按钮和复选框的 Value 属性值类型不同。单选按钮的 Value 属性值为 True 和 False 表示选中与未选中；复选框的 Value 属性值为 0、1、2 表示未选中、选中、禁止选择。

2. 复选框的事件和方法

（1）复选框的事件

复选框的常用事件为 Click，当用户在复选框上单击时发生。复选框不支持鼠标双击事件，系统把一次双击解释为两次单击事件。

（2）复选框的方法

复选框支持的方法较少，常用的主要有 SetFocus、Move。

【例 8.2】 使用复选框设置文字显示效果。

程序中使用的控件属性设置如表 8-3 所示。

表 8-3 控件属性设置

控 件	属 性	属 性 值
Text	Name	Text1
	Text	Visual Basic
Label	Name	Label1
	Caption	请选择文字显示效果：

续表

控　　件	属　　性	属　性　值
Check	Name	Check1
	Caption	加粗
Check	Name	Check2
	Caption	倾斜
Check	Name	Check3
	Caption	下画线
Check	Name	Check4
	Caption	删除线

复选框的事件代码如下：

```
Private Sub Check1_Click()
   If Check1.Value = 1 Then
      Text1.FontBold = True
   Else
      Text1.FontBold = False
   End If
End Sub

Private Sub Check2_Click()
   If Check2.Value = 1 Then
      Text1.FontItalic = True
   Else
      Text1.FontItalic = False
   End If
End Sub

Private Sub Check3_Click()
   If Check3.Value = 1 Then
      Text1.FontUnderline = True
   Else
      Text1.FontUnderline = False
   End If
End Sub

Private Sub Check4_Click()
   If Chcck4.Value = 1 Then
      Text1.FontStrikethru = True
   Else
      Text1.FontStrikethru = False
   End If
End Sub
```

程序运行后，单击任意一个或多个复选框，文本框中的字体将按选定的文字显示效果显示。程序运行结果如图 8-2 所示。

图 8-2　例 8.2 运行结果

8.1.3 列表框

列表框的主要用途在于提供列表式的数据供用户选择。在列表框中可以有多个项目，用户可通过单击某一项来选择自己所需要的内容。

1. 列表框的属性

（1）List（列表）属性

功能：设置列表框中列表项的内容。

List 属性值是一个一维数组，每个数组元素是一个列表项，即数组中元素的值就是在执行时看到的列表项。既可以在设计时通过属性窗口设置，又可以在代码窗口中通过程序来实现。使用属性窗口设置时，输入 List 属性来建立列表项，每添加一个列表项，按【Ctrl+Enter】组合键换行继续添加下一个列表项，直接按【Enter】键表示添加结束。

List 属性的设置也可以用代码的方式实现。

语法格式：

```
对象名.list(下标) = s
```

例如：

```
List1.list(0)= "武汉"      '列表框的第一项
List1.list(2)= "北京"      '列表框的第三项
```

> **注 意**
>
> List 数组的第一个元素的下标是 0，即 List(0)为第一个元素，往后依次为 List(1)、List(2)、List(3)……如果 List 数组中有 n 个元素，则最后一个列表项对应的数组元素为 List(n-1)。

（2）ListCount（列表项总数）属性

功能：表示当前列表框中所有选项的总数。

列表框中的选项从 0 开始，到 ListCount-1 结束，通常和 List 属性一起使用，此属性只能在程序中引用。例如，a=List1.ListCount，则 a 的值即为 List1 的选项总数。

（3）ListIndex（列表项索引值）属性

功能：设置和返回最后选中的列表项的位置，即下标序号。

如果未选中任何项目，ListIndex 值为-1；如果选中列表项的第五个元素，则 ListIndex 值为 4。例如，a=List1.ListIndex，若选中第二项，则 a=1。

（4）Sorted（排序）属性

功能：设置列表框中的项目是否按字母表顺序排序。

语法格式：

```
对象名.Sorted = {True|False}
```

其中，属性值为 True，表示列表框中的项目按字母表顺序排序；属性值为 False，表示列表框中的项目不按字母表顺序排序。

> **注 意**
>
> Sorted 属性必须在设计时设置，在运行时是只读的。

（5）Text（文本）属性

功能：存放最后选中的列表项的文本内容。

Text 属性是只读的，不能直接修改其值，只能用于获取选定列表项的内容。例如，List2.AddItem List1.Text，表示在列表框 List2 中添加列表框 List1 中所选中的内容。AddItem 是列表框的方法，用于将项目添加到列表框中，详细介绍见列表框控件的方法。

（6）MultiSelect（多选）属性

功能：设置该列表框是否能选择多项。

语法格式：

```
对象名.MultiSelect = {0|1|2}
```

其中，属性值 0、1、2 分别代表多选的 3 种方式，具体含义如表 8-4 所示。

表 8-4　MultiSelect 属性值

属 性 值	功　　能
0	（None）表示不允许多选，用户每次只能选择一个选项，选择另一项会取消前面的选项
1	（Simple）表示简单多选，用户单击或按【Space】键来选取或取消选中列表项，但一次只能增减一个项目
2	（Extended）表示高级多选，用户可利用【Ctrl】键与单击来选中或取消不连续的选项；利用【Shift】键与单击来选中或取消连续的选项

注　意

若选择多项，则 ListIndex 和 Text 属性只表示最后一次所选择的选项值。

（7）Selected（列表项序号）属性

功能：判断列表框中所对应的列表项是否被选中。

语法格式一：

```
对象名.Selected(索引值)
```

可以判断指定的选项是否被选中。

语法格式二：

```
对象名.Selected(索引值) = {True|False}
```

Selected 属性是一个与 List 列表框中的各个元素相对应的一维数组，记录 List 列表框中每个项目是否被选取。Selected 值为 True，表示选项被选中；为 False，表示选项未选中。例如，如果 List1 中第三项未被选取，则 x=List1.Selected(2)的 x 值为 False；反之 x 值为 True。

（8）SelCount（选择数目）属性

功能：表示列表框中所选择的项目的数目。

它通常与 Selected 一起使用，以处理控件中所选的项目。

注　意

SelCount 属性使用的前提是 MultiSelect 属性设置为 1 或 2。

（9）Style（方式）属性

功能：设置列表框控件的外观。

语法格式：

```
对象名.Style = {0|1}
```

其中，属性值 0、1 的含义如表 8-5 所示。

表 8-5 Style 属性值

属性值	功能
0	（标准样式）不带复选框
1	（复选框样式）当复选框中出现“√”时表示选中该选项

注 意

Style 属性只能在设计时设置。

2. 列表框的事件

列表框控件的常用事件是 Click 和 DblClick。

（1）Click 事件

在运行时用户单击某个项目，或按方向键，或按下项目名称的第一个英文字母对应的按键，会触发该事件。

（2）DblClick 事件

双击某个项目会触发该事件。

3. 列表框的方法

（1）AddItem（添加）方法

功能：向列表框中添加列表项。

语法格式：

```
对象名.AddItem 项目字符串 [,索引值]
```

其中，项目字符串是要添加到列表框中的字符表达式；索引值是可选参数，用来指定新项目在列表框中的插入位置。若索引值为 0，则插入到第一个项目位置；若索引值省略，当 Sorted 属性设置为 True 时，新项目将添加到恰当的排序位置，当 Sorted 属性设置为 False 时，新项目将添加到现有列表项的末尾。

通常在 Form_Load 事件过程中使用该方法来初始化列表框。例如，在图 8-3 所示的 List1 列表框中添加两个新项目，效果如图 8-4 所示。

```
Private Sub Form_Load()
   List1.AddItem  "44"
   List1.AddItem  "55",  0
End Sub
```

新添加项目 55，因为通过索引值指定了位置 0，所以 55 在列表的第一项，而新添加项目 44，没有指定插入位置，所以添加在列表的最后。

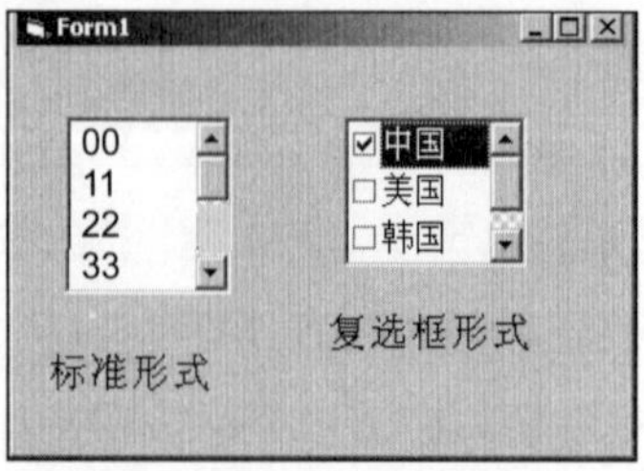

图 8-3 两种列表框样式

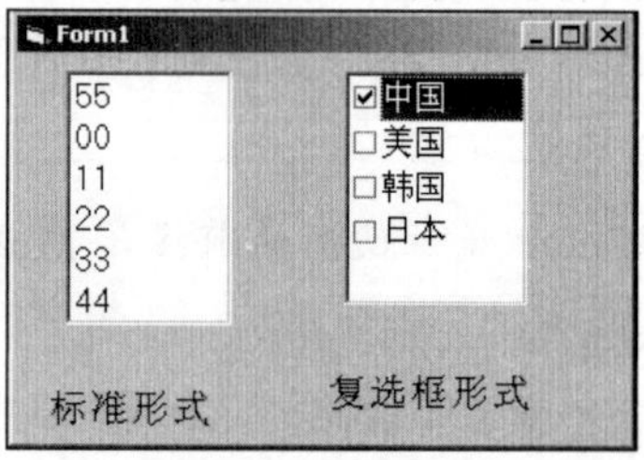

图 8-4 运行结果

（2）RemoveItem（删除）方法

功能：从列表框中删除指定项目。

语法格式：

对象名.RemoveItem 索引值

其中，索引值用来指定要删除的项目在列表框中的位置。索引值一定是整型数值，且每次只能删除一个选项。

例如，在图 8-3 所示的 List1 列表框中删除一个选项：

```
Private Sub List1_Click()
   List1.RemoveItem 1
End Sub
```

每单击一次 List1 列表框，都会将第二项的内容删掉，当第一次单击后，第二个选项 00 被删除，当单击第五次后，List1 列表框中只有 55。

（3）Clear（清除）方法

功能：清除列表框中的全部项目。

语法格式：

对象名.Clear

【例 8.3】 设计一个窗体，说明列表框的基本应用方法。

要求：可以通过在列表框 List1 中选择，然后单击中间的命令按钮在列表框 List2 中执行相应的操作。

界面设计如图 8-5 所示。该界面中各控件属性设置如表 8-6 所示。

表 8-6 控件属性设置

控 件	属 性	属 性 值
Label	Name	Label1
	Caption	水果
Label	Name	Label2
	Caption	购买的水果
CommandButton	Name	Command1
	Caption	添加
CommandButton	Name	Command2
	Caption	删除
CommandButton	Name	Command3
	Caption	清除
CommandButton	Name	Command4
	Caption	结束
ListBox	Name	List1
	List	List1
ListBox	Name	List2
	List	List2

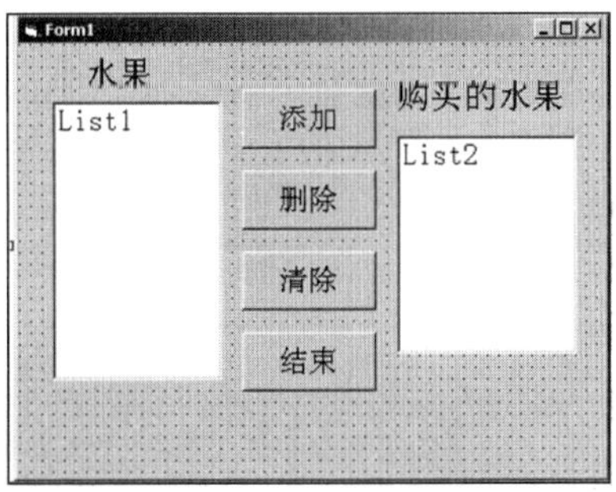

图 8-5 例 8.3 界面设计

事件代码如下：

```
Private Sub Command1_Click()
   List2.AddItem List1.Text
End Sub

Private Sub Command2_Click()
   List2.RemoveItem List2.ListIndex
End Sub

Private Sub Command3_Click()
   List2.Clear
End Sub

Private Sub Command4_Click()
  End
End Sub

Private Sub Form_Load()
   List1.AddItem "苹果"
   List1.AddItem "香蕉"
   List1.AddItem "芒果"
   List1.AddItem "西瓜"
   List1.AddItem "哈密瓜"
   List1.AddItem "葡萄"
   List1.AddItem "椰子"
   List1.AddItem "榴莲"
   List1.AddItem "菠萝"
   List1.AddItem "蟠桃"
End Sub
```

运行结果如图 8-6 所示。

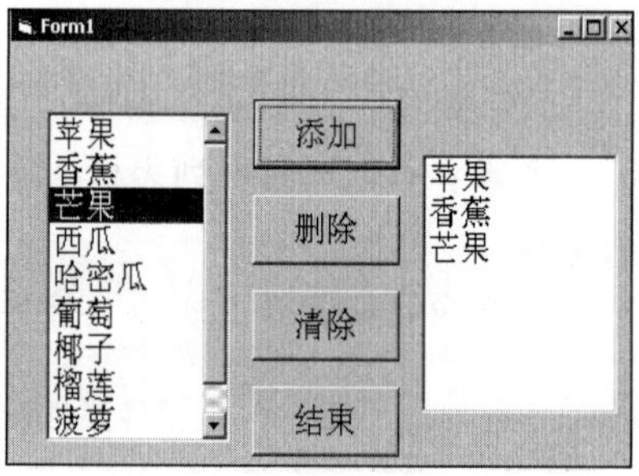

图 8-6　例 8.3 运行结果

8.1.4　组合框

组合框是结合了列表框和文本框的特性而形成的控件，兼有列表框和文本框的功能。组合框可以像列表框一样，让用户通过鼠标选择数据项，但是没有提供多选功能；也可以像文本框一样，从键盘输入列表中没有的数据项。

1. 组合框的属性

组合框的属性、方法、事件与列表框大致相同，这里只把不同的部分提出来。

组合框的 Style 属性与列表框的 Style 属性是有区别的。Style 属性的功能是设置组合框的显示类型，在运行时是只读的。

Style 属性的值有 3 种，如表 8-7 所示。

表 8-7　Style 属性值

属性值	功能
0	（默认值）下拉式组合框，包括一个下拉列表和一个文本框，可以输入文本或从下拉列表中选择列表项
1	简单组合框，包括一个文本框和一个无法下拉的列表，可以输入文本或选择列表项，它的列表不是下拉式的而是一直显示在屏幕上的
2	下拉式列表框，包括一个下拉列表和一个文本框，但只能选择列表项，不能在文本框中输入

图 8-7 所示为组合框的 3 种样式，图 8-7（a）所示为下拉式组合框，既可输入又可选择；图 8-7（b）所示为简单组合框，既可输入又可选择；图 8-7（c）所示为下拉式列表框，只能选择不能输入。

（a）下拉式组合框　（b）简单组合框　（c）下拉式列表框

图 8-7　组合框的 3 种样式

2. 组合框的事件

（1）Change 事件

当组合框内容改变时触发该事件。

（2）Click 事件

当用户在一个组合框上单击时触发该事件。

3. 组合框的方法

（1）AddItem（添加）方法

功能：向组合框中添加项目。

（2）RemoveItem（删除）方法

功能：从组合框中删除一个项目。

（3）Clear（清除）方法

功能：清除组合框的所有内容。

对组合框进行项目编辑时，在设计状态下可直接在属性窗口中编辑组合框的 List 属性，增加或删除组合框的列表项；在运行状态下则需使用 AddItem 和 RemoveItem 方法实现添加、删除列表项。

注　意

① 列表框和组合框都支持用 AddItem 方法和 RemoveItem 方法增减列表项目，也可用 Clear 方法删除所有列表项目。

② 组合框通过 Text 属性判断选择的内容，ListIndex 属性判断哪一项被选择。若 ListIndex 属性值为 0，表示第一个项目被选择；若属性值为 1，表示第二个项目被选择，依此类推。

【例 8.4】 从组合框中选择信息，并输出到文本框中。

程序中使用的控件属性设置如表 8-8 所示。

表 8-8　控件属性设置

控　　件	属　　性	属　性　值
Label	Name	Label1
	Caption	省份

续表

控　　件	属　　性	属　性　值
Label	Name	Label2
	Caption	城市
Label	Name	Label3
	Caption	辖区
Combo	Name	Combo1
	Style	0-Dropdown Combo
Combo	Name	Combo2
	Style	1-Simple Combo
Combo	Name	Combo3
	Style	2-Dropdown List
Text	Name	Text1
	Text	空
Command	Name	Command1
	Caption	确认
Command	Name	Command2
	Caption	取消

事件代码如下：

```
Private Sub Form_Load()
   Combo1.AddItem "湖北"
   Combo1.AddItem "湖南"
   Combo1.Text = Combo1.List(0)
   Combo2.AddItem "武汉"
   Combo2.AddItem "黄石"
   Combo2.AddItem "孝感"
   Combo2.AddItem "仙桃"
   Combo2.Text = Combo2.List(0)
   Combo3.AddItem "江岸区"
   Combo3.AddItem "江汉区"
   Combo3.AddItem "青山区"
   Combo3.AddItem "武昌区"
   Combo3.Text = Combo3.List(0)
End Sub

Private Sub Command1_Click()
   Text1.Text = "你所在地为" + Combo1.Text + _
   "省" + Combo2.Text + "市" + Combo3.Text
End Sub

Private Sub Command2_Click()
   Text1.Text = ""
End Sub
```

运行结果如图 8-8 所示。

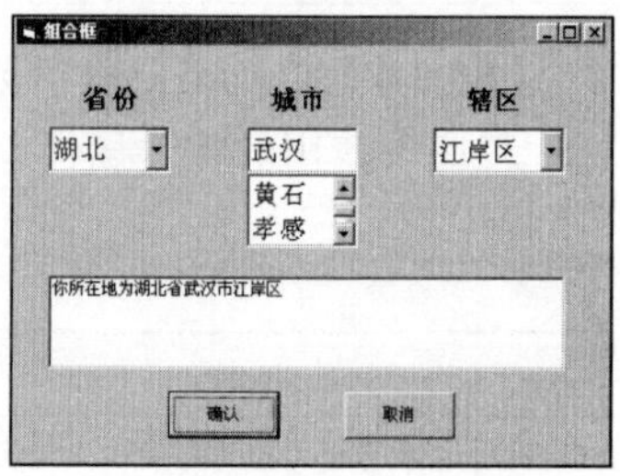

图 8-8　例 8.4 运行结果

8.2　框　　架

在 Visual Basic 中，可以包含其他控件的控件称为容器控件（又称父控件）。可以作为容器控件的对象或控件有 3 个：窗体、框架和图片框。框架的主要作用是将窗体上的控件进行分组显示。放置在框架内的控件将成为一个组合，当移动框架时，在这个组合中的所有对象仍然保持它们对应于框架的相对位置不变。

1. 框架控件的属性

框架常用的属性有 Name、Caption、Visible 和 Enabled。

（1）Name（名称）属性

功能：标明框架的名称。

（2）Caption（标题）属性

功能：设置框架的标题，通常用来说明框架内的控件所代表的意义。其默认的名称和标题是 Frame1、Frame2……

（3）Visible（可视）属性

功能：设置框架及框架内控件是否可见。属性值为 True（默认值），表示框架可见；属性值为 False，表示框架不可见。

（4）Enabled（响应）属性

功能：设置框架及框架内控件是否可用。属性值为 True（默认值），表示框架可用；属性值为 False，表示框架不可用，则框架的标题呈灰色显示，而且框架内的所有对象均被屏蔽。

2. 框架控件的事件

框架的常用事件是 Click，当用户在一个框架上单击按钮时触发。

3. 添加框架的方法

① 使用 Frame 控件将其他控件分组时，必须先在窗体中添加一个框架，然后激活 Frame 控件，再绘制包含在框架内的控件，这样才能使 Frame 起到容器的作用，可使框架和框架内的控件成为一个整体一起移动。如果在框架外面建立好控件之后再将其移到框架内，则控件不会与框架一起移动。

② 若将已经存在的若干控件放到框架中，则选定需放入框架中的所有控件，将它们剪切到剪贴板上，然后选定 Frame 控件，再将剪贴板上的控件粘贴到 Frame 控件上。

【例 8.5】　将例 8.1 和例 8.2 的功能通过框架进行分类整合。

程序中除框架外，其他使用的控件及相关属性与例 8.1 和例 8.2 相同，框架控件属性设置如表 8-9 所示。

表 8-9　控件属性设置

控　　件	属　　性	属　性　值
Frame	Name	Frame1
	Caption	字号
Frame	Name	Frame2
	Caption	显示效果

事件代码如下：

```
Private Sub Form_Load()
   Text1.FontSize = 20
End Sub

Private Sub Option1_Click(Index As Integer)
   Select Case Index
      Case Is = 0
         Text1.FontSize = 20
      Case Is = 1
         Text1.FontSize = 30
      Case Is = 2
         Text1.FontSize = 40
      Case Is = 3
         Text1.FontSize = 50
   End Select
End Sub

Private Sub Check1_Click(Index As Integer)
   Select Case Index
      Case Is = 0
         Text1.FontBold = True
      Case Is = 1
         Text1.FontItalic = True
      Case Is = 2
         Text1.FontUnderline = True
      Case Is = 3
         Text1.FontStrikethru = True
   End Select
End Sub
```

运行结果如图 8-9 所示。

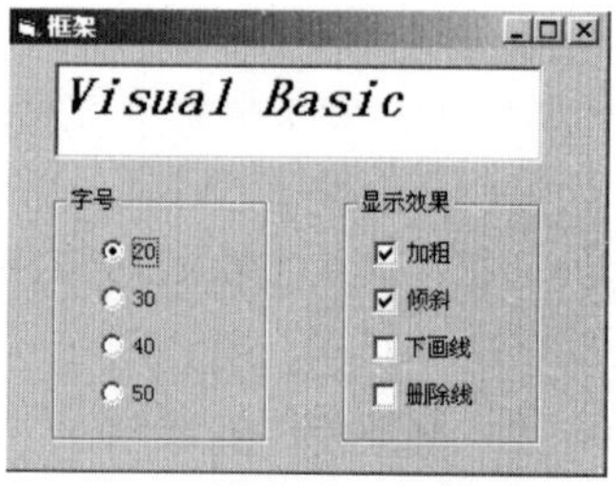

图 8-9　例 8.5 运行结果

8.3 滚 动 条

滚动条通常用来浏览内容或确定位置，也可以作为数据输入的工具。在实际应用中，滚动条也常用作数量、速度的指示器，如在一些多媒体应用中用来控制音量、画面的滚动速度等。

滚动条分为水平滚动条（HScroll）和垂直滚动条（VScroll）两种形式。滚动条的结构为：两端各有一个滚动箭头，在滚动条上有一个能够移动的小方块，称为滚动滑块。水平滚动条的最小值在最左边，最大值在最右边，从左向右移动时，值依次递增；垂直滚动条的最小值在最上边，最大值在最下边，从上向下移动时，值依次递增。

水平滚动条和垂直滚动条只是方向不一样，其使用方法相同。最大值和最小值设置完毕后，配合滚动条中移动滑块的位置，就能读取用户指定的数值。

1. 滚动条的属性

（1）Max（最大值）属性

功能：设置滚动条的最大值。最大值为滚动滑块在右（或下）端时的值，其值介于-32 768 ~ +32 767 之间，Max 的默认值为 32 767。

（2）Min（最小值）属性

功能：设置滚动条的最小值。最小值为滚动滑块在左（或上）端时的值，Min 的默认值为 0。

（3）Value（值）属性

功能：表示滚动滑块所在位置对应的值。

如果用户拖动滑动块，Value 属性值随之改变，它是滚动滑块的位置与最大值、最小值换算而得的结果，取值范围为 Min ~ Max。

> **注 意**
> 不能把 Value 属性的值设在 Min 和 Max 的范围之外。

（4）LargeChange（大变化）属性

功能：设置单击滚动条中间的空白处时，每次增加和减少的数值。系统默认的数值为 1，取值范围为 1 ~ 32 767，用户可以自己修改。

（5）SmallChange（小变化）属性

功能：设置单击滚动条两边的箭头时，每次增加和减少的数值。系统默认的数值为 1，取值范围为 1 ~ 32 767，用户可以自己修改。

上述滚动条的常用属性中的 Max 属性、Min 属性、Value 属性是比较重要的。

2. 滚动条的事件

滚动条控件的常用事件有 Scroll 事件和 Change 事件。

（1）Scroll（滚动）事件

单击滚动箭头或单击滚动条均不能触发该事件，该事件仅在移动滚动滑块时被触发，一般可用来跟踪滚动条的动态变化。

（2）Change（变化）事件

单击滚动箭头或单击滚动条或移动滚动滑块时均可以触发该事件，一般可用来获得移动后的滚动条的最后值。

在程序运行中，每当滚动条的 Value 属性发生变化时，就发生 Change 事件。而每当用户单击滚动箭头、单击滑块与箭头之间的区域或沿着滚动条拖动滑块的动作结束时，滚动条的 Value 属性就发生变化。

尽管拖动滚动滑块会引起 Value 属性的变化，从而触发 Change 事件，但在滚动条内拖动滚动滑块时，并不触发 Change 事件，此时将触发 Scroll（滚动）事件。

在实际编程中，常用 Scroll 事件来跟踪滚动条在拖动时数值的变化。由于在单击滚动条或滚动箭头时，将触发 Change 事件，因此常利用 Change 事件来获得滚动条变化后的最终值。

【例 8.6】 使用滚动条制作 RGB 拾色器，实现通过滚动条改变 RGB 值产生显示颜色的变化。

程序中使用的控件属性设置如表 8-10 所示。

表 8-10 控件属性设置

控 件	属 性	属 性 值
Text	Name	Text1
	Text	空
Label	Name	Label1
	Caption	红

续表

控　件	属　性	属 性 值
Label	Name	Label2
	Caption	绿
Label	Name	Label3
	Caption	蓝
HScroll	Name	HScroll 1
	Max	255
HScroll	Name	HScroll 2
	Max	255
HScroll	Name	HScroll 3
	Max	255

事件代码如下：

```
Private Sub Form_Load()
   Text1.BackColor = RGB(HScroll1.Value, HScroll2.Value, HScroll3.Value)
End Sub

Private Sub HScroll1_Scroll()
   Text1.BackColor = RGB(HScroll1.Value, HScroll2.Value, HScroll3.Value)
End Sub

Private Sub HScroll2_Scroll()
   Text1.BackColor = RGB(HScroll1.Value, HScroll2.Value, HScroll3.Value)
End Sub

Private Sub HScroll3_Scroll()
   Text1.BackColor = RGB(HScroll1.Value, HScroll2.Value, HScroll3.Value)
End Sub
```

运行结果如图 8-10 所示。

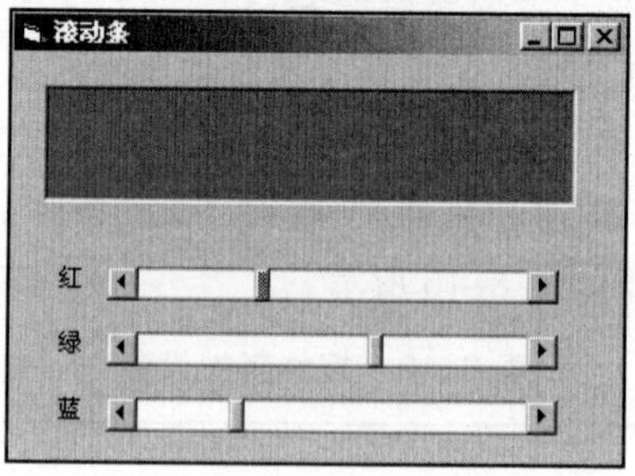

图 8-10　例 8.6 运行结果

8.4　计　时　器

计时器（Timer）是一个非常有用的控件，主要有两个功能：第一个功能是用于在程序中监视和控制时间进程，即每隔一段固定的时间就有规律地执行一次相同的任务，如定时检测系统或控件的状态，控制控件的移动，设置时钟、倒计时、秒表等；另一个功能是进行某种后台处理。

因为计时器在设计时可见，运行时隐藏，所以它在界面上的位置和大小无关紧要，但是在后台每隔一定的时间（各个计时器事件之间的时间）系统就会自动执行一次计时器事件。

1. 计时器的属性

（1）Enabled（响应）属性

功能：设置计时器控件是否开始计时。

语法格式：

```
对象名.Enabled = {True|False}
```

其中，属性值为 True（默认值），表示启动计时器开始计时；属性值为 False，表示暂停计时器的使用，待 Enabled 属性为 True 时继续运行计时器。

（2）Interval（间隔）属性

功能：设置两个计时器事件之间的时间间隔。设置时以毫秒（ms）为单位，范围是 0~65 535 ms，系统初始值设置为 0。若希望每秒执行 n 个计时器事件，则将 Interval 属性的值设置为 1000/n。

例如，若将 Interval 属性值设置为 1 000 ms，则 n=1（即每隔 1s 就会执行一个计时器事件）。当 Interval 属性的值为 0 时，则计时器无效。

2. 计时器的事件

计时器只有 Timer 事件。Timer 事件具有周期性，每隔 Interval 指定的时间间隔，就执行一次 Timer 事件过程。在实际运用中，经常用 Timer 事件来实现有规律的重复操作和简单的动画。

注 意

定时器事件发生越频繁，响应事件所使用的处理器事件就越多，这将降低系统综合性能。除非有必要，否则不要设置过小的间隔。

【例 8.7】　用计时器控件制作一个数字时钟。

程序中使用的控件属性设置如表 8-11 所示。

表 8-11　控件属性设置

控　件	属　性	属 性 值
Text	Name	Text1
	Alignment	2-Center
	Text	空
Timer	Name	Timer1
	Interval	1000

事件代码如下：

```
Private Sub Form_Load()
  Text1.FontSize = 30
End Sub

Private Sub Timer1_Timer()
  Text1.Text = Time
End Sub
```

运行结果如图 8-11 所示。

图 8-11　例 8.7 运行结果

8.5　图 形 控 件

Visual Basic 中常用的图形控件有图片框（PictureBox）和图像框（Image）两种，主要用于在窗体上显示图片（图像）信息。两个图形控件都可以加载多种格式的图形文件，如.bmp（位图文件）、.ico（图标文件）、.gif（动画图片文件）和.jpg（图像文件）。

8.5.1　图片框

图片框可以绘制图形，显示文本，同时也可以在图片框上添加其他控件，而这些控件随图片框的移动而移动。

1. 图片框的属性

（1）Align（对齐）属性

功能：设置图片框在窗体中的显示方式。

语法格式：

对象名.Align = {0|1|2|3|4}

图片框 Align 属性有 5 个属性值，具体含义如表 8-12 所示。

表 8-12　Align 属性值

属　性　值	功　　能
0-None	（默认值）表示无特殊显示
1-Align Top	表示图片框停靠在窗体上端并与窗体一样宽
2-Align Bottom	表示图片框停靠在窗体底部并与窗体一样宽
3-Align Left	表示图片框停靠在窗体左端并与窗体一样高
4-Align Right	表示图片框停靠在窗体右端并与窗体一样高

（2）AutoSize（自动改变大小）属性

功能：设置控件是否能自动调整大小以显示所有的内容，使图形能够充满图片框或随着图片框大小的变化而变化。

语法格式：

对象名.AutoSize = {True | False}

其中，属性值为 False（默认值），表示图片框不能自动改变大小以适应其中的图形，保持原始尺寸，如果图形比图片框大，则超出的部分将被剪切掉；属性值为 True，表示图片框可以自动调整图片框大小以显示图片的全部内容。

（3）Picture（图片）属性

功能：设置图片框控件中显示图片的文件名。

在界面设计时，可直接利用属性窗口中的 Picture 属性设置相应图片的目录装入图片。在程序运行时，可使用 LoadPicture 函数装载图片，图片框控件支持的文件有.bmp、.ico、.wmf、.gif 和.jpg 格式。

语法格式：

```
对象名.Picture = LoadPicture("图形文件名")
```

其中，属性参数“图形文件名”包括驱动器、文件夹和文件的名称，并将此文件名全称用双引号标注。若“图形文件名”为空，则将清除控件中的图形。

（4）CurrentX 和 CurrentY（坐标）属性

功能：设置下一次显示或绘图的水平坐标和垂直坐标。

语法格式：

```
[对象.]CurrentX = 数值
[对象.]CurrentY = 数值
```

将对象的下一次输出的零坐标指定为现在坐标的数值指定处。仅图片框有这两个属性，图像框无此属性。

2. 图片框的事件

图片框常用的事件是 Click 和 DblClick，分别是单击和双击图片框时触发的事件。

3. 图片框的方法

图片框常用的方法有 Print、Cls、Move 和 SetFocus。

4. 装载图片

装载图片以下 3 种方法。

① 在界面设计时，通过 Picture 属性装载图片，在 Picture 属性中选择需要装入的图形文件名。

② 在界面设计时，选择“编辑”→“粘贴”命令，将剪贴板中的图片粘贴到图形控件中。

③ 在程序运行期间，用 LoadPicture 函数装载。

语法格式：

```
[对象.]Picture = LoadPicture("图形文件名")
[对象1.]Picture = [对象2.]Picture
```

LoadPicture 函数用于在程序的代码中为窗体、图片框或图像框的 Picture 属性赋值，以便在程序的运行阶段装载图形文件。

例如，运行时，在图片框 Picture 中装载图形文件 d:\abc\1.bmp，则装载方法如下：

```
Private Sub Form_Load()
  Picture1.Picture = LoadPicture("d:\abc\1.bmp")
End Sub
```

5. 卸载图片

语法格式：

```
[对象.]Picture = LoadPicture("")
```

例如，在运行中删除控件中的图形：

```
Picture1.Picture = LoadPicture("")
```

6. 保存图片

SavePicture 函数用来保存在图片框中处理过的图像。

语法格式：

```
SavePicture 对象名.Image,Stringexpression
```

其中，Stringexpression 为保存文件名。

例如，将图形框中的内容保存为文件 aa.bmp：

```
SavePicture Picture1.Image,"aa.bmp"
```

【例 8.8】 输入公司各部门月销售额，然后单击命令按钮，图片框中显示公司各部门销售额的饼图。

程序中使用的控件属性设置如表 8-13 所示。

表 8-13 控件属性设置

控　件	属　性	属　性　值
Label	Name	Label1
	Caption	A 部门销售额
Label	Name	Label2
	Caption	B 部门销售额
Label	Name	Label3
	Caption	C 部门销售额
Text	Name	Text1(0)
	Text	空
Text	Name	Text1(1)
	Text	空
Text	Name	Text1(2)
	Text	空
Command	Name	Command1
	Caption	绘制饼图
Picture	Name	Picture1

事件代码如下：

```
Private Sub Command1_Click()
  Const PI = 3.141593
  Dim a As Single, b As Single, c As Single, x As Single
  Picture1.Scale (-8,-8)-(8,8)
  Picture1.FillStyle = 0
  a = Text1(0).Text: b = Text1(1).Text
  c = Text1(2).Text
  x =2*PI/(a+b+c)
  Picture1.FillColor = RGB(255,0,0)
  Picture1.Circle (0,0),6,0,-2*PI,-a*x
  Picture1.FillColor = RGB(0,255,0)
```

```
    Picture1.Circle (0,0),6,0,-a*x,-(a+b)*x
    Picture1.FillColor = vbBlue
    Picture1.Circle (0,0),6,0,-(a+b)*x,-(a+b+c)*x
End Sub

Private Sub Form_Load()
    Picture1.Width = Picture1.Height
End Sub

Private Sub Text1_KeyPress(Index As Integer, K As Integer)
    If K < Asc("0") Or K > Asc("9") Then K = 0
End Sub
```

运行结果如图 8-12 所示。

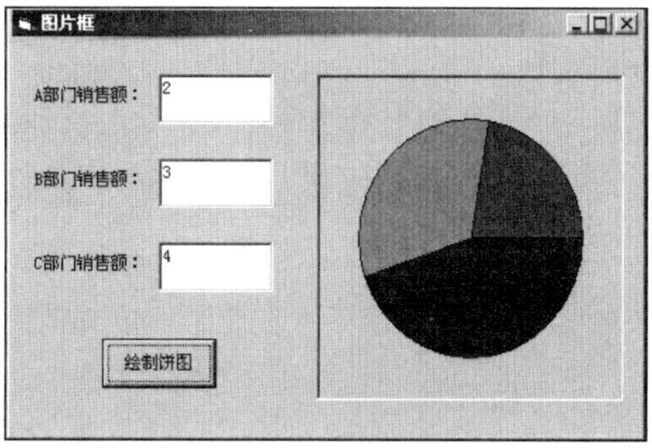

图 8-12　例 8.8 运行结果

8.5.2　图像框

图像框用来显示图形，可以显示位图、图标、图元文件、增强型图元文件、JPEG 或 GIF 文件。其属性和支持的方法都较少，其装载显示图形的速度比图片框快，支持图片框的一部分属性、事件和方法。

1. 图像框的属性

（1）Picture（图片）属性

功能：设置图像框控件中显示的图形。

图像框的 Picture 属性与图片框的使用方法相同。

（2）Stretch（伸展）属性

功能：设置是否调整图形的大小以适应图像框控件。

图像框没有 Autosize 属性，但可以使用 Stretch 属性来拉伸图像大小，使其适应图像框的大小。其中，属性值为 False（默认值），表示当图形载入时，图像框自动调整大小，使得图形可以填满图像框；属性值为 True，表示当图形载入时，图形自动按照图像框的大小来调整大小，使图形填满整个图像框。

2. 图像框的事件和方法

图像框常用的事件有 DblClick、Click、MouseDown、MouseMove、MouseUp。常用的方法有 Move 方法。

图片框与图像框的主要区别如下：

① 图片框是一个“容器”，可以视为父控件，可以包含其他控件；图像框不能存放其他控件。

② 图片框可以通过 Print 方法和绘图语句绘制图形，接收文本；图像框不能接受 Print 方法输入信息，也不能用绘图方法在图像框上绘制图形。

③ 图片框可以用来显示动态的图形信息，图像框只用来显示静态的图形信息。

④ 图像框比图片框占用系统资源少，显示速度快。在两者均可以使用的时候，尽量使用图像框。

⑤ 图片框根据图形大小来改变图片框大小（Autosize），图像框可以伸展图片的大小使之适合图像框控件的大小（Stretch）。

8.5.3 直线控件

使用直线控件（Line）可以绘制水平线、垂直线或对角线。在设计时，可以使用直线控件在窗体、图片框和框架中添加线条。即使 AutoRedraw 属性（自动重绘）的值被设置为 False，直线控件绘制的线也会保留在窗体上。

通过设置直线控件的属性，可以产生不同风格、不同颜色的线条。直线控件的常用属性有 BorderStyle（边框风格）、BorderWidth（线宽）和 BorderColor（颜色）。

（1）BorderStyle（边框风格）属性

功能：设置线条的类型。

其属性值范围为 0 ~ 6，各个属性值对应的线条类型如表 8-14 所示。

各类属性取值对应的线条样式如图 8-13 所示。

表 8-14　线条类型

属　性　值	说　　明
0-vbTransparent	透明线
1-vbBSSolid	实线
2-vbBSDash	虚线
3-vbBSDot	点线
4-vbBSDashDot	点画线
5-vbBDDashDotDot	双点画线
6-vbBSInsideSolid	内实线

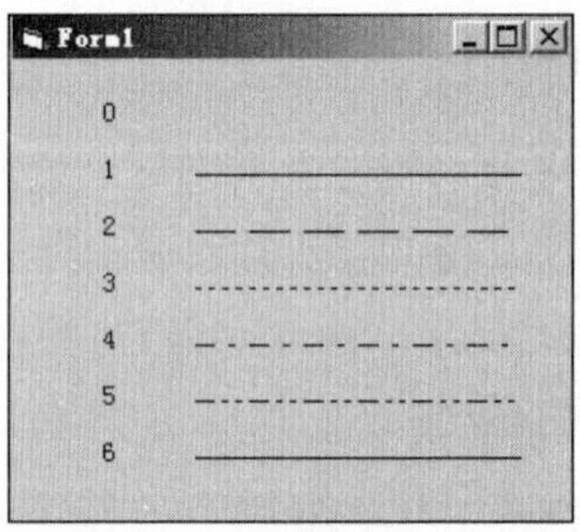

图 8-13　BorderStyle 属性不同值对应线条样式

（2）BorderWidth（线宽）属性

功能：设置线条的粗细。

其属性受边框风格（BorderStyle）属性设置的影响。当 BorderWidth 属性值大于 1 时，BorderStyle 属性的有效值为 1（实线）和 6（内实线）；当 BorderStyle 属性值为 2 ~ 4 时，BorderWidth 属性的设置值只能为 1，否则其表现形式会同实线一样。

（3）BorderColor（颜色）属性

功能：设置线条的颜色。

8.5.4 形状控件

形状控件（Shape）可以绘制矩形、圆等图形。将形状控件添加到窗体上时显示为一个矩形，通过属性的设置可确定最终的几何形状。形状控件除了具有与直线控件一样的 BorderStyle、

BorderWidth 和 BorderColor 属性外，Shape 和 FillStyle 属性是其特有属性。

（1）Shape（形状）属性

功能：设置控件显示形状。

其属性值范围为 0~5，默认值为 0，各属性值对应的形状如表 8-15 所示。

各属性值对应形状的实际效果如图 8-14 所示。

表 8-15　Shape 属性值

属性值	说明
0	矩形
1	正方形
2	椭圆
3	圆
4	圆角矩形
5	圆角正方形

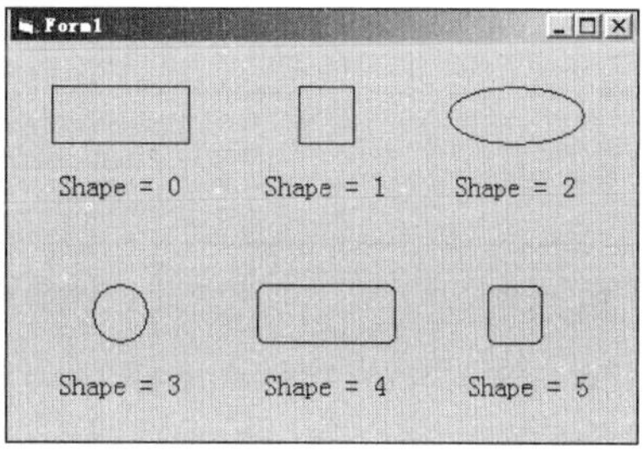

图 8-14　Shape 属性不同值对应图形样式

（2）FillStyle（填充）属性

功能：设置填充效果。

属性值范围为 0~7，默认值为 1，各值对应的填充效果如表 8-16 所示。

各属性值设置的填充效果实际样式如图 8-15 所示。

表 8-16　FillStyle 属性值

属性值	说明
0	实心
1	透明
2	水平线
3	垂直线
4	斜线（左上右下）
5	斜线（右上左下）
6	十字线
7	交叉斜线

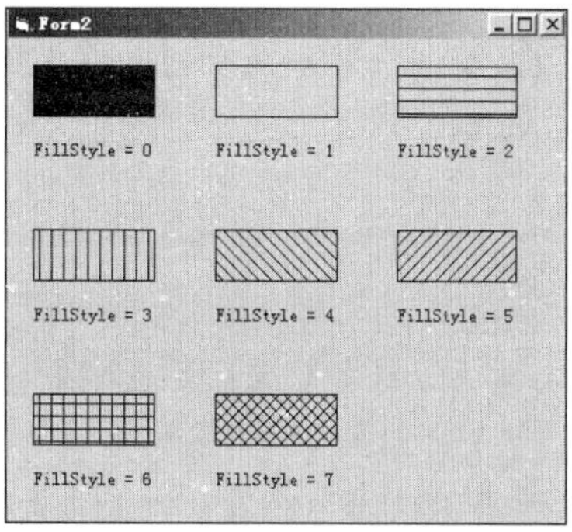

图 8-15　FillStyle 属性不同值对应图形样式

【例 8.9】　窗体的左右两端各有一条直线，一个圆球从左边的直线起滚动到右边的直线止。程序中使用的控件属性设置如表 8-17 所示。

表 8-17　控件属性设置

控件	属性	属性值
Line	Name	Line1
	BorderStyle	1-Solid
	BorderWidth	1

续表

控　件	属　性	属 性 值
Line	Name	Line2
	BorderStyle	1-Solid
	BorderWidth	1
Shape	Name	Shape1
	Shape	3
	FillStyle	0
Timer	Name	Timer1
	Interval	1000

事件代码如下：

```
Private Sub Timer1_Timer()
  If Shape1.Left + Shape1.Width < Line2.X1 Then
    Shape1.Left = Shape1.Left + 100
  End If
End Sub
```

运行结果如图 8-16 所示。

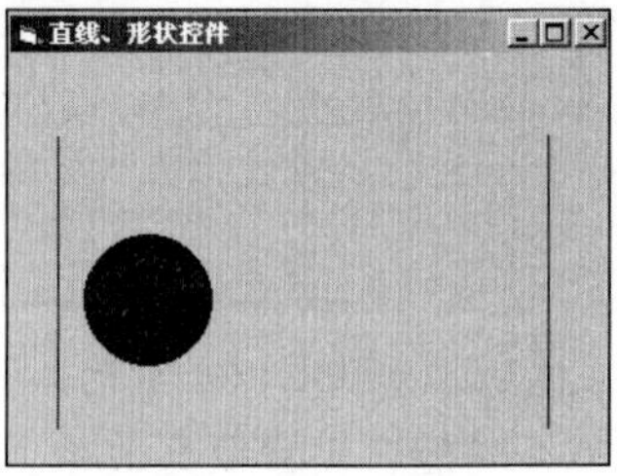

图 8-16　例 8.9 运行结果

习　　题

一、选择题

1. 通过改变（　　）属性值可以改变单选按钮的选取状态。

   A. Value　　B. Style　　C. Appearance　　D. Caption

2. 在窗体上添加一个复选框（Check1），若要求程序运行时默认选中此复选框，则 Check1.Value 的值是（　　）。

   A. True　　B. 2　　C. 0　　D. 1

3. 下列选项中关于复选框和单选按钮的说法正确的是（　　）。

   A. 复选框和单选按钮都只能在多个选择项中选定一项
   B. 复选框和单选按钮的值都是 True、False
   C. 单选按钮和复选框都响应 DblClick 事件
   D. 要使复选框不可用，可设置 Enabled 属性和 Value 属性

4. 引用列表框最后一个数据项，应使用的表达式是（　　）。

   A. List1.List(List1.ListCount)　　B. List1.List(List1.ListCount-1)
   C. List1.List(ListCount)　　D. List.List(ListCount-1)

5. 为了使列表框中的项目分为多项显示，需要设置的属性是（　　）。

   A. Columns　　B. Style　　C. List　　D. MultiSelect

6. 下列选项中关于列表框的属性和方法的说法正确的是（　　）。

A. 列表框的内容由 ItemData 属性来确定

B. 当 MultiSelect 属性值为 True 时，可通过 Text 属性获得所有内容

C. 选中的内容应通过 List 属性来访问

D. 选中的内容应通过 Text 属性来访问，并且每次只能获得一条内容

7. 窗体上有一个组合框 Combo1，要在文本框 Text1 中显示列表中的第三个项目，以下正确的语句是（　　）。

A. Text1.Text=Combo1.List(0)　　B. Text1.Text=Combo1.List(1)

C. Text1.Text=Combo1.List(2)　　D. Text1.Text=Combo1.List(3)

8. 将组合框的 Style 属性设置为（　　）时，只能从键盘输入文本，不能选择。

A. 0　　B. 1　　C. 2　　D. 3

9. 执行了下面程序后，组合框中的数据项的值是（　　）。

```
Private Sub Form_Click()
    For i = 1 To 6
      Combo1.AddItem  i
    Next i
    For i = 1 To 3
      Combo1.RemoveItem  i
    Next i
End Sub
```

A. 1　5　6　　B. 1　3　5　　C. 4　5　6　　D. 2　4　6

10. 下列选项中关于图片框控件的说法错误的是（　　）。

A. 可以通过 Print 方法在图片框中输出文本

B. 清空图片框控件中图形的方法之一是加载一个空图形

C. 图片框控件可以作为容器使用

D. 用 Stretch 属性可以自动调整图片框中的图形的大小

11. 比较图片框和图像框的使用，下列选项中描述正确的是（　　）。

A. 两类控件都可以设置 AutoSize 属性，以保证装入的图形可以自动改变大小

B. 两类控件都可以设置 Stretch 属性，使得图形根据物件的实际大小进行拉伸调整，保证显示图形的所有部分

C. 当图片框的 AutoSize 属性为 False 时，只在装入图元文件时，图形才能自动调整大小以适应图片框的尺寸

D. 当图像框的 Stretch 属性为 True 时，图像框会自动改变大小以适应图形的大小，使图形充满图像框

12. 若在 Shape 控件内以 FillStyle 属性所指定的图案填充区域，而填充图案的线条的颜色由 FillColor 属性指定，非线条的区域由 BackStyle 属性填充，则下列选项中描述正确的是（　　）。

A. 将 Shape 控件的 FillStyle 属性设置为 2～7 之间的某个值，BackStyle 属性设置为 1

B. 将 Shape 控件的 FillStyle 属性设置为 0 或 1，BackStyle 属性设置为 1

C. 将 Shape 控件的 FillStyle 属性设置为 2～7 之间的某个值，BackStyle 属性设置为 0

D. 将 Shape 控件的 FillStyle 属性设置为 0 或 1，BackStyle 属性设置为 0

13. 在滚动条控件中，用来设置单击滚动箭头时滚动条移动的距离的属性是（　　）。

A. Max　　B. Value　　C. LargeChange　　D. SmallChange

14. 下列选项中不能触发滚动条 Change 事件的操作是（ ）。

A. 拖动滚动条中滑块　　B. 单击滚动条中滑块

C. 单击滚动条两端箭头　　D. 单击箭头与滑块之间的滚动条

15. 在窗体上添加计时器控件（Timer1），要求每隔 0.5 s 发生一次计时器事件，则下列正确的属性设置语句是（ ）。

A. Timer1.Interval=0.5　　B. Timer1.Interval=5

C. Timer1. Interval=50　　D. Timer1.Interval=500

二、填空题

1. 在修改列表框内容时，RemoveItem 方法的作用是________。

2. 在 3 种不同类型的组合框中，只能选择而不能输入数据的组合框是________。

3. 设置计时器事件之间的间隔要通过计时器的________属性。

4. 计时器控件能有规律地以一定时间间隔触发________事件，并执行该事件过程中的程序代码。

5. 窗体、图片框或图像框中的图形通过对象的________属性设置。

三、程序填空

1. 在窗体上添加 1 个 Label1 标签和 1 个 List1 列表框。程序运行后，在列表框中添加若干列表项，当双击列表框中的某个项目时，在标签 Label1 中显示所选中的项目。将下列程序补充完整。

```
Private Sub Form_load()
    List1.AddItem " 北京"
    List1.AddItem " 上海"
    List1.AddItem " 河北"
End Sub

Private Sub_______()
    Label1.Caption=_______
End Sub
```

2. 窗体上有 1 个 Label1 标签和 1 个 Timer1 计时器，补写下列事件过程，实现单击窗体时在标签中显示当前时间，显示内容每隔 1s 变换一次。

```
Private Sub Form_Load()
   Timer1.Enabled = False
   Timer1.Interval = _______
End Sub

Private Sub Form_Click()
   Timer1.Enabled = _______
End Sub

Private Sub Timer1_Timer()
   Label1.Caption = _______
End Sub
```

第9章 过程

本章重点	
	☑ Sub 过程的定义 ☑ 调用 Sub 过程和事件过程 ☑ Function 过程的定义 ☑ 调用 Function 过程 ☑ 参数传送、形参与实参 ☑ 作用域与生存期

一个较大的程序一般应分为若干个程序模块，每一个模块用来实现一个特定的功能。每个模块又可以由若干个更小的代码段组成，这些组成模块的代码段称为过程。

事件过程就是过程的一种类型。在响应事件时，事件驱动应用程序执行对应的代码。Visual Basic 的每一个窗体和控件都有一个预定义的事件集。如果其中一个事件发生，而且在关联的事件过程中存在代码，则 Visual Basic 调用该代码，从而实现对应的功能。若把大段的代码都集中在事件过程中，会导致整个过程拖沓冗长，增加阅读和调试的难度。另外，若存在多个事件过程具有相同或类似的功能的情况，则造成类似代码被反复编写。因此，在 Visual Basic 中引入通用过程。

通过引入通用过程，一个复杂的过程可以被划分成若干个小过程，实现了两个功能：各个小过程具备各自的功能，使程序的结构更加清晰，阅读和调试相对简单；将相同或类似功能编写成独立的过程，供其他过程调用，减少重复代码的编写。通用过程被分为两种类型：子过程（Sub 过程）和函数过程（Function 过程）。

9.1 子 过 程

9.1.1 子过程的定义

子过程即 Sub 过程，是包含在 Sub 和 End Sub 语句中的一系列 Visual Basic 语句。每次调用子过程时都执行该过程中的语句，从 Sub 语句后的第一个可执行语句开始，遇到第一个 End Sub、Exit Sub 或 Return 语句结束。

子过程的最大特点是其仅执行操作但并无返回值。它能够带参数，可通过调用函数的参数传递常数、变量或表达式。

定义子过程的语法格式：

```
[static]{Public| Private}  Sub 子过程名称[(参数列表)]
   常量和局部变量的定义
   [Exit sub]
   语句块
End Sub
```

说 明

① Static 为可选项，表示在调用期间保留子过程的局部变量的值；Public 和 Private 任选其一，分别表示该子过程的可访问性是全局性的还是模块级别的。若省略则默认为 Private。

② 子过程的命名遵循标识符命名规则。

③ 参数列表是可选项，根据过程需要而定。参数列表中的参数是调用程序和被调用程序之间的接口，提供被调用程序具体所需的数据。在子过程定义中书写的参数称为形式参数（简称形参），被调用之前没有具体的值，只有在调用时才获得具体的值。参数声明与变量声明的方法一样，用于指定参数名和数据类型。在定义参数类型的同时可以指定传递机制，参数的传递机制有值传递和地址传递两种，默认传递机制为地址传递（详见 9.3 节）。

④ 通常情况下，一个子过程运行完所有语句后，遇到 End Sub 语句时会退出子过程，返回到调用语句的下一条语句处继续执行程序。若需要提前结束子过程的执行，则可以使用 Exit Sub 语句退出子过程。

⑤ 子过程不能嵌套定义，但可以嵌套调用。

9.1.2 建立子过程

子过程的建立有两种方式。

1. 在代码窗口中直接定义

打开代码窗口，把光标移动到所有现存过程之外，输入子过程对应的结构语句。

2. 利用“工具”→“添加过程”命令

具体操作步骤如下：

① 确保当前的活动窗口为代码窗口。

② 选择“工具”→“添加过程”命令，弹出“添加过程”对话框，如图 9-1 所示。

③ 在“名称”文本框内输入子过程的名称“Exp_sub”。

④ 在“类型”选项组中选中“子程序”单选按钮。

⑤ 在“范围”选项组中选中“公有的”或“私有的”单选按钮。若选中“公有的”单选按钮，则定义了一个全局过程，这意味着可以从应用程序的任意位置调用该过程；若选中“私有的”复选框，则定义了一个模块级的局部变量，只有定义此过程的模块才可以调用该过程。

⑥ 若需要在调用期间保留子过程中的局部变量的值，则选中“所有本地变量为静态变量”复选框。

如图 9-2 所示，建立一个全局过程 Exp_sub，此后在对应的位置输入形式参数的定义和过程代码即可。

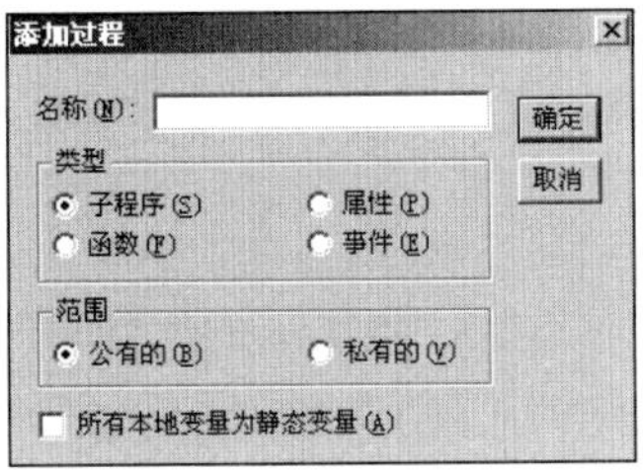

图 9-1 “添加过程”对话框

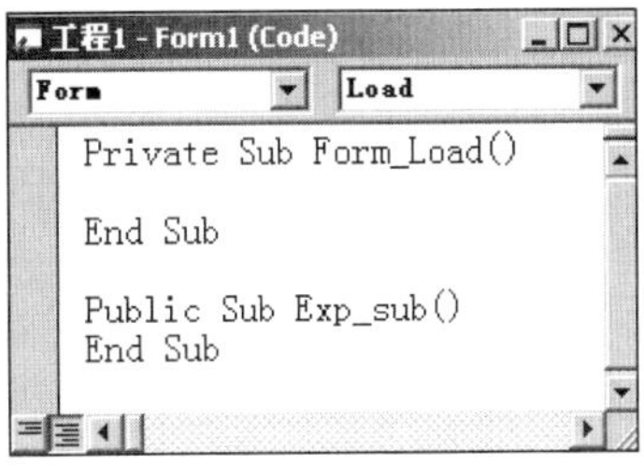

图 9-2 子过程语句

9.1.3 子过程的调用

要使用子过程，必须在其他过程中调用子过程。子过程的调用有两种语法格式。

格式一：

```
[Call] 子过程名[(参数列表)]
```

格式二：

```
子过程名 [参数列表]
```

注 意

① 子过程的调用是一个独立的语句。

② 参数列表是可选项，根据子程序定义时参数的有无而定。在调用时，参数列表中的参数称为实际参数（简称实参），实参的类型与数量必须和形参一一对应。

③ 调用子过程时，若用关键字 Call，参数列表必须用圆括号“()”括起来；否则参数列表不用圆括号“()”括起。

假设在过程 a 中调用了过程 b，则语句执行的顺序如图 9-3 所示。

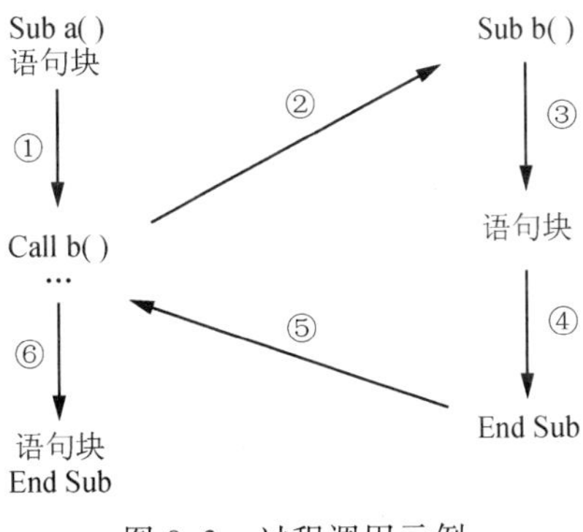

图 9-3 过程调用示例

从图 9-3 可以看出，语句从过程 a 开始顺序执行，当调用到过程 b 时就转去执行过程 b 的语句块，过程 b 执行完毕后返回过程 a 中调用语句的下一条语句处继续执行程序。

【例 9.1】 利用过程计算 1+2+…+n 之和，n 的值由 InputBox 函数提供。

过程名为 Sub_add，程序代码如下：

```
Public Sub Sub_add(n As Integer)
    Dim sum As Double
    Dim i As Integer
    sum = 0
```

```
    For i = 1 To n
        sum = sum + i
    Next i
    Print "1+2+3+…+" & n & "=" & sum
End Sub
```

窗体上添加一个按钮，将 Command1 的 Caption 属性修改为“提供 n 的值”，其 Click 事件中对应的代码如下：

```
Private Sub Command1_Click()
   Dim i As Integer
   i = Val(InputBox("请输入要累加数的终值"))
   Call Sub_add(i)  '子程序的第一种调用方式，i 为实参
End Sub
```

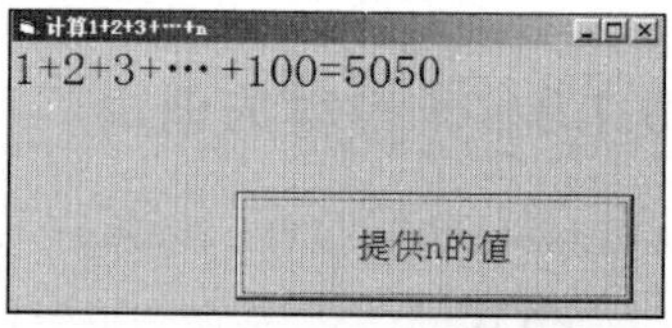

图 9-4　例 9.1 运行结果

单击按钮，在输入对话框中输入 100 后确定，最后的运行结果如图 9-4 所示。注意，将 Call Sub_add(i)替换成 Sub_add i 也可以实现上述功能。

9.2　函数过程

9.2.1　函数的定义

函数过程和子过程有许多共同点，但它们之间最大的不同在于函数一般有返回值。定义函数的语法格式如下：

```
[Static][Public| Private] Function 函数名 [(参数列表)]  [As 类型]
   常量和局部变量的定义
   语句块
   函数名=返回值
[Exit Function]
End Function
```

Function 关键字之前的 Static、Public、Private 功能和子过程一致，可参照前面，其中：

① “As 类型”语句中定义的数据类型作为函数返回值的数据类型。若类型省略，则返回值为变体数据类型。

② 在函数过程的代码中一般都存在“函数名=返回值”，可将语句块计算所得的返回值赋给函数名，使得函数获得返回值。

③ 函数过程可以没有参数。但无参数时，过程名后的括号不能省略。

④ 函数和子过程的执行方法类似，一个函数运行完过程中的所有语句后，遇到 End Function 语句时退出函数，返回调用语句的下一条语句处继续执行程序。若需要提前结束函数的执行，可以使用 Exit Function 语句退出函数。Exit Function 一般和选择结构联用。

9.2.2　建立函数过程

函数过程的建立有两种方式。

1. 在代码窗口中直接定义

打开代码窗口，将光标移动到所有现存过程之外，输入 Function 函数对应的结构语句。

2. 利用“工具”→“添加过程”命令

具体步骤和定义子过程步骤几乎一样，只是在“添加过程”对话框的“类型”选项组中选中“函数”单选按钮。

若将该函数命名为 Exp_Function，完成对应的选择后单击“确定”按钮，代码窗口中出现 Function 过程的结构语句，如图 9-5 所示，接着在对应的位置输入形式参数的定义和函数代码即可。

图 9-5 Function 语句

9.2.3 函数的调用

Function 函数有返回值，因此不能作为单独的语句直接调用，而要作为表达式或表达式的一部分在其他语句中出现。例如，在赋值语句中调用或用 Print 语句将函数输出等。Function 函数在赋值语句中出现的语法格式为：

```
变量名=Function 函数名([参数列表])
```

注 意

① 被赋值的变量与 Function 函数定义的类型必须保持一致。

② 函数的返回值只有一个，且函数不能单独被调用，只能作为表达式或表达式的一部分在其他语句中出现。

【例 9.2】 利用函数计算 1!~n!，并将计算结果在列表框中列出。

函数的名称为 Function_fac，除去参数 n 之外，此函数过程还需要增加一个累乘结果的返回值。程序代码如下：

```
Public Function Function_fac(n As Integer) As Double
   Dim sum As Double
   Dim i As Integer
   sum = 1
   For i = 1 To n
    sum = sum * i
   Next i
   Function_fac = sum
End Function
```

窗体中设置一个列表框 List1，标签 label1 的 Caption 属性设置为“1! ~n! 的值”，按钮 Command1 的 Click 事件代码如下：

```
Private Sub Command1_Click()
  Dim m As Integer, total As Double
  Dim i As Integer
  m = Val(InputBox("请输入 n 的值:", "输入"))
  For i = 1 To m
     List1.AddItem i & "!=" & Function_fac(i)
  Next i
  '调用 Function_fac 获得返回值
End Sub
```

单击命令按钮，在输入对话框中输入 8 后确定，最后的运行结果如图 9-6 所示。

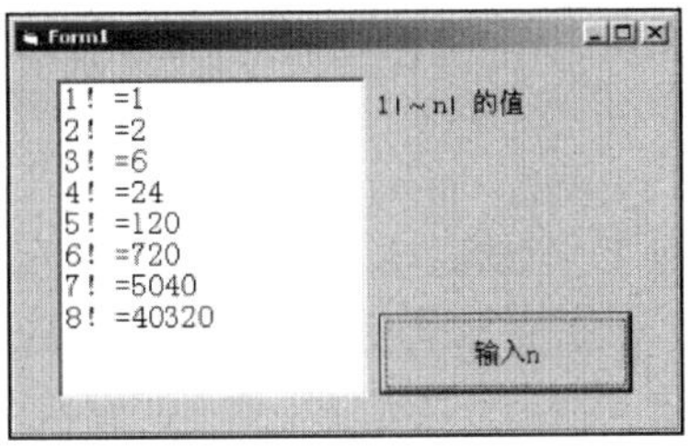

图 9-6 Function 语句

9.3 过程参数

9.3.1 参数传递

参数传递是调用程序和被调用程序之间进行数据交换的主要途径，是过程调用的关键所在。Visual Basic 中的参数可以是自定义的变量，也可以是对象。

1. 形参与实参的概念

在子过程和函数过程定义中，出现在括号中的数据（包括变量、数组）称为形参，过程在调用前，形参不分配内存。

调用子过程和函数过程语句时，传递给相应过程的变量名、数组名、常数或表达式称为实参。例 9.2 中的 n 为形参，m 为实参。

过程调用是将调用过程中的实参传递给被调用过程中的形参的过程。参数的传递有两种方式：值传递（ByVal）和地址传递（ByRef）。若传递方式省略，则为地址传递方式。

2. 值传递

值传递是单向传递。在过程定义参数时用 ByVal 关键字表明参数按值传递的方式。当按值传递参数时，系统会给实参分配一个空间；当调用过程的时候，过程所对应的形参也获得一个空间，该空间里存放的数据和实参一样，即建立实参的一份副本，并把副本传送给调用函数的形参。当通过处理使得形参空间中的数据发生变化时，实参中的数据并不会发生相应的更改。因为两种参数使用的是不同的存储空间。当过程调用完毕，形参所获得的存储空间也同时被释放。因此在调用函数中修改形参不影响实参的值。

【例 9.3】 分析下面程序代码的运行结果。

程序代码：

```
Public Sub change(ByVal a As Integer, ByVal b As Integer)
  Dim c As Integer
  c = a: a = b: b = c
  Print "a="; a; "b="; b
End Sub
```

在窗体上放置一个按钮，单击按钮时调用 change 过程。按钮的 Click 事件过程代码如下：

```
Private Sub Command1_Click()
  Dim x As Integer, y As Integer
  x = 3
  y = 5
  Call change(x, y)        '调用 change 过程
  Print "x="; x; "y="; y
End Sub
```

单击 Command1 按钮后，结果如图 9-7 所示，x、y 的值并没有发生交换。这是由于该例中形参 a 和 b 为值传递方式。

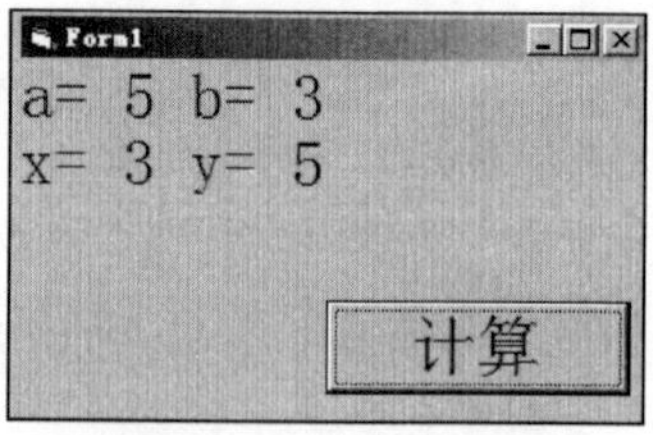

图 9-7 数据交换结果

若要本例反映正确结果，只能更改 change 过程，将 a、b 的值互换后直接输出 a 和 b，而不在按钮的 Click 事件过程中输出 x 和 y 的值。

3. 地址传递

地址传递是双向传递。当按地址传递参数时，系统会给实参分配一个存储空间。当调用过程时，过程所对应的形参就获得实参对应的存储地址，即与实参共用同一个存储空间。当通过处理使得形参空间中的数据发生变化时，也就是实参发生变化。因此，在过程中修改形参会影响实参的值。在过程定义参数时用关键字 ByRef 表明参数按地址传递的方式。

下面将例 9.3 中的 change 过程更改为地址传递的方式。程序代码如下：

```
Public Sub change(ByRef a As Integer, ByRef b As Integer)
   Dim c As Integer
   c = a: a = b: b = c
End Sub

Private Sub Command1_Click()
   Dim x As Integer, y As Integer
   x = 3
   y = 5
   Call change(x, y)   '调用 change 过程
   Print "x="; x; "y="; y
 End Sub
```

单击 Command1 按钮后 x 和 y 的值发生了交换，这是由于形参 a 和 b 为地址传递方式。

9.3.2　数组参数

除变量可作为函数参数外，数组元素和数组名也可以作为函数参数。其语法格式与变量作为函数参数的语法格式相同。

数组元素可以作为函数实参，与用变量作为实参一样，进行数据单向传递，即值传递。

数组名也可作为函数参数。用数组名作为函数参数（即实参与形参都应用数组名）使用时，数组名后要带上括号“()”，括号内不需要其他参数。在此情况下，参数间采用地址传递方式。

【例 9.4】　利用函数实现数组元素的输入及数组数据的逆序存放。

该例界面上仅需要设置一个按钮，单击按钮时调用对应的函数。程序代码如下：

```
Private Sub Command1_Click()
   Dim a(5) As Integer
   Dim i As Integer
   For i = 0 To 4
      a(i) = Int(Rnd * 90) + 10
   Next i
   Call print_a(a(), 5)
   Call revert(a(), 5)
   Call print_a(a(), 5)
End Sub

Public Sub print_a(b() As Integer, m As Integer)  '打印数组
   Dim i As Integer
   For i = 0 To m - 1
      Print b(i);
   Next i
     Print
End Sub
```

```
Private Sub revert(b() As Integer, m As Integer)  '数组元素逆序
   Dim i As Integer, t As Integer
   For i = 0 To m / 2
      t = b(i): b(i) = b(m - i - 1): b(m - i - 1) = t
   Next i
End Sub
```

某次运行结果如图 9-8 所示。

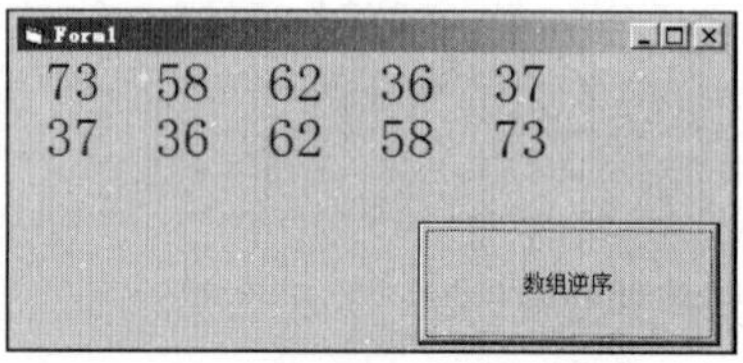

图 9-8 数组逆序结果

9.3.3 对象参数

本章前面各例中的参数都是基本数据类型。除此以外，在 Visual Basic 中允许把对象作为参数进行传递，如窗体和控件都可以作为参数，称为对象参数。形参中控件参数的类型是 Control，窗体参数的类型是 Form。也可以具体列出控件对象对应的类型，如 TextBox、Label、Combo 等。

【例 9.5】 在 Form 窗体上有一个文本框 Text1。运行程序时，单击窗体，输入文本框需要在 Left 和 Top 方向上移动的距离，文本框的位置做出相应变化。

本例窗体中仅包含一个文本框控件。

程序代码：

```
Private Sub Form_Click()
   Dim x As Single, y As Single
   x = Val(InputBox("请输入 X 方向上文本框移动的距离"))
   y = Val(InputBox("请输入 Y 方向上文本框移动的距离"))
   Call move1(Text1, x, y)
End Sub

Private Sub move1(t1 As Control, x As Single, y As Single)
   t1.Move t1.Left + x, t1.Top + y
End Sub
```

运行时单击窗体，向输入对话框内依次输入 400 和 500，移动前后效果如图 9-9 所示。

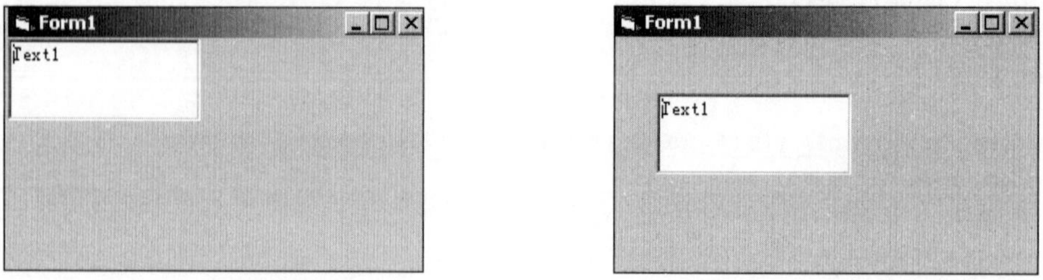

（a）移动前　　（b）移动后

图 9-9 文本框移动效果

注　意

本例 move1 过程中的 t1 参数被定义为 Control 类型，也可更改为 TextBox 类型，两者效果一样。

9.4　作用域与生存期

9.4.1　代码模块的概念

Visual Basic 将代码存储在 3 种不同的模块中，即窗体模块、标准模块和类模块。这 3 种模块都可以包含常量、变量的声明和 Sub、Function 等过程。它们形成了工程的一种模块层次结构，可以较好地组织工程，同时也便于代码的维护。

1. 窗体模块

每个窗体对应一个窗体模块。窗体模块中包含窗体及其包含对象的属性设置、窗体局部变量的声明、事件过程、窗体内的通用过程及窗体级全局变量的声明等。

窗体模块保存在扩展名为.frm 的文件中。若应用程序只有一个窗体，则有一个以.frm 为扩展名的窗体模块文件；若应用程序包含多个窗体，则存在多个以.frm 为扩展名的窗体模块文件。

2. 标准模块

应用程序往往是庞大而复杂的，一般会设计多个窗体。在多窗体的应用程序中，有些变量和通用过程在多个窗体中反复用到。为了避免代码的重复输入，需要创建标准模块，作为公共代码使用。

标准模块保存在扩展名为.bas 的文件中。标准模块可以包含公有或模块级的变量、常量、类型、外部过程和全局过程的声明或模块级声明。标准模块中只能定义通用过程而不能定义事件过程。

在工程中添加标准模块的操作步骤如下：

① 选择“工程”→“添加模块”命令，弹出“添加模块”对话框，选择“新建”选项卡，如图 9-10 所示。

② 双击“模块”图标，或选择“模块”图标，单击“打开”按钮，将打开标准模块窗口，如图 9-11 所示。

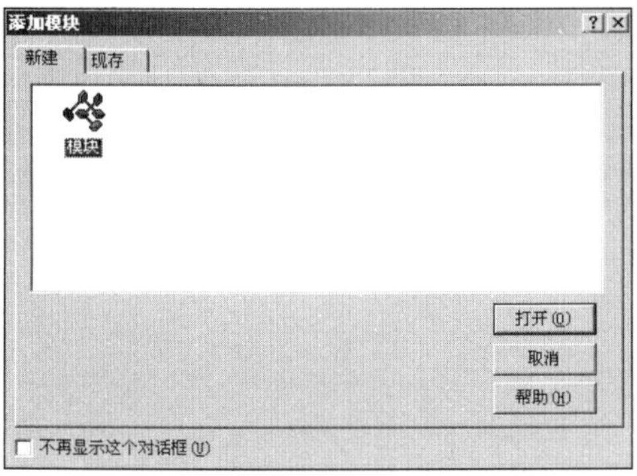

图 9-10　“添加模块”对话框

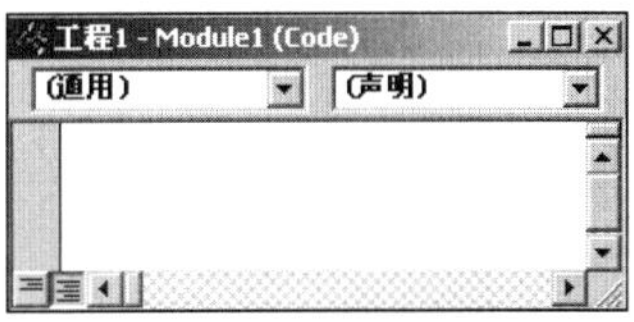

图 9-11　标准模块窗口

3. 类模块

在 Visual Basic 中，类模块是面向对象编程的基础，类模块保存在扩展名为.cls 的文件中。在类模块中可以通过编写代码建立新对象，这种对象是自定义的属性和方法，既包含代码又包含数据，可以在应用程序内的过程中使用。类模块可以通过选择“工程”→“添加类模块”命令创建。

9.4.2 变量的作用域

变量同过程一样，根据定义的位置及定义使用的关键字不同，其可被访问的范围也不同，这称为变量的作用域。变量的作用域分为局部变量、窗体/模块级变量和全局变量。

1. 局部变量

在过程内部，使用 Dim 语句声明的变量，或没有声明直接使用的变量都是局部变量。局部变量只能在其所在的过程中使用，别的过程不可访问，因此不同过程内可以声明同名的局部变量而互不影响。局部变量在过程的执行期间可进行存取，一旦该过程结束，则变量所占用的存储空间被释放。

2. 窗体/模块级变量

在过程之外，使用 Dim 或 Private 语句声明的变量为窗体/模块级变量。窗体/模块级变量可以被本窗体/模块的任何过程访问。

3. 全局变量

全局变量为在过程之外使用 Public 语句声明的变量。全局变量可以被该应用程序的任何过程访问。在标准模块中声明的全局变量可被其他模块直接引用，引用时要在变量前加窗体名。全局变量的值在应用程序的整个执行期间都不会消失，直到程序运行完毕。

注 意

① 全局变量、窗体/模块级变量和局部变量同名时，局部变量的优先级最高，其次是窗体/模块级变量，最后是全局变量。

② 在同一个过程或标准模块中，作用范围相同的变量不允许重名，即不允许重复定义。

【例 9.6】 设有如下程序：

① 添加标准模块，在标准模块 Module1 中声明一个全局变量：

```
Public B As Integer              '声明全局变量
```

② Form1 的设计。在 Form1 中放置一个命令按钮，将其 Caption 属性改为“显示结果”。Form1 中的代码如下：

```
Dim A As Integer                 '声明窗体级变量
Private Sub Command1_Click()
  Dim A As Integer               '声明局部变量
  A = 10
  B = 100
  Print "A="; A, "B="; B
  Call sub1
  Print "A="; A, "B="; B
End Sub
```

```
Private Sub sub1()
   A = A + 100
   B =B+ 200
   Print "A="; A, "B="; B
End Sub
```

结合局部变量、窗体/模块级变量、全局变量的作用域，讨论单击命令按钮后会出现何种结果。单击按钮的运行结果如图 9-12 所示。

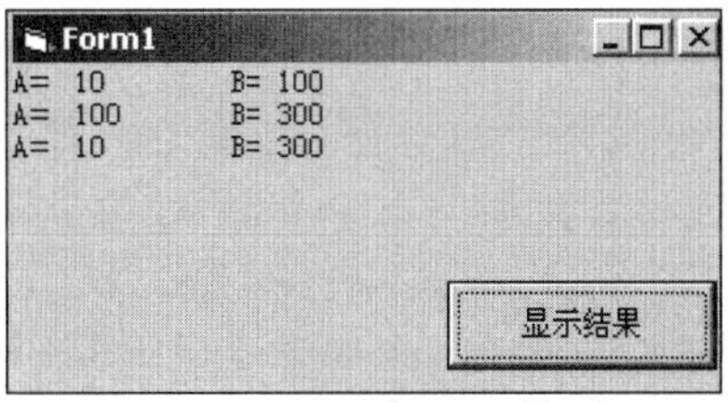

图 9-12　多种类型变量的运行结果

【例 9.7】　利用全局变量设计倒计时效果，单击按钮输入倒计时的秒数，则窗口中的标签自动开始倒计时，直到秒数减为零。各控件属性设置如表 9-1 所示。

表 9-1　控件属性设置

控　　件	属　性　名	属　性　值
Label	Name	Label1
	Caption	空
Command	Name	Command1
	Caption	倒计时
Timer	Name	Timer1
	Enabled	False
	Interval	1000

程序代码：

```
Dim x As Integer
Private Sub Command1_Click()
   x = InputBox("请输入倒计时的秒数")
   Timer1.Enabled = True
End Sub

Private Sub Timer1_Timer()
   Label1.Caption = x
   x = x - 1
   If x = -1
      Then Label1.Caption = 0: Timer1.Enabled = False
End Sub
```

运行时单击“倒计时”按钮，输入“10”，某次运行结果如图 9-13 所示。

图 9-13　某次运行结果

9.4.3　变量生存周期

变量在程序中有自身的生存周期。只有在生存周期内，变量才能够保持其值。

使用 Dim 定义的局部变量只在声明的过程中存在。过程被调用时，该变量就获得存储空间；过程调用结束，变量的存储空间即释放。下次调用该过程时，对应的局部变量再次初始化。

模块级变量和全局变量在整个应用程序运行期间都保持它们的值，但模块级变量只能在本模块中被引用。注意生存期和作用域的不同：变量处于它的生存周期时不一定就能被引用。

静态变量：局部变量除了用 Dim 声明外，还可以用 Static 语句将变量声明为静态变量。静态变量在第一次调用它所在的过程时被初始化，获得对应的存储空间。当过程结束时，静态变量的存储空间仍然保留，直到应用程序运行完毕。因此，静态变量的生存周期和模块级变量、全局变量一样。其语法格式如下：

```
Static 变量名 [as  类型]
Static Function 过程名 ([参数类别]) [as 类型]
Static Sub 过程名([参数列表])
```

注 意

若过程名前加关键字 Static，则表示该过程的局部变量都是静态变量。

当某些变量值需要被保留用于计数等作用时，往往需要定义为静态变量。由于静态变量从被初始化到应用程序运行完毕都存在，占据一定的存储空间，因此静态变量的定义一定要根据需要来进行，并不是越多越好。模块级变量和全局变量也是如此。

例 9.8 统计选票程序。现有“赵”“李”“王” 3 位候选人，设计一个投票程序，统计每位候选人的得票数。

界面设计如图 9-14 所示。各控件属性设置如表 9-2 所示。

表 9-2 控件属性设置

控 制	属性名	属性值
Frame	Name	Frame1
	Caption	候选人
Option	Name	Option1
	Caption	赵
Option	Name	Option2
	Caption	李
Option	Name	Option3
	Caption	王
Label	Name	Label1
	Caption	得票数
	MultiLine	True
Text	Name	Text1
	Text	空白
Command Button	Name	Command1
	Caption	投票

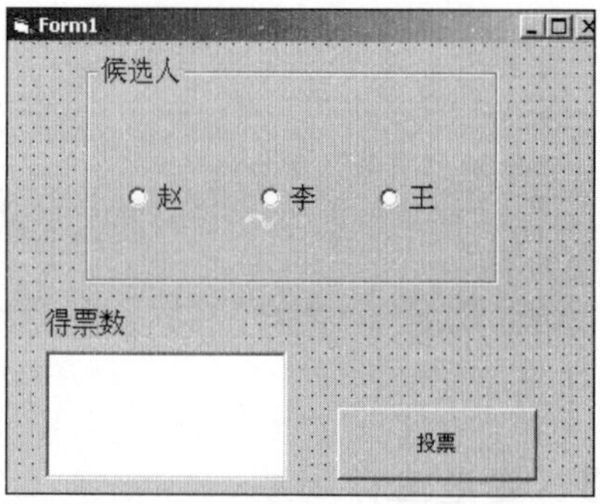

图 9-14 例 9.8 界面设计

Command1 的 Click 事件代码如下：

```
Private Sub Command1_Click()
   Static zhao As Integer, li As Integer, wang As Integer
   '定义 3 个静态变量，分别记录 3 个候选人的得票数
   If Option1.Value = True Then
    zhao = zhao + 1
   ElseIf Option2.Value = True Then
     li = li + 1
   Else
      wang = wang + 1
   End If                       '单选按钮被选择则对应的变量+1
   Text1.Text = "赵" & zhao & vbCrLf & "李" & li & vbCrLf & "王" & wang
   '得票情况反映在文本框内
End Sub
```

选择对应的候选人，单击“投票”按钮，重复若干次后的界面如图 9-15 所示。

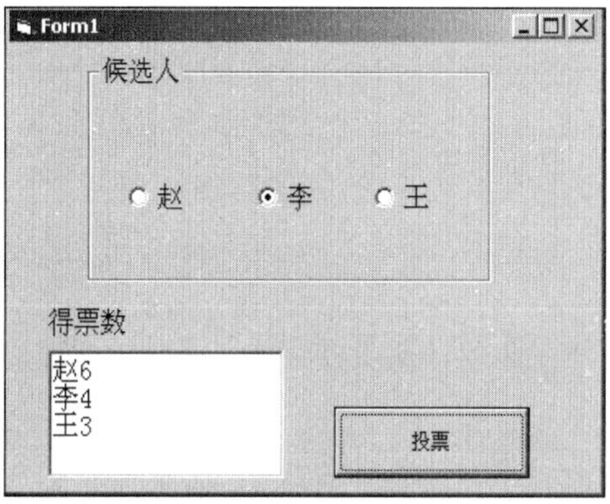

图 9-15　投票运行界面

9.4.4　过程的作用域

Visual Basic 的应用程序由窗体模块和标准模块等文件构成，这些文件又由若干过程组成。过程所定义的位置及定义的关键字不同，其可被访问的范围就不同，这个范围称为过程的作用域。过程的作用域分为窗体/模块级和全局级。

窗体/模块过程指在窗体或标准模块内定义的过程，定义过程时在过程前加 Private 关键字。窗体/模块过程只能被与其同处一个窗体/模块中的过程调用。

全局过程指在窗体或标准模块中定义的过程，定义过程时在过程前加 Public 关键字，若过程定义前无关键字则默认为全局过程。全局过程作用域为应用程序的全部窗体和全部标准模块，但根据过程位置不同，调用方式有所不同。

① 当外部过程要调用窗体中定义的全局过程时，必须在过程名前加该过程所在的窗体。

② 对于标准模块中定义的全局过程，外部过程均可调用，但需保证过程名的唯一性。

【例 9.9】　设计两个窗体，均可以调用方阵对角线求和 Sum 过程。

两个窗体都能调用 Sum 过程，则要求 Sum 过程必须是全局过程。为此，定义时要么在窗体 Form1 中定义为 Public，要么就将该过程放在模块中进行定义。

① 在窗体 Form1 中定义 change 过程。

窗体 1 中的代码如下：

```
Private Sub Command1_Click()
   Const m% = 10
   Dim i%, j%, b(m, m) As Integer, s As Long
   For i = 1 To m
     For j = 1 To m
        Randomize
        b(i, j) = Rnd * 9
        Print b(i, j); " ";
     Next j
     Print
   Next i
   Call Sum(b(), s)
   Print "方阵对角线元素之和 s="; s
End Sub

Public Sub Sum(a() As Integer, s As Long)
   Dim i As Integer
   s = 0
   For i = LBound(a) To UBound(a)
    s = s + a(i, i)
   Next i
End Sub
```

选择“工程”→“添加窗体”命令，在工程管理器窗口里增加一个新窗体 Form2，如图 9-16 所示。

窗体 2 中的代码如下：

```
Private Sub Command1_Click()
   Const m% = 5
   Dim i%, j%, b(m, m) As Integer, s As Long
   For i = 1 To m
     For j = 1 To m
       Randomize
       b(i, j) = Rnd * 9
       Print b(i, j); " ";
     Next j
     Print
   Next i
   Call Form1.Sum(b(), s)
   Print "方阵对角线元素之和 s="; s
End Sub
```

启动对象为 Form1 时，运行效果如图 9-17 所示。调试窗体 2 时，在工程管理器窗口中右击“窗体”图标，在弹出的快捷菜单中选择“工程 1 属性”命令，在弹出的对话框中将启动对象改为 Form2，如图 9-18 所示。运行结果如图 9-19 所示。确定后运行程序，Form2 中 Sum 过程仍然可以发挥作用，说明全局过程的作用域为应用程序的全部窗体和全部标准模块。

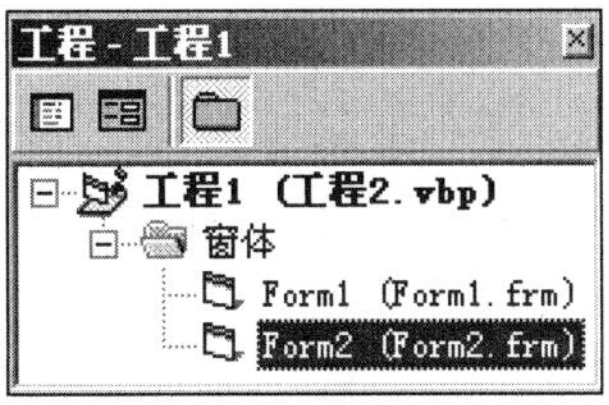

图 9-16 过程管理器窗口

图 9-17 Form1 运行效果

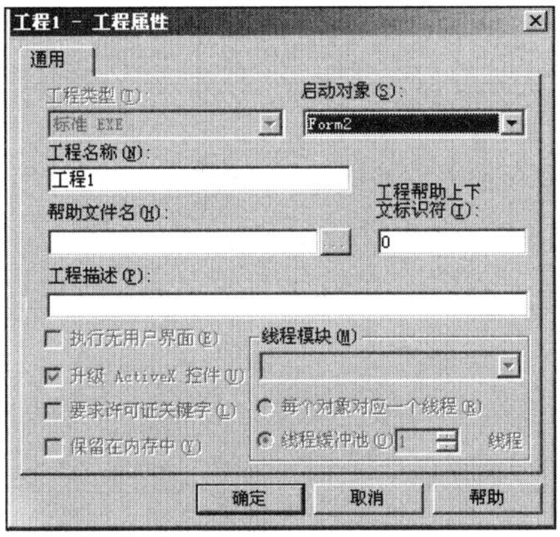

图 9-18 设置 Form2 为启动对象

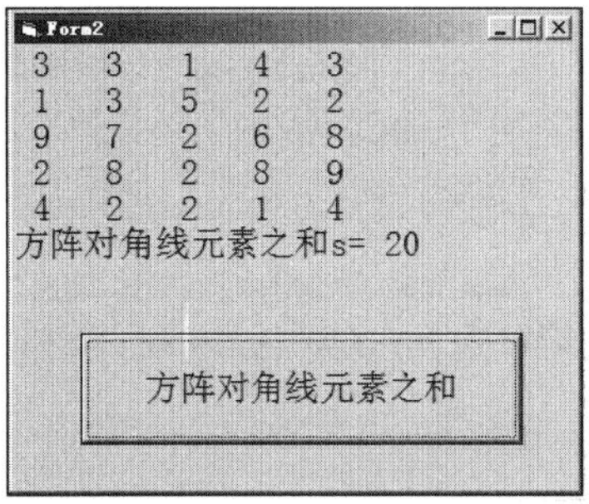

图 9-19 Form2 运行效果

② 在标准模块中定义过程。选择“工程”→“添加模块”命令，弹出“添加模块”对话框，选择“新建”选项卡，选中“模块”图标后单击“打开”按钮，此时工程管理器窗口里增加了模块对象，双击模块图标，弹出模块的代码窗口。在此窗口中输入 Sum 过程的定义，如图 9-20 所示。

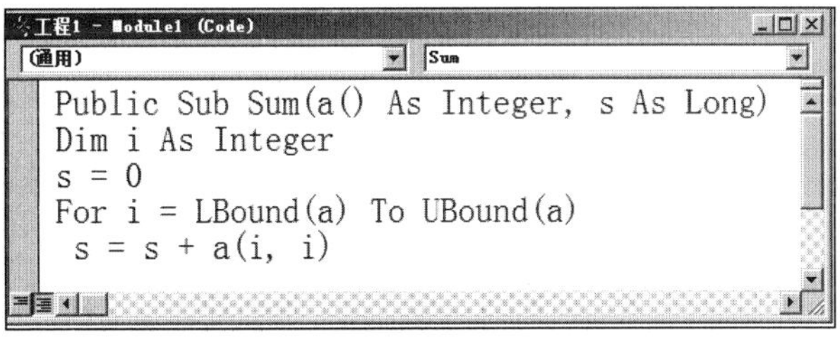

图 9-20 模块代码窗口

Form1 的 Click 事件过程代码同上，Form 2 的设计同①中的 Form2。但调用 Sum 过程时，不再需要加对象 Form1 的名称，即 Call Sum(b(), s)。

9.5 过程的嵌套调用

9.5.1 嵌套调用

Visual Basic 中的过程定义都是互相平行、独立的，也就是说在定义过程时，一个过程内不能包含另外一个过程的定义，即过程不能嵌套定义。但是过程可以嵌套调用，即在调用一个通用过程时，又涉及另外一个通用过程的调用。这样一个复杂的过程可被分解成若干小过程，每个小过程具备各自的功能，使程序结构更加清晰，阅读和调试起来更加简单。

【例 9.10】 输出任意输入区间范围内的素数。

思路： 在按钮 Click 事件中完成区间上下界数据的输入，调用子过程 sushu；sushu 子过程调用 pd 函数，并将是素数的数据每五个一行进行输出。pd 函数用于判断任意数据是否为素数，若为素数，返回值为 1。

该例界面设计仅需一个按钮控件，将该按钮的 Caption 属性更改为“素数输出”。程序代码如下：

```
Private Sub Command1_Click()
   Dim a As Integer, b As Integer
   a = Val(InputBox("请输入素数范围下界"))
   b = Val(InputBox("请输入素数范围上界"))
   Call sushu(a,b)
End Sub

Private Sub sushu(x As Integer, y As Integer)
   Dim i As Integer, j As Integer
    For i = x To y
     If (pd(i) = 1) Then
       Print i;
       j = j + 1
       If j Mod 5 = 0 Then Print
     End If
   Next i
End Sub

Private Function pd(m As Integer) As Integer
   Dim i As Integer
    For i = 2 To Sqr(m)
     If m Mod i = 0 Then Exit Function
    Next i
    pd = 1
End Function
```

运行时输入下界 100 和上界 200 后输出结果如图 9-21 所示。

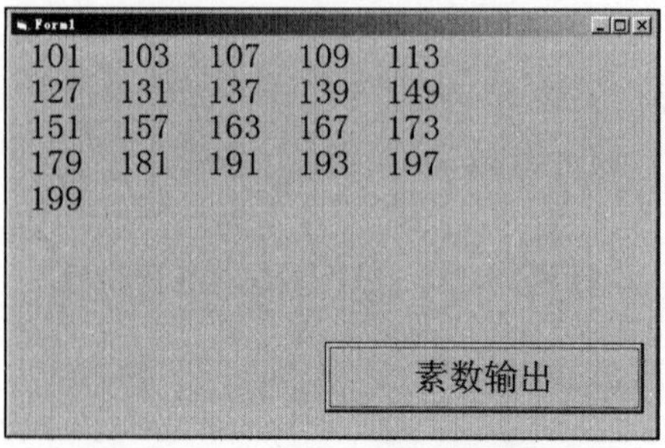

图 9-21　100～200 间素数输出结果

9.5.2 递归调用

在调用函数过程中出现的直接或间接调用该函数本身的现象，称为函数的递归调用。

很多数学问题都可以通过递归调用来解决。递归调用的基本思想比较简单，但由于递归的实现往往需要使用大量的存储空间来存储中间数据，因此在数据量较大的情况下不提倡使用。

【例 9.11】 求 Fibonacci 数列 1、1、2、3、5、8……的第 20 个数为多少。

Fibonacci 数列的特点如下：

$$\begin{cases} F_1=1 & (n=1) \\ F_2=1 & (n=2) \\ F_n=F_{n-1}+F_{n-2} & (n>2) \end{cases}$$

单击窗体对应的代码如下：

```
Private Sub Form_Click()
  Print fib(20)                                  '调用函数过程
End Sub
Public Function fib(n As Integer) As Long
  If n = 1 Or n = 2 Then
    fib = 1
  Else: fib = fib(n - 1) + fib(n - 2)            '直接调用该函数本身
  End If
End Function
```

9.6 过程应用举例

【例 9.12】 查找某数 x 是否在数组 a 中。

思路： 采用顺序查找的算法。从数组的第一个元素开始，逐个进行数组元素与给定值的比较，若某个数组元素与给定值相等，则查找成功；反之，若已查找到数组末尾仍未找到该值，则查找不成功。

由于数组 a 及其大小 n 在其他按钮代码中均有涉及，故将数组和数组长度 n 定义为全局变量。

```
Dim a() As Integer, n As Integer
```

Command1 的 Click 事件代码如下：

```
Private Sub Command1_Click()
  Dim x As Integer
  n = Val(InputBox("输入数组元素的个数"))          '取得数组 a 的长度 n
  ReDim a(n)                                     '重新定义数组
  For i = 1 To n
    a(i) = Val(InputBox("输入 A(" & i & ")"))   '获取数组各元素的值
  Next i
  For i = 1 To n
    Print a(i);
  Next i                                         '打印数组
End Sub
```

Command2 的 Click 事件提供被查找的数 x，调用 sequential 函数。sequential 函数利用顺序查找的方法，若 x 在数组 a 中存在则返回其位置，否则返回 0。

sequential 函数的定义及 Command2 的 Click 事件代码如下：

```
Private Function sequential(b() As Integer, n As Integer, y As Integer) As Integer
   Dim i As Integer
   For i = 1 To n
       If b(i) = y Then
         sequential = i                       '存在则返回相应位置
         Exit Function
       End If
   Next i
   sequential = 0                             '不存在则返回 0
End Function

Private Sub Command2_Click()
   Dim x As Integer
   x = Val(InputBox("输入需要查找的数值"))
   If sequential(a(), n, x) = 0 Then
      Print "数组中没有该数"
   Else
      Print "该数为数组的第" & sequential(a(), n, x) & "个数。"
   End If
End Sub
```

运行时单击“输入数组”按钮，在对话框中输入 5，然后依次输入 5 个数据；单击“顺序查找”按钮，输入 10，则显示“该数为数组的第 4 个数。”，如图 9-22 所示。

图 9-22　顺序查找运行效果

注 意

顺序查找的优点是算法简单且适用面广；对数组的结构没有要求，无论记录是否有序均可应用。其缺点是平均查找长度较大，当 n 很大时，查找效率很低。

【例 9.13】 在 Text1 文本框内输入随机数个数，单击“产生随机数”按钮，则先将列表框中的内容全部清除，再向列表框添加已知个数的随机数；单击“删除奇数”按钮，则删除列表框 1 中的所有奇数，被删除的奇数在列表框 2 中列出。

思路： 随机数需要存储在数组中，且数据在多个按钮中都有涉及，因此该数组应定义为全局变量。具体界面设计参见图 9-23。

各控件属性设置如表 9-3 所示。

表 9-3　控件属性设置

控　　件	属　性　名	属　性　值
Label	Name	Label1
	Caption	随机列表
Label	Name	Label2
	Caption	随机数个数
Label	Name	Label1
	Caption	被删除奇数
Text	Name	Text1
	Text	空白

续表

控件	属性名	属性值
List	Name	List1
	List	空白
List	Name	List2
	List	空白
	Visible	False
CommandButton	Name	Command1
	Caption	产生随机数
	Name	Command2
	Caption	删除奇数

程序代码:

```
Dim a() As Integer
Private Sub Command1_Click()
  Dim n As Integer
  n = Val(Text1)
  ReDim a(1 To n) As Integer
  List1.Clear
  List2.Visible = False
  For i = 1 To n
    a(i) = Int(Rnd * 90) + 10
    List1.AddItem a(i)
  Next i
End Sub

Private Sub Command2_Click()
  List2.Visible = True
  List2.Clear
  Call list1_2
End Sub

Private Sub list1_2()
  Dim n As Integer, i As Integer
  n = List1.ListCount
  For i = n - 1 To 0 Step -1
    If List1.List(i) Mod 2 = 1 Then
      List2.AddItem List1.List(i)
      List1.RemoveItem i
    End If
  Next i
End Sub
```

其中，list1_2为无参子过程，实现了列表框1中的奇数被删除，向列表框2中添加奇数项的功能。

运行时在文本框中输入5，单击“产生随机数”按钮，则列表框1中显示5个随机数；再单击“删除奇数”按钮，列表框1中的奇数消失，列表框2出现并列出被删除的奇数。运行结果如图9-23所示。

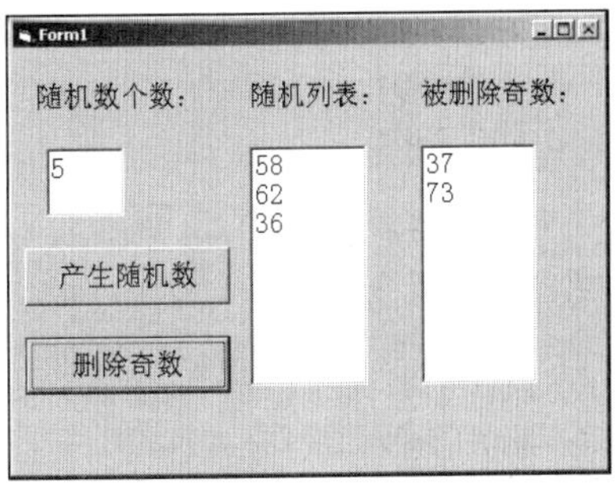

图9-23 运行结果

习　题

一、选择题

1. 一般 Visual Basic 的工程至少应包含有（　　）。

A. 工程文件和窗体文件　　B. 工程文件和类文件

C. 标准模块文件和类模块文件　　D. 工程文件和标准模块文件

2. 下列叙述中正确的是（　　）。

A. 全局变量（Public）只能在标准模块（Module）中声明

B. 标准模块中声明的变量都是全局变量

C. 静态变量（Static）只能是过程级的局部变量

D. 静态变量可以是过程级或模块级变量，但不能是全局变量

3. 以下关于函数过程的叙述中，正确的是（　　）。

A. 函数过程形参的类型与函数返回值的类型没有关系

B. 在函数过程中，过程的返回值可以有多个

C. 当数组作为函数过程的参数时，既能以值传递方式传递，也能以地址传递方式传递

D. 如果不指明函数过程参数的类型，则该参数没有数据类型

4. 在 Form1.frm 中有如下变量声明：

```
Dim A as Single
Private Sub Command1_Click()
……
End Sub

Private Sub Command2_Click()
……
End sub
```

则变量 A 的有效范围是（　　）。

A. 过程中所有模块　　B. 工程中的所有窗体

C. 它所在窗体的所有过程　　D. 仅在 Command1_Click( )事件过程中

5. 在通用过程中，要定义某一形式参数和它对应的实际参数间为值传递方式，在形式参数前要加的关键字是（　　）。

A. Optional　　B. ByVal　　C. Missing　　D. ByRef

6. 阅读下述程序：

```
Private Sub sub1(a!, b!, c!)
  Print a; b; c
End Sub

Private Sub Form_Click()
  Dim a1 As Single, b1 As Single, c1 As Single
  a1 = 3: b1 = 4: c1 = 5
  Call sub1(a:=b1, b:=c1, c:=a1)
End Sub
```

运行后单击窗体，输出结果是（　　）。

A. 4 3 5　　B. 4 5 3　　C. 3 4 5　　D. 3 5 4

7. 阅读下列程序：

```
Dim b
Private Sub Form_click()
  a = 1: b = 2
  Print "A="; a; "B="; b
  Call mult(a)
  Print "A="; a; "B="; b
  End Sub
  Sub mult(x)
  x = 2 * x:b = 3 * b
End Sub
```

运行后，单击窗体，输出结果是（　　）。

A. A=1,B=1
A=1,B=6　　B. A=1,B=1
A=2,B=3　　C. A=1,B=1
A=2,B=6　　D. A=1,B=1
A=1,B=2

8. 阅读下列程序：

```
Private Sub Form_Click()
  Dim load As Integer
  load = InputBox("请输入一个整数:")
  fee = wei(load)
  Print fee
  End Sub
  Function wei(load)
  If load < 20 Then
     Money = load / 2
  Else
     Money = 20 + load
  End If
     wei = Money
End Function
```

运行时从键盘输入的数据为 20，则输出结果为（　　）。

A. 10　　B. 20　　C. 40　　D. 显示出错信息

二、填空题

1. 参数的传递方式有________和________，若传递方式省略，则默认参数的传递方式为________。

2. 过程的作用域分为_______和_______，变量的作用域分为_______、_______和_______。

3. ________称为函数的递归调用。

4. 以下程序的功能是将字符串 abcde 逆序输出，请在画线处填上适当的内容。

```
Function rev(new1) As String
  b = Mid(____, 1, 1)
  If b = "" Then
    rev = ""
  Else
    rev = rev(Mid(new1, 2)) +_______
  End If
End Function
```

```
Private Sub Form_Click()
  old = "abcde"
  Print old:Print rev(old)
End Sub
```

5. 已知以下程序:

```
Private Sub p(x, y)
    x = 2 * y: y = 3 * y
    Print "X="; x; ",Y="; y
End Sub

Private Sub Form_Click()
   a = 1: b = 1
   Print "A="; a; ",B="; b
   Call p((a), b)
   Print "A="; a; ",B="; b
End Sub
```

运行后单击窗体，输出结果是________。

6. 已知以下程序:

```
Private Sub p1(n)
    n = 1 + 2 * n
End Sub

Private Sub Form_Click()
   For j = 5 To 3 Step -1
     p1 n
     m = m + n
   Next j
   Print m; n
End Sub
```

运行后单击窗体，输出结果是________。

7. 已知以下程序:

```
Function F(a As Integer)
   b = 0
   Static c
   b = b + 1:  c = c + 1: F = a + b + c
End Function

Private Sub Command1_Click()
   Dim a As Integer
   a = 2
   For i = 1 To 3
    Print F(a)
   Next i
End Sub
```

运行后单击窗体，输出结果是________。

三、简答题

1. 子过程与函数过程有哪些异同点？

2. 什么是形参？什么是实参？什么是按值传递？什么是按地址传递？

3. 简述过程和变量的作用域。

4. 什么是生存周期？如何使一个变量在某过程中保持值不变？

5. 什么是递归函数？编写递归函数有什么要求？

四、编程题

1. 编写两个函数，分别求两个整数的最大公约数和最小公倍数。

2. 采用过程嵌套的方法，编写程序求方程 $ax^2+bx+c=0$ 的根。

3. 利用随机函数产生 20 个 10 ~ 100 之间的整数并输出，选出其中的素数，统计素数的个数。要求输出整数、挑选素数和统计素数的个数单独利用函数或子过程实现。

4. 编写程序，求 S=A!+B!+C!。要求分别用子过程和函数过程两种方法来实现阶乘的计算。

第 10 章

多窗体、菜单与通用对话框

本章重点	☑ 多窗体 ☑ MDI 窗体 ☑ 用菜单编辑器建立菜单 ☑ 菜单项的控制 • 有效性控制 • 菜单项标记 • 键盘选择 ☑ 菜单项的增减 ☑ 文件对话框 ☑ 其他对话框（“颜色”“字体”“打印”对话框）

简单的 Visual Basic 应用程序通常只包含一个窗体，称为单窗体应用程序。在实际应用中，特别是对于比较复杂的应用程序，单窗体往往不能满足需要，必须通过多窗体来实现。在多窗体应用程序中，每个窗体可以有自己的界面和程序代码，以完成不同的操作。

10.1 多 窗 体

多窗体是指在一个应用程序中有多个并列的普通窗体。在实际工程应用中，一个窗体通常不能满足设计的需要，如输入数据、查询统计、打印等，就需要添加多个窗体，每个窗体都有自己的界面，用程序代码来完成相应的功能。

1. 多窗体的建立

每个 Visual Basic 工程默认创建一个窗体，若需要在工程中使用多个窗体，可选择“工程”→“添加窗体”命令（或单击工具栏中的“添加窗体”按钮）来创建新窗体。

2. 多窗体的运行

当存在多个并列窗体，且没有设定启动对象时，第一个窗体 Form1 就是默认的启动窗体。如果需要指定其他窗口为启动窗体，可选择“工程”→“工程 1 属性”命令，在弹出的“工程属性”对话框中改变启动对象，如图 10-1 所示。

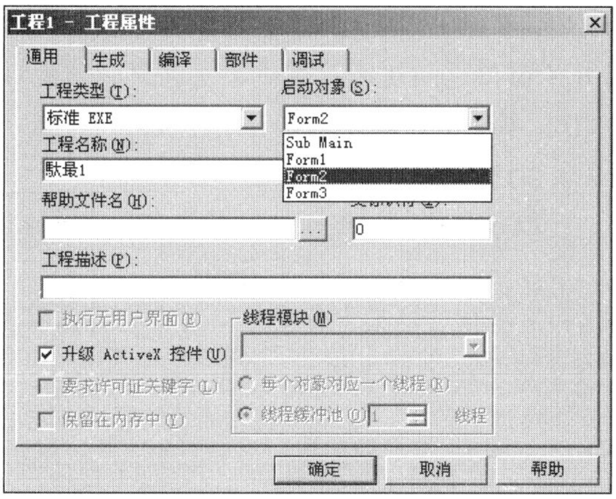

图 10-1　设置启动对象

【例 10.1】　设计一个多窗体，实现两个界面的交换。在工程中添加窗体 Form2（在工程资源管理器中新增 Form2 窗体），为两个窗体分别添加下列代码。

在资源管理器中选择窗体 Form1，Active 激活事件代码如下：

```
Private Sub Form_Active()
  Print"窗体 2，你在哪里？"
End Sub
```

在资源管理器中选择窗体 Form1，Click 事件代码如下：

```
Private Sub Form_Click()
  Form1.Hide
  Form2.Show
End Sub
```

在资源管理器中选择窗体 Form2，编写代码如下：

```
Private Sub Form_Active()
  Print "窗体 1，我在这呢。"
End Sub
```

运行程序时 Form1 窗体显示，单击 Form1 窗体后，Form1 窗体隐藏，Form2 窗体显示出来，单击 Form2 窗体，运行效果如图 10-2 所示。

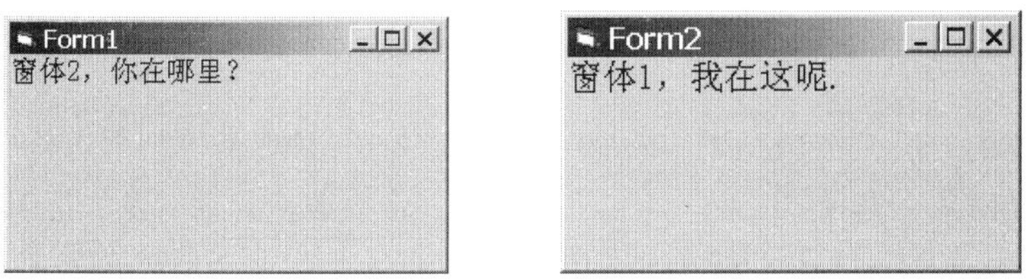

（a）Form1 窗体　　（b）Form2 窗体

图 10-2　运行界面

10.2　MDI　窗　体

单文档界面（Single Document Interface，SDI）任何时刻都只能打开一个文档，若要打开别的文档，则必须先关闭原来的文档，如计算器、记事本等界面。

多文档界面（Multiple Document Interface，MDI）可同时打开多个文档，每个文档占用一个窗口，用户可以在已经打开的窗口之间切换，简化了文档之间的信息转换过程。大多数基于 Windows 的应用程序都是 MDI，如 Office 软件（Word、Excel）等。

MDI 指一个应用程序（父窗体）中包含多个文档（子窗体）。

MDI 就像一个主界面，一般带有菜单，里面又可以建立多个子窗口，就像 Word 里面可以打开很多个文档，这些文档可以进行层叠、平铺等各种操作；子窗口可以在 MDI 主窗口区域内定位、改变大小、最大化和最小化。当最大化子窗口时，它将占满 MDI 主窗口的全部区域。当 MDI 窗口最小化时，所有子窗口随之最小化。

1. MDI 窗体特性

① 一个工程只能设置一个 MDI 窗体（父窗体），一个应用程序可以包含许多 MDI 子窗体。

② 子窗体至少有一个，就是其 MDIChild 属性设置为 True 的普通窗体，子窗体上的操作和标准窗体的操作是一样的。

③ 所有子窗体不管如何操作都显示在 MDI 窗体的工作区中。

④ 子窗体只能在父窗体的工作区打开，最小化后将以图标形式出现在父窗体中，而不会出现在任务栏中。

⑤ 当最大化一个子窗体时，它的标题和父窗体的标题组合在一起，显示在父窗体的标题栏上。

⑥ 当父窗体最小化时，所有子窗体也被最小化，只有父窗体的图标会出现在任务栏中，父窗体从最小化恢复时，子窗体也恢复原来的状态。

2. 创建 MDI 窗体

创建 MDI 窗体的步骤如下：

① 进入 Visual Basic 的系统集成环境，建立新的工程文件，此时，Form1 新窗体出现。

② 创建 MDI 父窗体，选择“工程”→“添加 MDI 窗体”命令，在随后出现的对话框中单击“打开”按钮，屏幕上就会出现一个新窗体，即 MDI 主窗体，此时在工程资源管理器窗口中有两个窗体名，即 Forml 和 MDIForm1。屏幕上显示的是 MDIForm1 父窗体。

③ MDI 父窗体的标题和名称属性值均为 MDIForm1，这是系统默认设置的。

④ 在建立了 MDI 父窗体之后，Form1 窗体还不是 MDI 中的一员。双击工程资源管理器窗口中的 Form1，在属性窗口中找到 MDIChild 属性，把它的值设置为 True，使 Form1 成为 MDI 子窗体。

⑤ 按照同样的方法，将 Form2、Form3 等都设置为子窗体。

⑥ 改变启动对象，选择“工程”→“工程属性”命令改变启动对象，把 MDIForm1 窗体设置为启动窗体。

注 意

① 一个应用程序只能有一个 MDI 窗体。如果工程中已经有了一个 MDI 窗体，那么“工程”→“添加 MDI 窗体”命令就不可用了。

② 在设计时，MDIChild 属性并不要求子窗体必须存在于 MDI 父窗体之内，程序运行时才起作用。

③ 子窗体建立后，并不能立即在父窗体区域中显示出来，必须执行适当的程序代码才能显示。

一个 MDI 应用程序一般包含 3 类窗体，即普通窗体（标准窗体）、MDI 窗体和 MDI 子窗体。在工程资源管理器窗口中，MDI 窗体、MDI 子窗体和标准窗体使用不同的图标来显示，如图 10-3 所示。

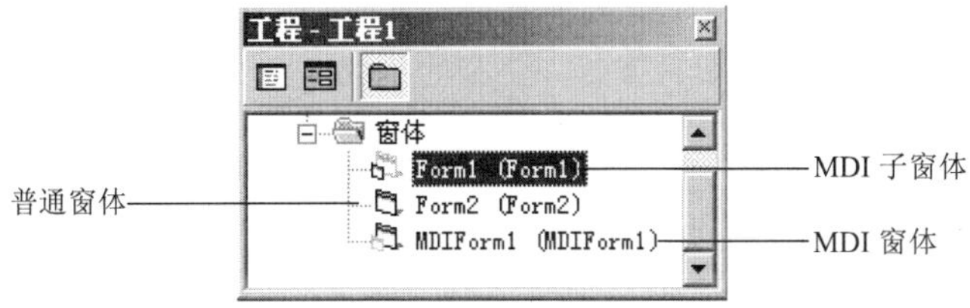

图 10-3　资源管理器

【例 10.2】　在 MDI 窗体中直接显示 3 个子窗体。

思路： 程序代码是针对每个窗体编写的，编写代码前应在工程资源管理器中激活相应的窗体，进入该窗体的程序代码窗口。该例中只需要在 MDI 窗体中编写代码，界面设计如图 10-4 所示。该界面中各控件属性设置如表 10-1 所示。

表 10-1　控件属性设置

控　件	属　性	属　性　值
MDIForm	Name	MDIForm1
	Caption	父窗体
Form	Name	Form1
	Caption	子窗体 1
	MDIChild	True
	BackColor	绿色
Form	Name	Form2
	Caption	子窗体 2
	MDIChild	True
	BackColor	粉色
Form	Name	Form3
	Caption	子窗体 3
	MDIChild	True
	BackColor	蓝色

MDIForm 窗体 Load 事件代码如下：

```
Private Sub MDIForm_Load()
   Form1.Show
   Form2.Show
   Form3.Show
End Sub
```

运行结果如图 10-5 所示。

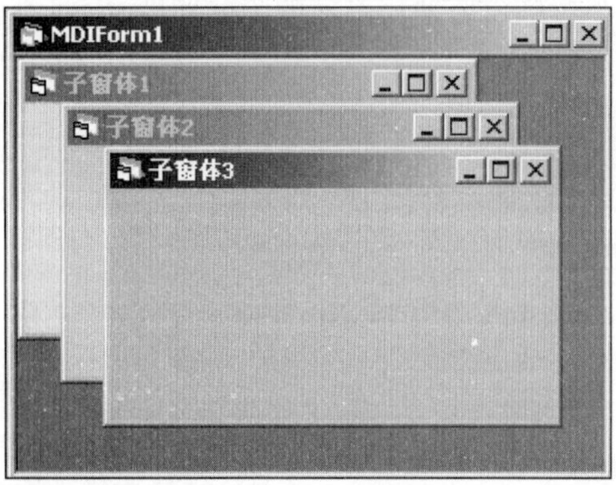

图 10-4　例 10.2 界面设计

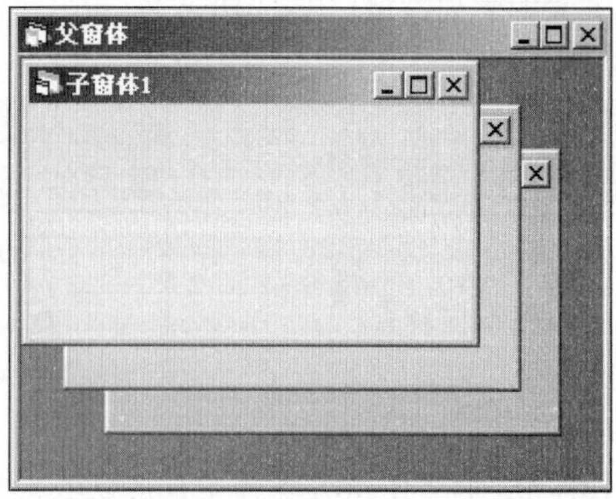

图 10-5　例 10.2 运行结果

10.3　菜 单 设 计

在各种 Windows 应用软件中经常用到菜单，使用菜单可以执行各种操作。菜单分为下拉式菜单和弹出式菜单（又称快捷菜单）两种类型。

10.3.1　下拉式菜单设计

下拉式菜单的主菜单显示在菜单栏中，Visual Basic 中包含 13 个主菜单，如图 10-6 所示。

图 10-6　Visual Basic 的主菜单

当程序执行时用鼠标或键盘选择某个菜单项会弹出下拉子菜单。例如，在 Visual Basic 中选择“文件”主菜单或按【Alt+F】组合键可以弹出文件的下拉子菜单。

在某些菜单项中还包含分隔条，利用分隔条可将不同功能的菜单项进行分隔。菜单项还可包含快捷键（热键），利用快捷键（热键）可以直接通过键盘调用对应的功能，提高操作效率。

菜单显示在窗体中，因此菜单的设置也和其他控件一样在窗体内进行。Visual Basic 为用户提供了菜单编辑器。打开菜单编辑器有以下几种方法。

① 在 Visual Basic 中选择“工具”→“菜单编辑器”命令。

② 按【Ctrl+E】组合键。

③ 在需要建立菜单的窗体上右击，在弹出的快捷菜单中选择“菜单编辑器”命令。

④ 单击工具栏中的“菜单编辑器”按钮。

用上述任意一种方法打开的“菜单编辑器”对话框如图 10-7 所示。

利用菜单编辑器，可以对窗体中所需的菜单的各项属性进行设置。菜单编辑器具体可分为 3 部分：上部为属性设置区，用来对菜单项进行标题、名称等的属性设置；中部为编辑区，包含 7 个按钮，用来对输入的菜单项进行简单编辑；下部为菜单项显示区，前面所编辑的菜单项在此处显示。

图 10-7　“菜单编辑器”对话框

1. 属性设置区

① “标题”：该选项为必选项，用于输入菜单名称，该属性跟 Caption 属性类似，属性值将出现在主菜单或下拉菜单中。若要在菜单中建立分隔条，则在标题框中输入“-”。若需要给菜单增加热键方式，方便该菜单通过键盘被访问，可在需要被设为热键的字母前加“&”符号，在运行时该字母带有下画线，通过【Alt】键和该字母键的组合可直接访问该菜单命令。例如，在标题里输入“&File”，则最后显示的菜单项为“File”，通过【Alt】键和【F】键的组合可直接访问“文件”菜单命令。若需单独指定某一个字母，如 X 键为标题“退出”的热键，也可直接在标题后加“(&X)”，最后显示的结果为“退出(X)”。运行时“&”符号是不可见的。

② “名称”：菜单项对应的控件名。控件名属性和 Name 属性类似，仅用于在代码中作为标志符被访问，菜单名称不会出现在菜单中。

③ “索引”：可指定一个数值来确定菜单标题或菜单选项在某一菜单控件中的位置或次序，该位置与控件的屏幕位置无关。

④ “快捷键”：如需要为菜单项设置快捷键，可从“快捷键”下拉列表中选择系统提供的快捷键组合。在程序运行时，用户可以通过键盘用所设置的快捷键选择菜单项进而执行相应的命令操作。注意，一个窗体中的快捷键不允许重复选择。

⑤ “复选”：此选项被选择后，允许在菜单项的左边设置复选标志。通常用来指出切换选项的开关状态。

⑥ “有效”：此选项可决定是否让菜单项对事件做出反应，如果希望该菜单不可用，则不选此选项。此属性跟 Enable 属性类似。当上一级菜单被设置为无效时，下一级菜单无法显示。

⑦ “可见”：将菜单项显示在菜单上，不选择此选项则对应菜单项在运行时不可见。此属性与 Visible 属性类似。被设置为不可见的菜单即为弹出式菜单。

⑧ “帮助上下文”：用来输入一个数字，为该菜单项返回或设置一个相关联上下文的标号，用来为应用程序提供与上下文有关的帮助。具体提示信息可在 HelpFile 属性指定的帮助文件中查找。

⑨ “协调位置”：该选项用于选择是否显示菜单和如何显示菜单。该属性不能在程序中进行设置。协调位置共有 4 个选项：

- 0-None：菜单项不显示；
- 1-Left：菜单项左显示；
- 2-Middle：菜单项中间显示；

- 3-Right：菜单项右显示。

2. 编辑区

① ← | →：用于调整菜单项的级别，单击一次 → 按钮，则产生一个内缩符号“...”，表示为上一级的子菜单；单击一次 ← 按钮，删除一个内缩符号，则该菜单项被提高一个级别。菜单项的级别最多可以设置 6 级。

② ↑ | ↓：通过单击 ↑ 或 ↓ 按钮可将当前被选择的菜单项在同级中向上或向下移动一个位置。

③ “下一个”：结束当前菜单项的编辑，进入下一菜单项的编辑。

④ “插入”：在当前菜单项的前面插入一个空白菜单项。

⑤ “删除”：删除当前菜单项。

3. 菜单项显示区

该区域用于显示输入的菜单项，编辑完成的菜单项可通过内缩符号表明其层次，如图 10-8 所示。其中，“编辑”为主菜单，其下有 4 个子菜单，而“字体”子菜单下还有 3 个二级菜单。

图 10-8 菜单项显示区

【例 10.3】 设计一个包含菜单的窗体，其中主菜单为“文件”和“编辑”菜单，“文件”菜单包含“新建”“打开”“保存”“退出”4 个子菜单，“编辑”菜单包含“剪切”“复制”“粘贴”和“字体”4 个子菜单，其中“字体”菜单包含“黑体”“宋体”“楷体”3 个子菜单，运行效果如图 10-9 所示。

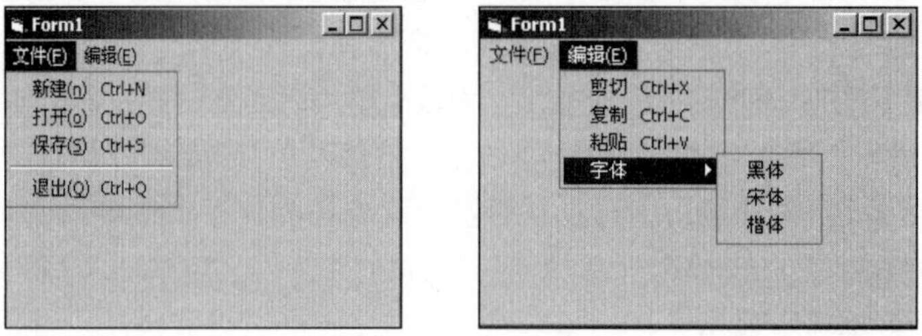

（a） （b）

图 10-9 菜单设计效果

建立菜单及编写代码如下：

（1）建立菜单

菜单项属性设置如表 10-2 所示。

表 10-2　属 性 设 置

标　　题	名　　称	上 级 菜 单	热　　键	快 捷 键
文件	mnuFile	无	F	无
新建	mnuFileNew	文件	N	Ctrl+N
打开	mnuFileOpen	文件	O	Ctrl+O
保存	mnuFileSave	文件	S	Ctrl+S
-	mnuFileBar	文件	无	无
退出	mnuFileQuit	文件	Q	Ctrl+Q
编辑	mnuEdit	无	E	无
剪切	mnuEditCut	编辑	无	Ctrl+X
复制	mnuEditCopy	编辑	无	Ctrl+C
粘贴	mnuEditPaste	编辑	无	Ctrl+V
字体	mnuEditFont	编辑	无	无
黑体	Font1	字体	无	无
宋体	Font2	字体	无	无
楷体	Font3	字体	无	无

具体操作步骤如下：

① 打开需要设计菜单的窗口，选择“工具”→“菜单编辑器”命令，弹出“菜单编辑器”对话框。

② 在“标题”文本框中输入“文件（&F）”，与此同时菜单项显示区显示对应的输入内容。

③ 在“名称”文本框内输入“mnuFile”。

④ 单击“下一个”按钮，菜单项显示区的光标同时下移，菜单编辑器的各属性清空。

⑤ 单击→按钮，菜单项显示区出现“…”符号，表明“新建”是“文件”菜单的下一级子菜单。

⑥ 在“标题”文本框中输入“新建（&N）”，在“名称”文本框中输入“mnuFileNew”，在“快捷键”下拉列表中选择 Ctrl+N。

⑦ 参照上面的步骤逐一建立所有的菜单项。建立过程中若出现顺序问题，可在菜单项显示区单击需要调整的项目，通过↑和↓按钮完成顺序的变更。

（2）编写代码

菜单设置好后，须给每个需要完成某些功能的菜单项编写对应的代码。在窗体中添加一个文本框 Text1。Text1 的属性如表 10-3 所示。

表 10-3 Text1 属性设置

控 件	属 性	属 性 值
Text	Name	Text1
	Text	清空
	MultiLine	True
	ScrollBar	3-both

选择“编辑”→“字体”→“黑体”命令，弹出对应的 Click 事件代码编辑窗口，下面为“黑体”子菜单编写代码：

```
Private Sub Font1_Click()
  Text1.Font = "黑体"
End Sub
```

此处“黑体”菜单的名称即为在设计时输入的名称 Font1。

按照上述步骤依次选择“宋体”“楷体”子菜单，完成相应的代码编写。具体代码如下：

```
Private Sub Font2_Click()
  Text1.Font = "宋体"
End Sub

Private Sub Font3_Click()
  Text1.Font = "楷体_Gb2312"
End Sub
```

运行时可通过“字体”菜单修改文本中输入文字的字体。运行结果如图 10-10 所示。

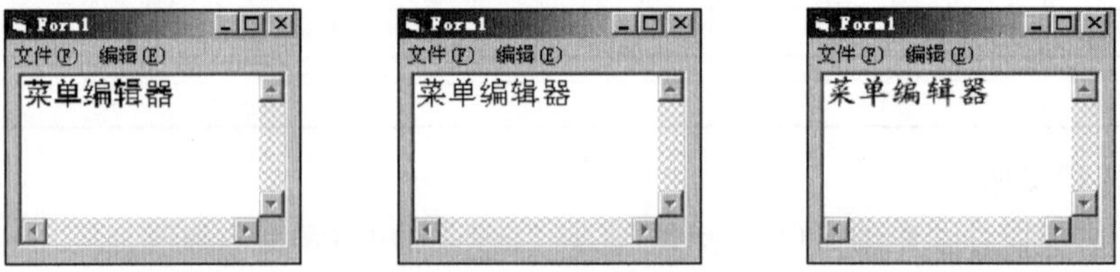

（a）黑体效果　（b）宋体效果　（c）楷体效果

图 10-10 各种字体效果

对于其他菜单的功能，读者可结合前面各章节的内容自行补充完整。

10.3.2 弹出式菜单设计

右击窗体时弹出的菜单即为弹出式菜单，又称快捷菜单，一般集合了很多常用的操作。快捷菜单没有主菜单名，只有在使用时才会在窗体上浮动显示。快捷菜单的设计依然要使用菜单编辑器，只需要在设计时将菜单的可见属性设置为 False 即可。

【例 10.4】 在例 10.3 的基础上增加一个快捷菜单，包含“剪切”“复制”和“粘贴”功能，右击窗体时弹出该快捷菜单。

具体操作步骤如下：

① 在菜单编辑器中新增一个菜单，保证该菜单为顶层菜单项，即无缩进符号。标题设定为 Edit。该标题和名称可任意设定，因为它在快捷菜单弹出时不显示。

② 将 Edit 菜单的可见属性设置为 False。

③ 单击“下一个”按钮，在“标题”文本框中输入“剪切”，编辑对应的名称，单击 → 按钮，将“剪切”菜单设置为 Edit 菜单的下一级菜单。

④ 参照步骤③完成“复制”和“粘贴”菜单的设置。

⑤ 在 Visual Basic 中，需要使用 PopupMenu 方法显示快捷菜单。其语法格式如下：

```
[对象].PopupMenu  菜单名,标志,X,Y
```

其中，对象为可选项，默认为 Form 对象；菜单名是必需的，被指定的菜单必须至少包含一个子菜单；标志参数及 X、Y 值的作用是详细定义快捷菜单的弹出位置。当标志等于 0 时，为系统的默认状态，X 反映的是快捷菜单的左边界；当标志等于 4 时，X 反映的是快捷菜单的中心位置；当标志等于 8 时，X 反映的是快捷菜单的右边界。

因此，需要在窗体的 MouseUp 事件中编写对应的代码。注意，只有在窗体上右击时才会弹出快捷菜单。具体代码如下：

```
Private Sub Form_MouseUp(Button As Integer,_
ShiftAs Integer, X As Single,Y As Single)
   If Button = 2 Then          '若右击
      PopupMenu Edit           '弹出 Edit 快捷菜单
   End If
End Sub
```

增加快捷菜单的显示结果如图 10-11 所示。

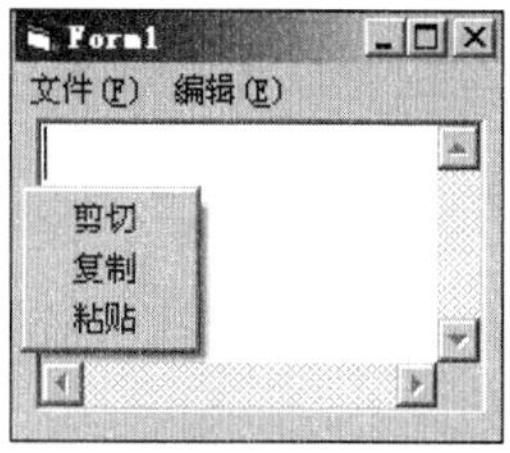

图 10-11　快捷菜单显示结果

10.4　通用对话框

Visual Basic 6.0 为用户提供了一组基于 Windows 标准的对话框，称为通用对话框（CommonDialog），包括“打开”对话框、“另存为”对话框、“颜色”对话框、“字体”对话框、“打印”对话框及“帮助”对话框。

通用对话框不是标准控件，使用时必须先将该控件添加到工具箱中。将 CommonDialog 添加到工具箱里的步骤如下：

① 选择“工程”→“部件”命令，弹出“部件”对话框。

② 在“部件”对话框的“控件”选项卡列表中选中 Microsoft Common Dialog Control 6.0 复选框。

③ 单击“确定”按钮。添加完成后工具箱里出现 CommonDialog 图标，如图 10-12 所示。

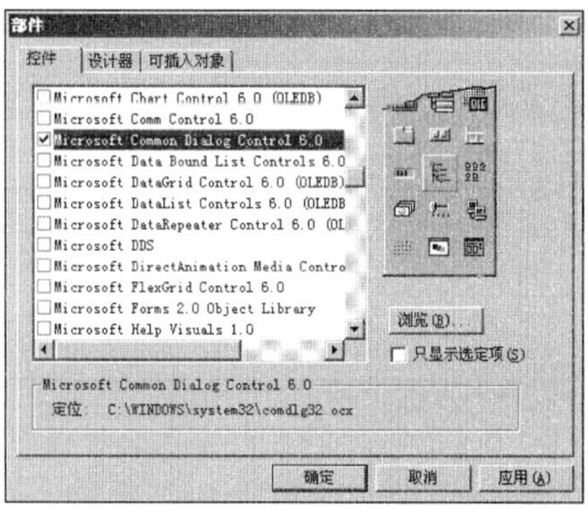

图 10-12　添加通用对话框

通用对话框的常用属性有名称属性和 Action 属性等。系统默认的通用对话框名称为 CommonDialog1、CommonDialog2、……、Action 属性决定程序打开什么类型的对话框。具体 Action 属性含义及方法如表 10-4 所示。

表 10-4 通用对话框的 Action 属性及方法

Action 属性	含 义	对应方法
0	无对话框显示	—
1	"打开"对话框	ShowOpen
2	"另存为"对话框	ShowSave
3	"颜色"对话框	ShowColor
4	"字体"对话框	ShowFont
5	"打印"对话框	ShowPrinter
6	"帮助"对话框	ShowHelp

把 CommonDialog 控件添加到窗体后，就意味着上述各种标准对话框可以被使用了。当某一时刻需要用到某个对话框时，必须通过设置 Action 属性或 Visual Basic 6.0 的方法才能使之显示在屏幕上。

例如，要显示"打开"对话框，在程序中利用设置 Action 属性，对应语句如下：

```
CommonDialog1.Action = 1
```

也可在程序中用控件的方法完成对话框的显示：

```
CommonDialog1.ShowSave
```

10.4.1 "文件"对话框

"文件"对话框包括"打开"对话框和"另存为"对话框。"文件"对话框属性及含义如表 10-5 所示。

表 10-5 "文件"对话框属性及含义

属性标题	属性名称	含 义
对话框标题	DialogTitle	设置对话框的标题，默认值为"打开"或"另存为"
文件名称	FileName	设置对话框中"文件名称"的默认值，并返回用户所选中的文件名（包括完整的路径名）
初始化路径	InitDir	设置初始化的文件目录，并返回用户所选择的目录，默认为当前目录
过滤器	Filter	设置显示文件的类型。格式为：描述|通配符|
过滤器索引	FilterIndex	设置文件对话框中默认过滤器的索引
标志	Flags	设置对话框的一些选项，可以是多个值的组合，如 1，显示只读复选框
默认扩展名	DefaultExt	为对话框返回或设置默认的文件扩展名
文件最大长度	MaxFileSize	设置被打开文件的最大长度，取值范围 1～2000，默认值为 260

例如：

```
CommonDialog1.Fileter="All Files(*.*)|*.*|位图(*.bmp)| *.bmp|"
          '设置对话框的过滤器
```

```
CommonDialog2.DialogTitle = "选择文件"          '设置对话框的标题
```

10.4.2 其他对话框

1. “颜色”对话框

使用“颜色”对话框可设置颜色属性，对应的 Windows 颜色对话框如图 10-13 所示。其属性及含义如表 10-6 所示。

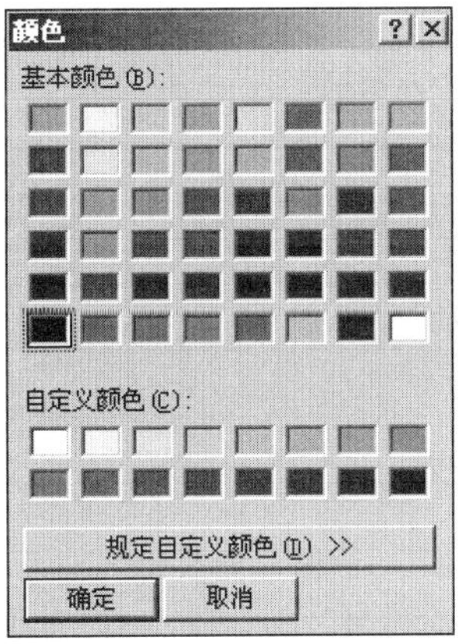

图 10-13 “颜色”对话框

表 10-6 “颜色”对话框属性及含义

属性标题	属性名称	含义
颜色	Color	设置初始颜色，并返回用户选择的颜色
标志	Flags	设置对话框的一些选项，可以是多个值的组合，如 1 表示首次打开“颜色”对话框

例如：

```
Commondialog1.Showcolor
Form1.BackColor=CommonDialog1.Color
```

表示将用户在“颜色”对话框中设置的颜色作为窗体背景色。

2. “字体”对话框

使用“字体”对话框可设置字体属性。其属性及含义如表 10-7 所示。

表 10-7 “字体”对话框属性及含义

属性标题	属性名称	含义
字体名称	FontName	设置字体名称中的初始字体，并返回用户所选择的字体名称
字体大小	FontSize	设置初始字体大小，并返回用户选择的字体大小，默认值为 8
样式	FontBold	设置字体风格，并可返回用户选中的字体风格。FontBold 返回在字体对话框中是否选中了粗体字
	FontItalic	返回在字体对话框中是否选中了斜体字
	FontUnderline	返回在字体对话框中是否选中了下画线
	FontStrikethru	返回在字体对话框中是否选中了删除线

例如：

```
CommonDialog1.ShowFont
Text1.FontName = CommonDialog1.Filename
```

表示将用户在“字体”对话框中设置的字体作为文本框的字体。

【例 10.5】 利用“颜色”对话框和“字体”对话框设置文本框中文字的颜色和字体。

在窗体上放置一个文本框、两个命令按钮和一个通用对话框，如图 10-14 所示。控件属性设置如表 10-8 所示。

表 10-8 控件属性设置

控　件	属　性	属 性 值
CommandButton	Name	Command1
	Caption	文字颜色
CommandButton	Name	Command2
	Caption	字体设置
Text	Name	Text1
	Multiline	True
	Text	但愿人长久（Ctrl+Enter）千里共婵娟
	Font	宋体，粗体，三号
CommonDialog	Name	CommonDialog1

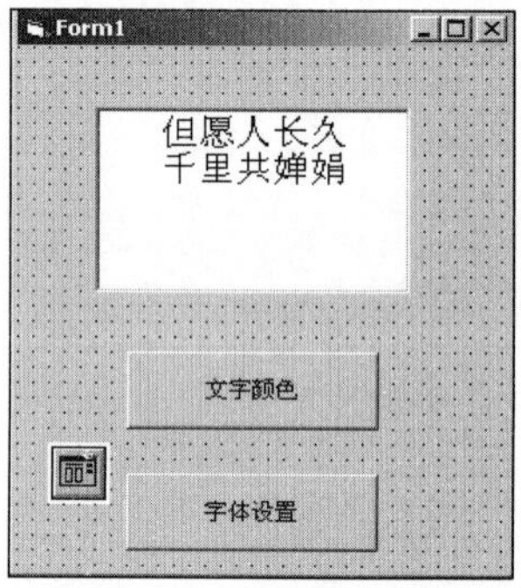

图 10-14 例 10.5 界面设计

程序代码：

```
Private Sub Command1_Click()
  CommonDialog1.ShowColor                          '显示颜色对话框
  Text1.ForeColor = CommonDialog1.Color            '颜色设置
End Sub

Private Sub Command2_Click()
  CommonDialog1.ShowFont                           '显示字体对话框
  Text1.FontName = CommonDialog1.FileName          '设置字体
  Text1.FontSize = CommonDialog1.FontSize          '设置字体大小
  Text1.FontBold = CommonDialog1.FontBold          '设置是否粗体
  Text1.FontItalic = CommonDialog1.FontItalic      '是否斜体
  Text1.FontUnderline = CommonDialog1.FontUnderline '是否有下画线
End Sub
```

3. “打印”对话框

使用“打印”对话框可设置打印属性。其属性及含义如表 10-9 所示。

表 10-9 “打印”对话框属性及含义

属 性 标 题	属 性 名 称	含　义
复制	Copies	设置打印的份数
最小	Min	设置打印的最小页数
最大	Max	设置打印的最大页数
起始页/终止页	FromPage/ToPage	设置要打印的起始/终止页

习　题

一、选择题

1. 打开菜单编辑器的方法有 4 种，下面不能打开菜单编辑器的操作是（　　）。
   A. 选择“工具”→“菜单编辑器”命令
   B. 在窗体上右击，在弹出的快捷菜单中选择“菜单编辑器”命令
   C. 单击工具栏中的“菜单编辑器”按钮
   D. 按【Ctrl+O】组合键
2. 要设置菜单的热键，应在菜单项的标题中输入的符号是（　　）。
   A. !　　B. &　　C. @　　D. -
3. 若要在菜单中建立分隔条，则在标题框中输入（　　）。
   A. !　　B. &　　C. @　　D. -
4. 若需要将某菜单设为弹出式菜单，则其主菜单的（　　）属性设置为 False。
   A. 复选　　B. 可见　　C. 有效　　D. 显示窗口列表

二、填空题

1. 菜单编辑器窗口有 3 个区域，分别是________、________和________。

2. Visual Basic 6.0 为用户提供了一组基于 Windows 标准的对话框，称为通用对话框（CommonDialog），包括________对话框、________对话框、________对话框、________对话框、“打印”对话框及“帮助”对话框。

3. 在 Visual Basic 中，需要使用________方法来显示快捷菜单。

4. 设在窗体上已经添加了通用对话框控件并设置好属性，其名称为 CommonDialog1，在程序中要显示“打开”对话框，使用的语句是________或________。

三、简答题

1. 多窗体和 MDI 窗体的区别是什么？
2. 如何加载 MDI 父窗体及子窗体？
3. MDI 窗体的特性是什么？

第 11 章 文　件

本章重点	☑ 文件的结构和分类 ☑ 文件操作语句和函数 ☑ 顺序文件的读/写 ☑ 随机文件的读/写与记录的操作 ☑ 文件系统控件：驱动器列表框、目录列表框和文件列表框 ☑ 文件基本操作

文件是永久存储在磁盘等介质上的一组数据的集合。文件在存储介质上的位置是依赖于驱动器名称、文件夹（目录）及文件名来定位的，本章将介绍顺序文件、随机文件、二进制文件和 Visual Basic 文件系统控件，以及如何用 Visual Basic 文件系统控件实现对文件的基本管理。

11.1　文 件 概 述

计算机的数据文件按数据的存放方式，可分为以下 3 种类型。

1. 顺序文件

以顺序存取的方式保存数据的文件称为顺序存取文件，简称顺序文件。顺序文件用来连续存放文本数据，其存储格式如图 11-1 所示。

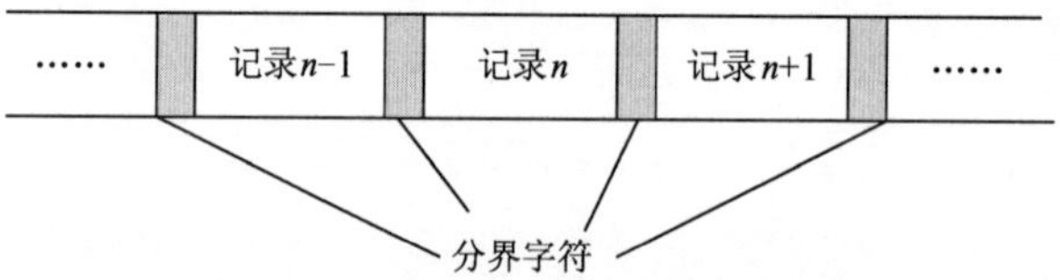

图 11-1　顺序文件存储示意图

通常记录与记录之间的分界字符为回车符，记录中字段与字段之间的分界字符为逗号。

在顺序文件中查找某个记录必须从文件头开始，逐个比较，直到找到目标为止。若要修改某个记录，则需将整个文件读出来，修改后再将整个文件写回磁盘，因此很不灵活。但由于顺序文件是按行存储，所以它们对于需要处理文本文件的应用程序而言是非常理想的文件格式。

顺序文件的优点是操作简单；缺点是无法任意取出某一个记录来修改，一定要将全部数据读入，在数据量很大时或只想修改某一条记录时，使用非常不方便。

2. 随机文件

随机文件用于有固定记录结构长度的文本数据或者二进制数据。随机文件的每一个记录都有固定的长度，每一个记录都有一个记录号，在存入数据时，只需指明是第几个记录号，就可以把数据存入指定位置。读取数据时，只需给出该记录的记录号就可以直接读取记录，同时可进行输入/输出操作。随机文件的优点是存入和读取速度较快，数据容易更新，读、写、修改灵活方便；缺点是由于在每个记录前增加了记录号，从而使其占用的存储空间增大。随机文件存储格式如图 11-2 所示。

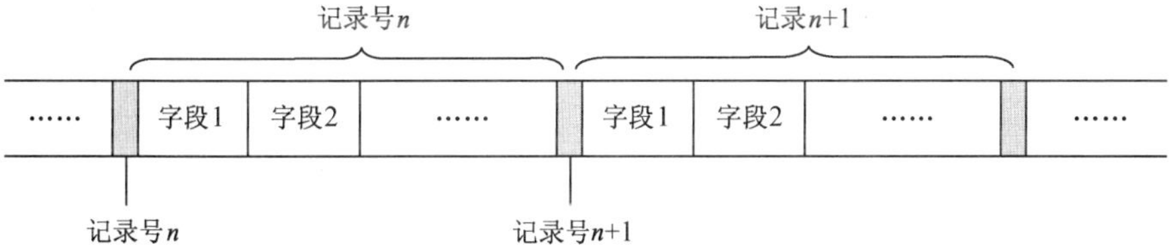

图 11-2 随机文件存储示意图

3. 二进制文件

二进制文件用于存储二进制数据。二进制文件的数据是以二进制格式保存，能用来存储任何需要的数据。存储单位为字节（随机文件按记录存取，顺序文件按行存取）。在二进制文件中，能够存取任意所需要的字节。二进制文件除了没有数据类型或记录长度以外，与随机文件类似，同时还允许程序按所需的任何方式阻止和访问数据。因此，这种存取方式最为灵活，但程序的工作量也最大。

不同类型的文件可以使用不同的方式来访问其数据。

11.2 顺 序 文 件

11.2.1 顺序文件的打开

顺序文件按行存储，依次将记录顺序存储，当需要读出某些数据的时候，就需要从第一条记录开始读取数据，直到找到所需的记录为止。下面讨论顺序文件的操作语句。

在对文件进行操作之前，必须打开文件，同时通知操作系统对文件进行读操作还是写操作，将数据存到什么地方。打开文件用 Open 语句。

语法格式：

```
Open "文件名" For 模式 As [#] 文件号 [Len = 记录长度]
```

说 明

① 文件名可以是字符串常量，也可以是字符串变量。

② 模式可以是下列 3 项之一：

- Output：打开一个文件，对该文件进行写操作，即将数据写入磁盘文件。用 Output 模式打开一个不存在的文件时，Visual Basic 会在磁盘上创建一个新的顺序文件。打开文件后，文件的指针位于文件开头，准备向文件写入数据。若磁盘上有同名文件，则该文件将被覆盖。
- Input：打开一个文件，对该文件进行读操作，即将数据从文件中读入内存。注意，文件必须存在，否则将出现错误。

说 明

- Append：打开一个文件，在该文件末尾追加记录。打开或创建一个新的顺序文件，打开文件后，文件指针位于文件的末尾，准备向文件的尾部追加数据。若磁盘上没有该文件，则创建一个新的文件。

③ 文件号是一个介于1~511之间的整数，打开一个文件时需要指定一个文件号，这个文件号代表该文件，直到文件关闭后，该文件号才可以被其他文件所使用，同时被打开的每个文件的文件号不能相同。可以利用FreeFile( )函数获得下一个可以利用的文件号。后面使用到的文件号遵循同样的规则，无特殊说明则采用一样的定义和使用方式。

例如：

```
Open "D:\sj\aaa" For Output As #1
```

其含义是：打开D:\ sj目录下的aaa文件供写入数据，文件号为1。

```
Open " bbB.txt" For Input As #2
```

其含义是：打开当前目录下的bbB.txt文件供读数据，文件号为2。

11.2.2 顺序文件的关闭

结束各种读/写操作后，必须将文件关闭，否则会造成数据丢失。关闭文件的命令是Close语句。

语法格式：

```
Close [#文件号1][,#文件号2]…
```

说 明

① 文件号是指利用Open语句打开文件时指定的文件号。

② 此语句可以同时关闭多个已打开的文件，用逗号分隔文件号。

③ 若省略文件号，表示关闭所有已经打开的文件。

例如：

```
Close  #1,#2,#3
```

其含义是：关闭文件号分别为1、2、3的文件。

```
Close
```

其含义是：关闭所有已打开的文件。

11.2.3 顺序文件的写操作

以Output和Append模式打开的文件可以进行写操作。对顺序文件能够进行写操作的语句有Print #和Write #，用来向已经打开的顺序文件写入数据。

1. Print #语句

语法格式：

```
Print  #文件号, [输出列表]
```

此语句的功能与Print语句类似，不同的是，此处是将输出列表项写入文件中。

① 输出列表项可以是常量、变量或表达式，输出列表项多于一个时，各项之间可以用逗号或者分号分隔，其含义与Print语句的紧凑格式和标准格式相同。

② 在输出列表项中也可以使用 Spc(n)函数向文件中写（输出）n 个空格，或者使用 Tab(n)函数指定其后的输出项从第 n 列输出。

【例 11.1】 在窗体的 Click 事件中使用 Print #语句向文件写数据。

程序代码：

```
Private Sub Form_Click()
   Open "D:\test.txt" For Output As #1   '以写方式打开 test.txt 文件，文件号为 1
   Print #1, "欢迎学习", "Visual Basic 6.0" '两个输出项之间以标准格式输出
   Print #1,                            '输出一个空行
   Print #1, "你好！"; Spc(2); 5 + 6   '输出字符串，Spc(n)函数和表达式的值
   Print #1, "谢谢";                    '输出语句末尾分号表示下个输出项不换行
   Print #1, "欢迎再来！"               '与上一个输出项在同一行输出
   Close #1                             '操作完后关闭文件
End Sub
```

运行程序，单击窗体，可以发现在 D 盘自动生成了 test.txt 的文件，打开代码可以看到写入文件中的数据，如图 11-3 所示。

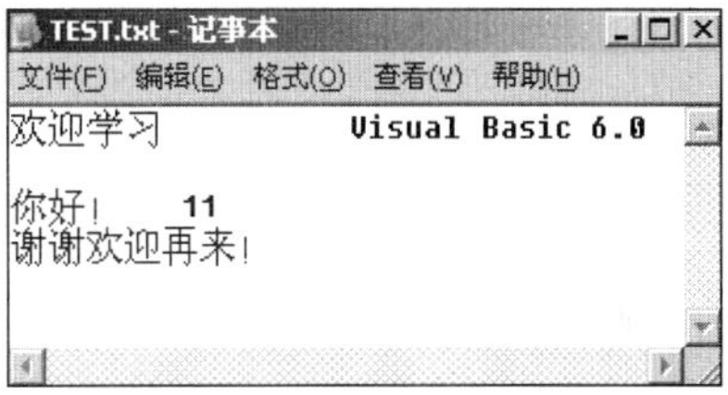

图 11-3 Print #语句运行结果

2. Write #语句

语法格式：

```
Write #文件号, [输出列表]
```

Write #语句的功能与 Print #语句的功能基本相同，都是将输出项写入指定文件中，不同的是：

① Write #语句在文件中的各个输出项均以紧缩格式输出，并自动在输出项之间插入逗号分隔。

② Write #语句为文件中的字符串加上双引号。

【例 11.2】 在窗体的 Click 事件中使用 Write #语句向文件写数据。

程序代码：

```
Private Sub Form_Click()
   Open "D:\test.txt" For Output As #1
   Write #1, "欢迎学习", "Visual Basic 6.0"
   Write #1,
   Write #1, "你好！"; Spc(2); 5 + 6
   Write #1, "谢谢";
   Write #1, "欢迎再来！"
   Close #1
End Sub
```

运行程序，单击窗体，可以发现在 D 盘自动生成了 test.txt 的文件，打开代码可以看到写入文件中的数据，如图 11-4 所示。

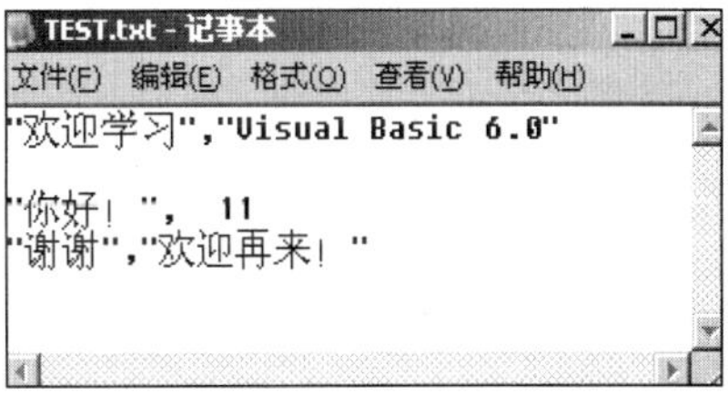

图 11-4 Write #语句程序运行结果

11.2.4 顺序文件的读操作

以 Input 方式打开的顺序文件可以进行读操作，可以使用 Input #语句、Line Input #语句或者 Input 函数从文件中读出（输入）数据。与读文件操作有关的两个函数如下：

① LOF(n)：返回某文件 n 的字节数，LOF 即 Length of File。

② EOF(n)：检查文件 n 是否到达文件尾，EOF 即 End of File。

1. Input #语句

语法格式：

```
Input #文件号,变量列表
```

该语句的作用是将从文件中读出的数据分别赋给指定的字符变量。当变量个数多于一个时，用逗号分隔。Input# 语句一般与 Write #配套使用。

【例 11.3】 在窗体的 Click 事件中编写代码，打开例 11.2 中建立的文件，利用 Input 语句将读出的数据显示在窗体上。

程序代码：

```
Private Sub Form_Click()
   Dim data As String
   Open "D:\test.txt" For Input As #1    '以 Input 方式打开顺序文件
   While Not EOF(1)          '判断文件是否到达文件尾
       Input #1, data        '将数据读入到变量 data 中
       Print data            '将变量 data 输出在窗体上显示
   Wend
   Close #1                  '操作结束，关闭文件
End Sub
```

运行程序，单击窗体，test.txt 文件中的数据被读出，显示在窗体上，打开代码可以看到写入文件中的数据，如图 11-5 所示。

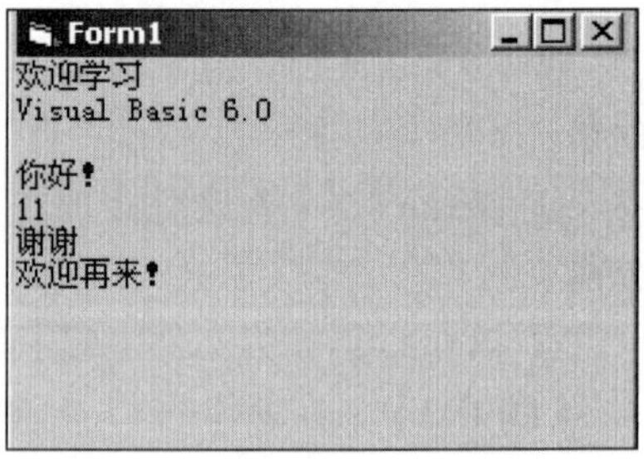

图 11-5 Input #语句程序运行结果

对照图 11-4 所示的文件内容可以发现，Input #语句是按照分隔符和换行符来读取数据的，每次读取的数据存放在变量中，这样可以逐一读取全部的数据，直到文件结束，即 EOF(1)为 True。

2. Line Input #语句

语法格式：

```
Line Input #文件号,变量列表
```

该语句是从指定文件号的文件中读出一行数据并将其赋值给字符串变量。与 Input #语句类似，只是 Input #语句读取的是数据项，Line Input #语句读取的是一行数据。

【例 11.4】 在窗体的 Click 事件中编写代码，打开例 11.1 中建立的文件，利用 Line Input# 语句将读出的数据显示在窗体上。

程序代码：

```
Private Sub Form_Click()
   Dim data As String
   Open "D:\test.txt" For Input As #1        '以 Input 方式打开顺序文件
   While Not EOF(1)                          '判断文件是否到达文件尾
       Line Input #1, data                   '将一行数据读入到变量 data 中
       Print data                            '将变量 data 输出在窗体上显示
   Wend
   Close #1  '操作结束,关闭文件
End Sub
```

运行结果如图 11-6 所示。Line Input#语句在读取文件时，遇到回车符/换行符就认为是一行的结束，将一行数据读取到变量中。

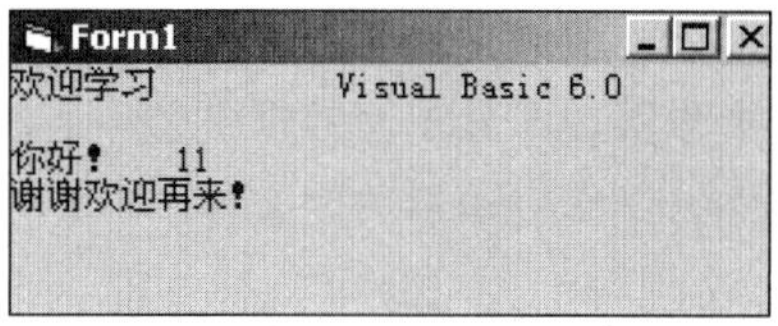

图 11-6 Line Input #语句运行结果

3. Input 函数

语法格式：

```
Input(Length,#<文件号>)
```

该语句可以读取指定字符长度的数据。函数也可以写为 Input$( )。Input 函数执行二进制输入，把文件作为非格式的字符流读取，所以比较适合读取二进制文件或非 ASCII 码文件（非文本文件），在使用的时候要根据需要选择读取方式。在处理 ASCII 码文件，特别是含有中文字符的文件时，并不太适用该函数，可能还会出现误差导致程序出现错误，注意合理使用。

【例 11.5】 在窗体的 Click 事件中编写代码，打开 D:\1.txt 文件，文件内容如图 11-7 所示，利用 LOF 函数得到文件大小，Input$函数读取文件，并将读取出来的数据显示到窗体上。

程序代码：

```
Private Sub Form_Click()
    Dim data As String
    Open "D:\1.txt" For Input As #1
    data = Input(LOF(1), 1)
    Print data
    Close #1
End Sub
```

可以由图 11-8 所示的程序运行结果看出，Input 函数可以一次性得到需要长度的字符供变量使用。

图 11-7 1.txt 文件内容

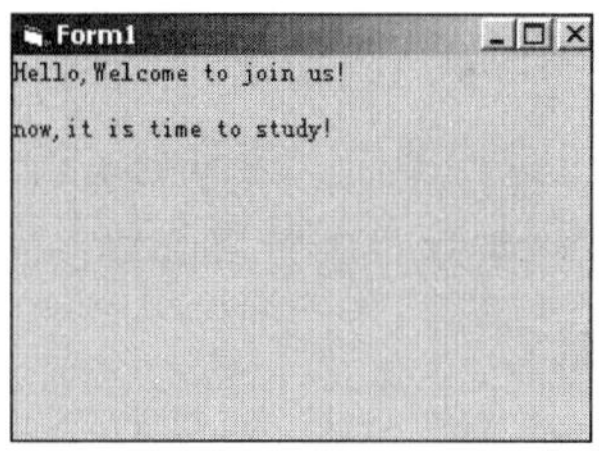

图 11-8 Input 函数程序运行结果

11.3 随 机 文 件

随机文件又称记录文件，由固定长度的记录顺序排列而成。每条记录可由多个数据项组成，每个数据项称为一个字段。各记录的数据项数目相等，对应的数据项数据类型相同。记录是读写随机文件的最小单位，可将文件指针定位在任意一条记录上进行读或写，便于文件的查询和修改。因为随机文件不是文本文件，所以使用文本编辑软件打开随机文件后，各条记录显示为杂乱无章的字符。该模式要求文件中的每条记录的长度都是相同的，记录与记录之间不需要特殊的分隔符号。只要给出记录号，就可以直接访问某一特定记录，其优点是存取速度快，更新容易。

一般情况下，一条记录包含多项内容。例如，一个学生的记录可能包含学号、姓名、性别及年龄等信息。这样，基本数据类型就不能满足数据的要求，需要创建一个记录类型的变量，记录类型的变量为用户自定义变量。所以在进行随机文件操作的时候，一般要比顺序文件多一个步骤，即自定义数据类型。在操作时，先根据需要自定义数据类型，然后打开文件进行写操作，操作完毕后关闭文件。

11.3.1 随机文件的打开与关闭

1. 打开随机文件操作

语法格式：

```
Open "文件名" For  Random  As #文件号 [Len=记录长度]
```

其中，“记录长度”等于各字段长度之和，以字节为单位。如果省略“Len=记录长度”，则记录默认的长度为 128 字节。文件以随机方式打开后，可以同时进行写入和读出操作，但需要指明记录的长度。

2. 关闭随机文件操作

语法格式：

```
Close [#文件号 1][,#文件号 2]…
```

与顺序文件类似，可以同时关闭多个已经打开的随机文件，或者关闭全部文件。

11.3.2 随机文件的读操作与写操作

1. 读取随机文件记录

语法格式：

```
Get  #文件号,记录号,变量名
```

Get 命令是从磁盘文件中将一条由记录号指定的记录内容读入记录变量中。记录号的取值范围是 1～2 147 483 647，表示对第几条记录进行操作，如果忽略不写，则表示对当前记录的下一条记录进行操作。当前记录表示由最近的 Seek 语句所指定的位置。

2. 写随机文件记录

语法格式：

```
Put  #文件号,记录号,变量名
```

Put 命令是将一个记录变量的内容写入所打开的磁盘文件指定的记录位置。记录号取值同上，表示写入的是第几条记录，如果忽略不写，则表示在当前记录后插入一条记录。

11.3.3 随机文件记录的操作

在了解了随机文件的打开、读/写和关闭操作之后，下面通过一个例子进一步了解随机文件的操作过程。

【例 11.6】 利用随机文件建立一个学生信息管理系统，包括学生姓名、学号、学院、出生年月、家庭住址等信息。

思路：可以通过文本框输入信息并保存文件，通过单击“读取”按钮可以读取文件中的内容，设计界面如图 11-9 所示。各控件属性设置如表 11-1 所示。

考虑到在程序运行时打开要读取的文件，还需要在单击两个按钮的时候分别完成添加和读取的操作，因此需要在窗体的 Load 事件和两个按钮的 Click 事件中完成代码。

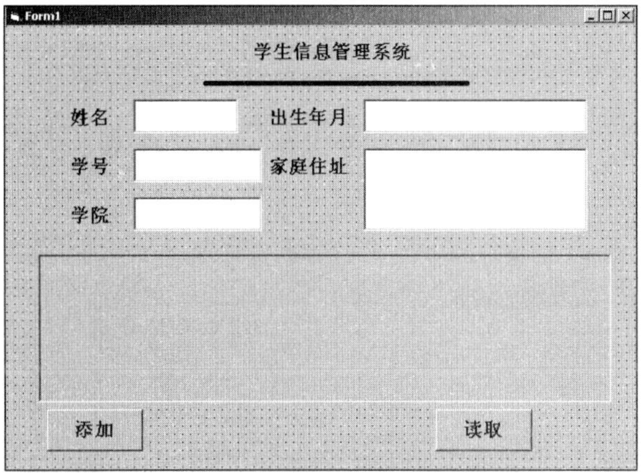

图 11-9　学生信息管理系统界面设计

表 11-1　控件属性设置

控　件	属　性	设　定　值	控　件	属　性	设　定　值
Label	Name	Label1	TextBox	Name	Textname
	Caption	学生信息管理系统	TextBox	Name	Textnum
Label	Name	Label2	TextBox	Name	Textdep
	Caption	姓名	TextBox	Name	Textyear
Label	Name	Label3	TextBox	Name	Textadd
	Caption	学号	CommandButton	Name	Comadd
Label	Name	Label4	CommandButton	Caption	添加
	Caption	学院		Name	Comread
Label	Name	Label5	PictureBox	Caption	读取
	Caption	出生年月		Name	Picture1
Label	Name	Label6			
	Caption	家庭住址			

程序中每个学生的数据是类似的，可以利用自定义数据类型定义一个学生数据类型，用于保存相类似的数据记录。在程序的通用声明部分声明自定义数据类型和变量，number 用于记录当前数据文件中的数据个数。

```
Private Type student
   sname As String * 8
   syear As String * 10
   snum As String * 8
   sdep As String * 10
   sadd As String * 20
End Type
Dim su As student
Dim number As Integer
```

当程序运行后，需要在 Load 事件中打开数据文件，并得到数据记录的个数。代码如下：

```
Private Sub Form_Load()
```

```
    Open "student.dat" For Random As #1 Len = Len(su)
    number = LOF(1) / Len(su)
End Sub
```

当单击“添加”按钮时，若文本框的信息不为空，则把当前文本框中的数据写到随机文件中，对应的代码如下：

```
Private Sub Comadd_Click()
  If Textname <> "" And Textyear <> "" And Textnum <> "" And Textadd <> "" _
    And Textdep <> "" Then
    number = number + 1                  '向文件中写记录
    su.sname = Textname.Text
    su.syear = Textyear.Text
    su.snum = Textnum.Text
    su.sdep = Textdep.Text
    su.sadd = TextadD)Text
    Put #1, number, su
  Else
    MsgBox ("信息均不可为空")
  End If
End Sub
```

当单击“读取”按钮时，在下方的图片框中显示文件中的所有数据，由于数据是有固定的数据类型的，可以利用循环语句读取文件的所有记录并显示在图片框中，代码如下：

```
Private Sub Comread_Click()
  Picture1.Cls
  For i = 1 To number
    Get #1, i, su
    Picture1.Print i; Spc(3); su.sname; Tab(18); su.syear; Tab(30); su.snum; _
    Tab(40); su.sdep; Tab(56); su.sadd
    Next i
End Sub
```

当关闭当前系统时，应该考虑同时关闭已打开的文件，所以在窗体的 Unload 事件中应该写上关闭文件的代码：

```
Private Sub Form_Unload(Cancel As Integer)
  Close
End Sub
```

编写好程序后，运行程序可以看到图 11-10 所示的结果，单击“添加”和“读取”按钮可以分别得到需要的结果。

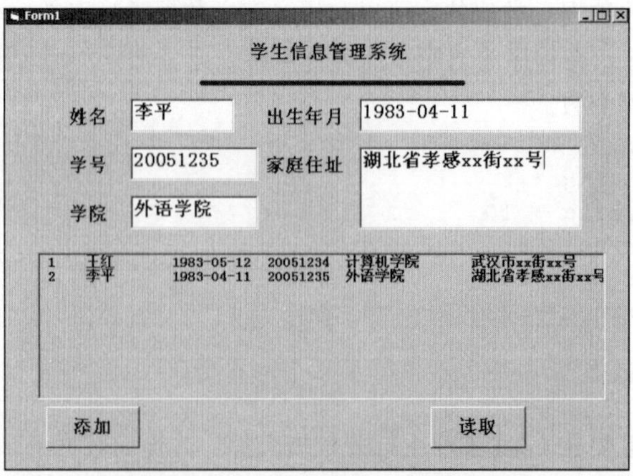

图 11-10　学生信息管理运行结果

11.4　二进制文件

二进制文件的基本元素是字节，没有记录的概念，存放的是数据的二进制的值。二进制文件占用的外存空间小，使用文本编辑软件不能查看其内容。该模式是最原始的文件类型，直接把二进制码存放在文件中，以字节数来定位数据，允许程序按所需的任何方式组织和访问数据，也允许对文件中各字节数据进行存取和访问。

11.4.1　二进制文件的打开和关闭

1. 打开二进制文件操作

语法格式：

```
Open "文件名" For  Binary  As #文件号
```

打开或建立二进制文件要使用 Binary 方式，不用“Len=记录长度”限定记录长度。若文件不存在，则自动创建一个新的二进制文件。

2. 关闭二进制文件操作

语法格式：

```
Close [#文件号 1][,#文件号 2]…
```

与关闭其他文件一样，使用 Close 语句可以关闭指定文件号的二进制文件。当文件号省略时，将关闭所有打开的文件。

11.4.2　二进制文件的读/写操作

该模式与随机模式类似，其读/写语句也是 Get 和 Put，区别是二进制模式的访问单位是字节，随机模式的访问单位是记录。可以从打开的二进制文件的指定位置读取一定长度的数据，也可以将一定长度的二进制数据写入二进制文件的指定位置。

语法格式一：

```
Get #文件号,字节数,变量名
```

语法格式二：

```
Put #文件号,字节数,变量名
```

其中，“字节数”为读/写位置的字节数。Get 语句从“字节数”指定的位置读取“Len（变量名）”个字节到“变量名”指定的变量中。Put 语句从当前位置把“变量名”指定变量中的数据写入文件中，写入长度为 Len（变量名）个字节。

【例 11.7】 从位置 800 起写入一个字符串"5678"，从位置 1200 起写入字符串"Visual Basic 的基本概念和程序设计方法"的程序。

程序代码：

```
Filenumber = Freefile              '使用 FreeFile 提供一个尚未使用的文件号
Open "rest.dat" For Binary As Filenumber
Costs1 = "5678"
Costs2 = "Visual Basic 的基本概念和程序设计方法"
Put #Filenumber,800,Costs1
Put #Filenumber,1200,Costs2
Close #Filenumber
```

注 意

① 在二进制文件读/写中常用到 Seek 函数和 Seek 语句。函数 Seek(文件号)返回当前文件指针的位置；语句 Seek(文件号,字节数)将文件指针定位到字节数处。

② 在读取时，二进制文件不需要指定读取的字符长度，使用 Get 读取不定长字符串时，读取的字符串长度等于该字符串原有的长度。

11.5 文件系统控件

在应用程序中经常遇到有关文件、目录和驱动器的操作，如在文件的“打开”“保存”对话框中，都需要对这些项目进行选择。Visual Basic 提供了 3 个有关文件处理的专用控件：驱动器列表框（DriveListBox）控件、目录列表框（DirListBox）控件和文件列表框（FileListBox）控件，由于这些控件都与文件的操作有关，所以它们也被称为文件系统控件。使用这些控件可以迅速地确定驱动器、文件和目录等信息。3 个控件可以单独使用，也可结合在一起使用，可以创建自定义文件系统对话框。

11.5.1 DriveListBox 控件

DriveListBox 控件是一个下拉式列表框，其自动列出系统中有效的驱动器名称，包括网络共享驱动器。在程序的运行阶段，用户可以通过键盘输入有效的驱动器名称，也可以在控件的下拉列表中进行选择，如图 11-11 所示。系统默认的驱动器为当前驱动器。

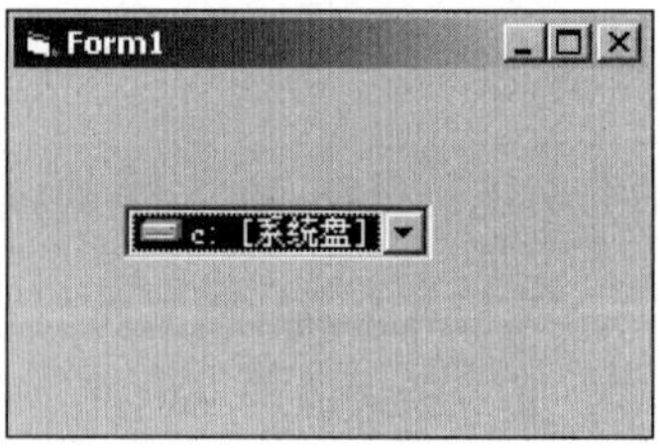

图 11-11 DriveListBox 控件

驱动器列表框控件不仅具有一些列表框的属性，如 List、ListCount、ListIndex 等属性；也具有一些文本框控件的属性，如 Font、FontSize 等属性。这些属性的使用方法与列表框和文本框中的使用方法是一样的。

1. 常用属性

Drive 属性是驱动器列表框控件独有的属性，其设置决定驱动器列表框中最顶端驱动器名称的显示，可以给该属性赋一个字母指定驱动器。例如：

```
Drive1.Drive = "C"
```

注 意

① 大小写字母均可，也可以赋给此属性一个字符串，但只有第一个字母才有意义。

② 驱动器列表框的 Drive 属性只能在程序代码中设置、访问，而不能在属性窗口中设置。

2. 常用事件

（1）Change 事件

当驱动器列表框中当前所选驱动器发生改变时，如用户使用鼠标或程序进行选择设置，则会触发该事件。

（2）Click 事件

当用户单击驱动器列表框时触发此事件。

11.5.2　DirListBox 控件

DirListBox 控件可以显示当前驱动器上的目录结构。它以根目录开头，其下的子目录按层次依次显示在列表框中，如图 11-12 所示。目录列表框控件具有列表框的常用属性。

1. DirListBox 控件的常用属性

（1）Path 属性

Path 属性的值反映了目录列表框中打开的当前目录，例如：

```
Dir1.Path = "C:\Windows"
```

表示设置“C:\Windows”为当前目录。在程序的运行阶段，当双击目录列表框中某个目录时，系统就会把这个目录的路径赋给 Path 属性。当 Path 属性值发生改变时，将会触发 DirListBox 控件的 Change 事件。Path 属性只能在程序代码中设置访问，在属性窗口中不能设置。

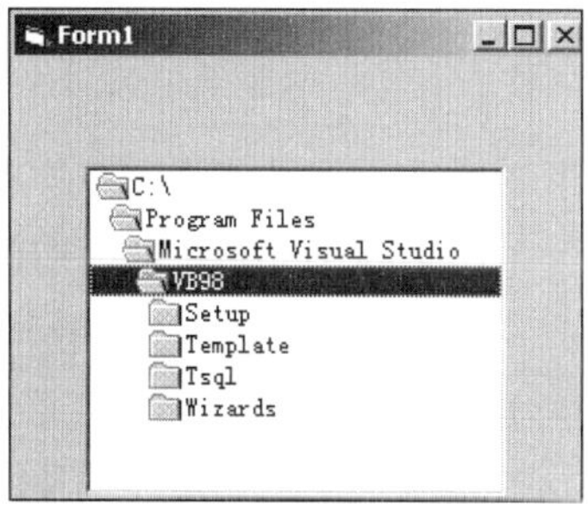

图 11-12　DirListBox 控件

（2）ListIndex 属性

该属性值为整型数据，Visual Basic 规定由 Path 属性所指定目录的 ListIndex 属性值总是为 -1，它的第一个子目录的 ListIndex 属性值为 0，下一级的各子目录依次为 1、2、3 等；而它的上一级目录的 ListIndex 属性值分别为-2、-3 等。利用该属性可以方便地访问到任何一级目录，尤其对当前访问目录的上下级目录更为方便。

（3）ListCount 属性

该属性值反映的是由 Path 属性值指定的当前目录中包含的子目录的个数，该属性只能在程序代码中进行读访问。

（4）List 属性

该属性值是一个字符串数组，该数组中的每个元素包含相应条目完整的路径和目录名，该属性只能在程序代码中进行读访问。

2. 常用事件

（1）Change 事件

当 Path 属性的值即当前目录被改变时，触发此事件。

（2）Click 事件

当用户单击目录列表框时，触发此事件。

11.5.3　FileListBox 控件

FileListBox 控件用于显示指定目录下所有指定类型的文件，并可选定其中一个或多个文件。

1. FileListBox 控件的常用属性

（1）Path 属性

此属性值为字符串数据类型，用来指定文件列表框中所显示的文件、其所在的目录或文件夹的路径名。

（2）Pattern 属性

该属性使用通配符“*”“?”规定列表框中所显示的文件类型，如 a*.*、*.exe、a?.exe 等。

各项之间使用分号分隔。例如：

```
File1.Pattern="*.exe;*.bat;a?.txt"
```

表示指定列表框显示的文件类型是扩展名为.exe 的文件、.bat 的文件和以 a 开头的扩展名为.txt 的文件。

（3）FileName 属性

此属性返回文件列表框中选定的文件名字符串。如果支持多选，还要使用 Selected 属性。当 FileName 属性值为空字符串时，表示没有选定文件。

2. FileListBox 控件的常用事件

FileListBox 控件的常用事件是 PathChange 事件，当文件列表框对应的目录即 Path 属性值发生变化时，触发此事件。

【例 11.8】 在窗体中允许用户从某一驱动器的各个目录中查找一个可执行文件并运行。

思路：该例中，将 3 种文件系统控件配合使用。要使 3 种控件联动，就必须在一个控件属性值发生改变之后，能立即引起其他控件属性值的变化。在窗体界面中，分别包含 1 个 DriveListBox 控件、1 个 DirListBox 控件、1 个 FileListBox 控件、1 个文本框控件、3 个分别标记各控件功能的标签控件，以及 1 个命令按钮。在文本框中显示用户选择的可执行文件，单击“运行”按钮执行该文件。

界面设计如图 11-13 所示。

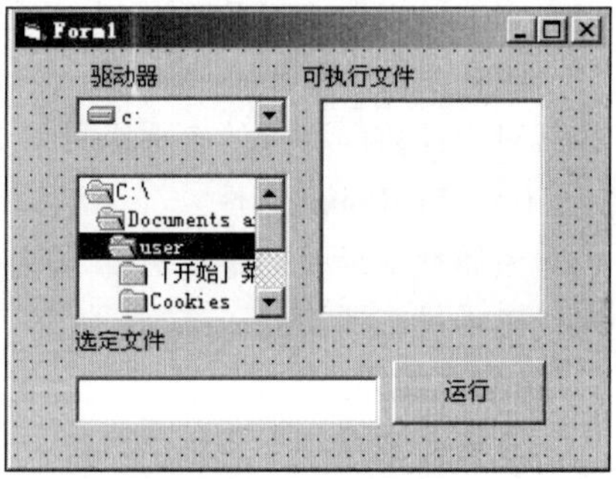

图 11-13 例 11.8 界面设计

程序代码：

```
Private Sub Form_Load()
  File1.Pattern="*.exe"
End Sub

Private Sub Dir1_Change()
  File1.Path=Dir1.Path
    '当目录列表框的值改变时，设置当前目录列表框路径为文件列表框路径
End Sub

Private Sub Drive1_Change()
  Dir1.Path=Drive1.Drive
    '当驱动器列表框的值改变时，设置当前驱动器列表框的路径为目录列表框路径
End Sub

Private Sub File1_Click()
  If Right(File1.Path , 1) < > "\" Then
     Text1.Text=File1.Path & "\" & File1.FileName
         '将目录列表框路径和文件列表框中的文件名连接保存在文本框中
  Else
     Text1.Text=File1.Path & File1.FileName
  End If
End Sub
Private Sub Command1_Click()
```

```
    Dim int1
    int1=Shell(Text1.Text, vbNormalFocus)
          '以初始窗口状态运行文本框中选择的文件
End Sub
```

运行结果如图 11-13 所示。

习　题

一、选择题

1. 为了把一个记录型变量的内容写入文件中指定的位置，所使用的语句的格式为（　　）。

A. Get 文件号,记录号,变量名　　B. Get 文件号,变量名,记录号

C. Put 文件号,变量名,记录号　　D. Put 文件号,记录号,变量名

2. 用 Write 和 Print 语句向文件中写入多个数据的差别在于（　　）。

A. Write 语句不会自动在数据项之间插入逗号

B. Print 语句自动在数据项之间插入逗号

C. Write 语句写入字符串会自动给字符串加上双引号；写入的正数前面没有空格

D. Print 语句写入字符串会自动给字符串加上双引号；写入的正数前面没有空格

3. 当用 Open 语句打开文件时，如果省略 For 方式，则打开的文件的存在方式是（　　）。

A. 随机存取方式　　B. 顺序输入方式

C. 顺序输出方式　　D. 二进制方式

4. 以下语句用于打开一个顺序文件，Open "C:\MyFile.txt" For OutPut，但该语句的一个重要错误是没有（　　）。

A. 指定打开方式　　B. 指定文件号

C. 指定打开文件名　　D. 指定文件类型

5. Visual Basic 根据计算机访问文件的方式将文件分成 3 类，其中不包括（　　）。

A. 顺序文件　　B. UNIX 文件

C. 二进制文件　　D. 随机文件

6. 文件列表框控件的（　　）属性用来确定在列表框中显示的文件类型。

A. Path　　B. Pattern　　C. FileName　　D. List

7. 在窗体上添加 1 个驱动器列表框、1 个目录列表框和 1 个文件列表框，其名称分别为 Drive1、Dir1 和 File1。当改变目录列表框的内容时，要求文件列表框中显示当前选中的文件夹中的内容，则在 Dir1_Change 事件过程中应使用的语句是（　　）。

A. Dirve1.Drive = Dir1.Path　　B. Dir1.Path = Drive1.Drive

C. Dir1.Path = File1.Path　　D. File1.Path = Dir1.Path

8. 要获得文件列表框中当前被选中的文件的文件名，则应使用（　　）属性。

A. Dir　　B. Path　　C. Drive　　D. Filename

9. 要获得当前驱动器应使用驱动器列表框的（　　）属性。

A. Path　　B. Drive　　C. Dir　　D. Pattern

10. 改变驱动器列表框的 Drive 属性值将激活（　　）事件。

A. Change　　B. Scroll　　C. KeyDown　　D. KeyUp

11. 使用驱动器列表框的（　　）属性可以返回或设置驱动器列表中当前选中的磁盘驱动器的索引值。

A. ChDrive　　B. Drive　　C. List　　D. ListIndex

12. 使用目录列表框的（　　）属性可以返回或设置当前工作目录的完整路径（包括驱动器盘符）。

A. Drive　　B. Path　　C. Dir　　D. ListIndex

13. 文件列表框中用于设置或返回是否显示只读文件的属性是（　　）。

A. System　　B. Hidden　　C. ReadOnly　　D. FileName

14. 以下能判断是否到达文件尾的函数是（　　）。

A. BOF　　B. LOC　　C. LOF　　D. EOF

15. 执行语句 Open "Te1.dat" For Random As #1 Len=50 后，对文件 Te1.dat 中的数据能够执行的操作是（　　）。

A. 只能写，不能读　　B. 只能读，不能写

C. 既可以读，也可以写　　D. 不能读，不能写

二、填空题

1. 文件的打开和关闭语句分别是________和________。

2. 当用________方式打开文件时，如果对文件进行写操作，则写入的数据附加到原来文件的后面。

3. 顺序文件通过________语句或________语句把缓冲区中的数据写入磁盘。

4. 随机文件的写操作和读操作通过________语句和________语句来实现。

5. 在窗体上建立 1 个文本框，其名称为 Text1，在属性窗口中设置该文本框的 MultiLine 属性为 True，然后编写如下事件过程：

```
Private Sub Command1_Click()
    Open "C:\smptxt1.txt" For Input As #1
    Do While Not ______
        Line Input #1, aspect$
        whole$ = whole$ + aspect$ + Chr(13) + Chr(10)
    Loop
    Text1.Text = whole$
    Close #1
    Open "C:\smptxt2.txt" For Output As #1
    Print #1, ______
    Close #1
End Sub
```

上述程序的功能是：把磁盘上文件 smptxt1.txt 的内容读到内存并在文本框中显示出来，然后把该文本框中的内容复制到磁盘文件 smptxt2.txt 中。请填空将程序补充完整。

三、编程题

编程实现下列程序功能，各控件如图 11-14 所示，其中一个文本框用于显示 5 个学生的 4 门课成绩，右边 4 个文本框利用控件数组实现，5 个学生的平均分也用一个文本框控件数组实

现。单击“输入”按钮，把已经输入的学生成绩显示在文本框中；单击“计算”按钮，把计算结果存放在平均分文本框中；单击“保存”按钮，把已经输入的成绩和计算的平均分保存在 result.dat 文件中。

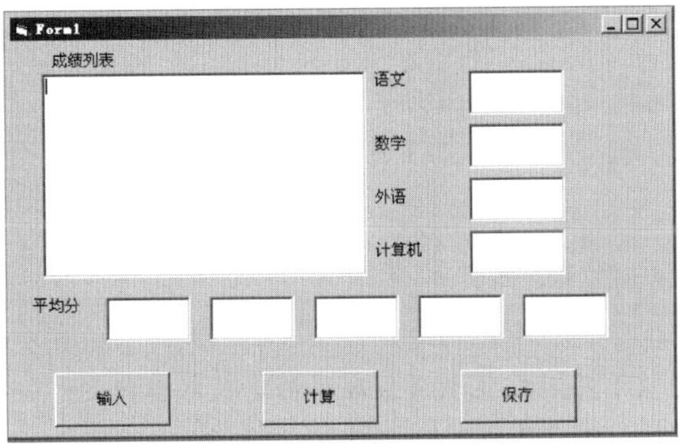

图 11-14　　编程题图

第 12 章 数 据 库

本章重点	☑ 利用可视化数据管理器创建数据库和表 ☑ Visual Basic 访问数据库的方法 ☑ Data 控件 ☑ ADO 对象

数据是当今信息社会的一种非常重要的资源，人们的一切活动都离不开数据。例如，银行里面的账户信息、学校中的学生成绩记录、公司的会计账务、书店里的各种图书信息等，社会各个部门的工作人员都无时无刻不在和数据打交道。在信息时代，由于数据量急剧膨胀，因此利用计算机快速、准确地处理和加工大量数据的特点，开发出了应用软件来实现对数据进行高效率的管理。而数据库的作用就是对这些大量的数据进行存储、访问和管理。

Visual Basic 提供了功能强大的数据库管理功能，能够方便、灵活地完成数据库应用中涉及的诸如建立数据库、查询和更新等各种基本操作。利用 Visual Basic 提供的数据库功能，可以在比较短的时间内开发出高效的数据库应用软件。

12.1 概 述

数据库，其实就是数据的集合，通俗地说，也就是存储数据的“仓库”，只不过该“仓库”是在计算机中存储的，而且其中的数据是按照一定的格式存放的。例如，学生成绩数据库存放的是学生的数据、课程数据和成绩数据，图书管理数据库存放的是图书馆的所有图书数据、读者信息等。下面介绍一些与数据库相关的概念。

1. 数据库

数据库是依照某种数据模型存储在计算机内的、有组织的、可共享的数据集合。按照数据的组织形式来分，数据库可分为层次数据库、网状数据库和关系数据库。其中关系数据库是目前应用最广泛的一种数据库。它以关系模型为基础，利用关系来描述现实世界。

2. 关系

关系实质上是一张由行和列组成的二维表。一个关系既可以用来描述一个实体及其属性，又可以用来描述实体与实体之间的联系。在关系数据库中，有 3 种关系，即一对一关系、一对多关系和多对多关系。一个数据库可以包含多个关系，即多张二维表。例如，在一个学生成绩管理数据库中，可以有“学生信息”表、“课程信息”表和“成绩”表。

3. 记录

记录是表中的一行。记录和行的意思是相同的。

4. 字段

字段是表中的一列。一般字段和列所指的内容是相同的。字段是用数据表表示对象的一个属性。例如，“学生信息”表表示学生对象。学生有学号、姓名、专业班级、籍贯和出生日期等属性，所以该表应该有 5 个字段。同一个字段的数据必须具有相同的数据类型。

5. 主键

主键又称主码，是数据表的一个特殊的字段或几个字段的组合。它可以唯一区分一条记录，在一个数据表中不允许有相同主键的两条记录出现。例如，在图书管理数据库中，每本图书可以有相同的书名。为了区别不同的对象，可以将图书的书号设为主键。

6. 索引

索引是建立在数据表上的单独的物理数据库结构。按照索引的查询会提高数据检索效率。索引是表中的一个或多个字段，索引可以是唯一的，也可以是不唯一的。

以书店里的图书管理为例。在图书管理数据库中，可以包含两个数据表，即“图书信息”表和“用户”表。“图书信息”表用于存储图书信息，可以由 6 个字段组成，分别是书名、作者、出版社、书号、单价和数量字段，如图 12-1 所示。表中每一行表示一条图书记录，每一列表示图书对象的一个属性，即字段。“用户”表用于保存本系统中各个用户的用户名和口令。因为对于不同的用户应该提供不同的用户权限。一般用户只能检索查询图书，高级用户不但可以查询，还可以添加、修改和删除图书信息。为了降低本系统的难度，省略“用户”表的设计。

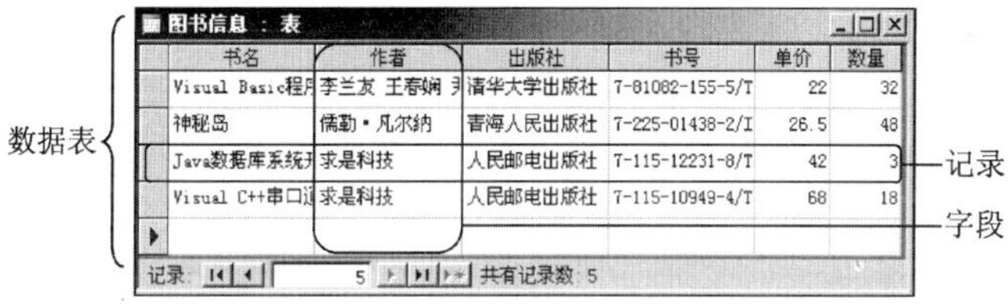

图 12-1 “图书信息”表

12.2 数据库的创建与访问

12.2.1 创建数据库

目前应用比较广泛的大中型关系数据库管理系统有 Oracle、Sybase、DB2、Informix、Microsoft SQL Server、MySQL 等，它们功能强大、性能稳定，应用十分广泛。但是简单的中小型数据库一般用 Microsoft Access 创建即可，也可以采用 Visual Basic 集成环境提供的可视化数据管理器来创建。

可视化数据管理器是 Visual Basic 提供的一个外接程序 VisData.exe，在安装 Visual Basic 时被放置在 Visual Basic 安装目录中，可以单独运行，也可在 Visual Basic 的集成开发环境中启动，用于快速建立数据库结构并进行数据库内容的编辑。其主要功能如下。

① 新建数据库。

② 打开已存在的数据库。

③ 建立、更新及删除数据表，建立、增加字段。

④ 建立、增加、更正、删除和查询记录，建立、增加和删除索引。

⑤ 整理数据库。

下面利用可视化数据管理器创建“图书管理”数据库。

1. 启动可视化数据管理器

在 Visual Basic 中选择“外接程序”→“可视化数据管理器”命令，即可打开可视化数据管理器，如图 12-2 所示。界面包含菜单栏、工具栏和灰色的工作区等。

图 12-2 可视化数据管理器窗口

2. 创建数据库

在可视化数据管理器的主界面中选择“文件”→“新建”→“Microsoft Access”→“Version 7.0 MDB”命令，弹出“打开 Microsoft Access 数据库”对话框，如图 12-3 所示。选择要创建数据库的保存路径并输入扩展名为.mdb 的文件名。在这里路径选择“E:\VB”，文件名为“图书管理.mdb”，单击“打开”按钮，即在指定的路径创建了一个数据库。

“图书管理”数据库创建好之后，在可视化数据管理器窗口中出现图 12-4 所示的“数据库窗口”和“SQL 语句”两个子窗口。数据库窗口用来显示数据库的结构，包含属性、数据列表、查询项目等。右边是 SQL 语句列表，用于输入一些 SQL 命令，对数据库进行查询等操作。

图 12-3 “打开 Microsoft Access 数据库”对话框

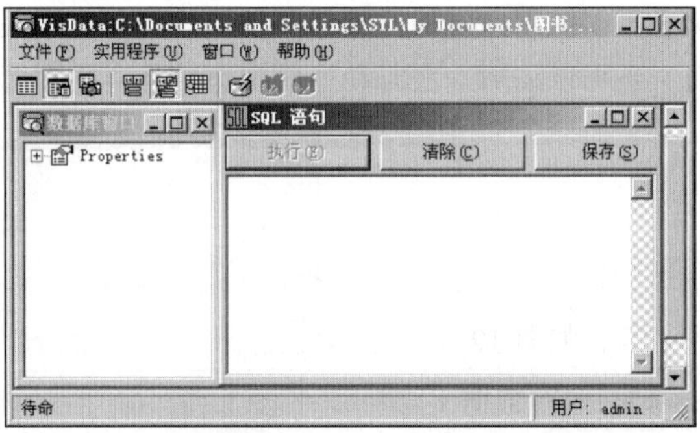

图 12-4 新建数据库后的可视化数据管理器窗口

3. 创建数据表

“图书管理”数据库创建好之后，要为数据库创建一个数据表。以创建“图书信息”表为例，创建一个表的过程如下：

① 打开已经建立的 Access 数据库，如“E:\VB\图书管理.mdb”。

② 在图 12-4 所示的可视化数据管理器窗口的数据库窗口空白处右击，在弹出的快捷菜单中选择“新建表”命令，弹出“表结构”对话框，如图 12-5 所示。

③ 在“表结构”对话框中输入要创建的表名称，这里输入“图书信息”。单击“添加字段”按钮，弹出“添加字段”对话框，如图 12-6 所示。在“名称”文本框中输入一个字段名，在“类型”下拉列表中选择相应的数据类型。一个字段完成后，单击“确定”按钮，该对话框中的内容将变为空白，可继续添加该表中的其他字段。根据上述步骤，参照表 12-1 完成“图书信息”表字段的添加。

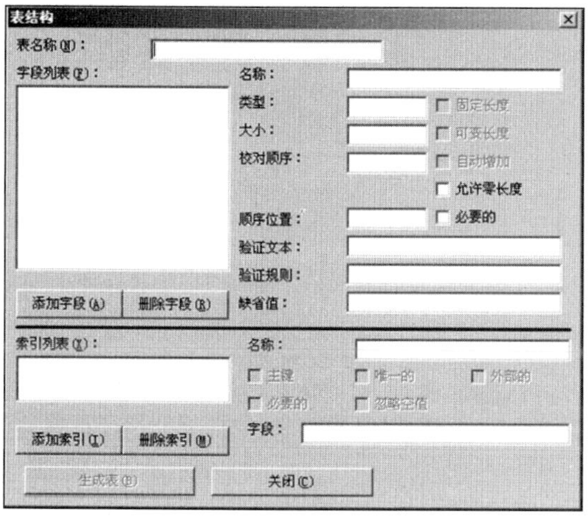

图 12-5 “表结构”对话框

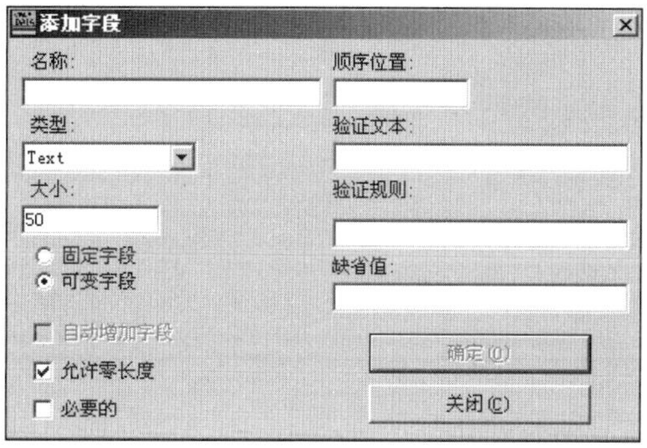

图 12-6 “添加字段”对话框

表 12-1 “图书信息”表字段添加参照表

名 称	类 型	大 小
书名	Text	40
作者	Text	10
出版社	Text	40
书号	Text	10
单价	Single	5
数量	Integer	4

④ 单击“生成表”按钮生成表，关闭“表结构”对话框，在数据库窗口中可以看到生成的表，如图 12-7 所示。

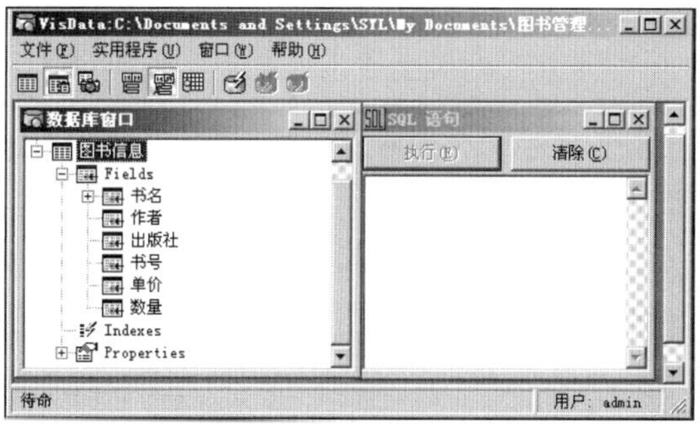

图 12-7 生成“图书信息”表后的数据管理器窗口

4. 输入数据

新建的数据表是一个空表，要让数据库保存数据必须向数据表添加数据。下面向“图书信息”表内添加数据。

① 在图 12-7 所示的“图书信息”表上右击，在弹出的快捷菜单中选择“打开”命令，弹出图 12-8 所示的对话框。

② 单击“添加”按钮，则图 12-8 所示的对话框会变成图 12-9 所示的对话框。在出现的空白文本框中将表 12-2 所示的数据以行为单位输入。注意，每输入完一条图书记录必须单击“更新”按钮，所输入的数据才能添加到数据表中。

至此，数据库和数据表都已经创建完毕了。利用 Microsoft Access 打开新创建的数据库表时就可以看到图 12-1 所示的数据表了。

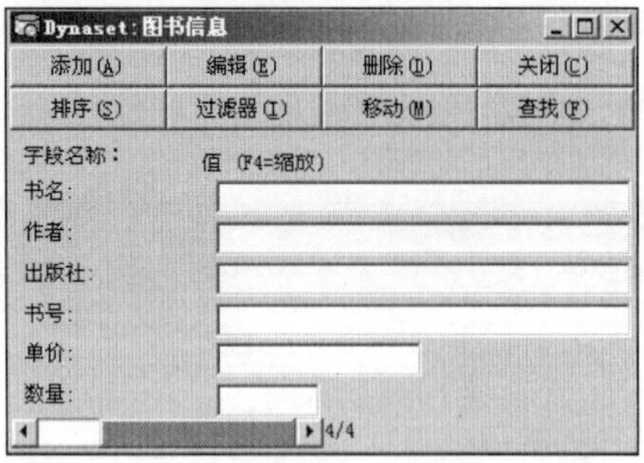

图 12-8 “图书信息”表编辑对话框

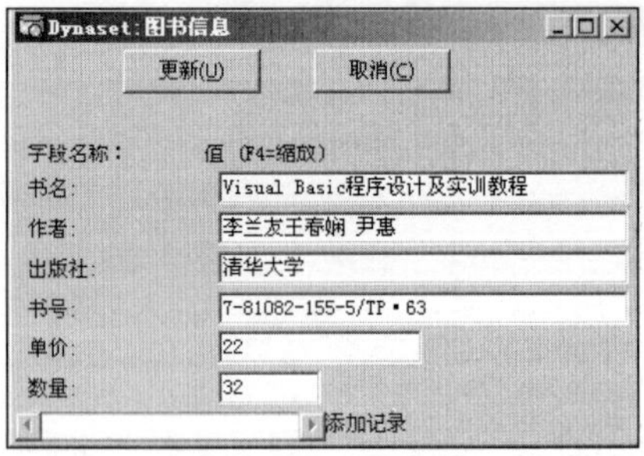

图 12-9 “图书信息”表添加记录对话框

表 12-2 图书记录表

书　　名	作　　者	出　版　社	书　　号	单　价	数　量
Visual Basic 程序设计及实训教程	李兰友 王春娴 尹惠	清华大学	7-81082-155-5/TP·63	22	32
神秘岛	儒勒·凡尔纳	青海人民	7-225-01438-2/I·315	26.5	48
Java 数据库系统开发实例导航	求是科技	人民邮电	7-115-12231-8/TP·3945	42	3
Visual C++串口通信工程开发实例导航	求是科技等	人民邮电	7-115-10949-4/TP·3268	68	18

12.2.2 访问数据库的方法

Visual Basic 中关于数据库的程序设计一般包括 3 部分：用户界面（Visual Basic 应用程序）、数据库引擎和后台数据库。应用程序并不能直接访问数据库中的数据，要通过数据库引擎才可以对数据库进行存取，访问过程如图 12-10 所示。

图 12-10 数据库访问过程

数据库引擎介于应用程序和物理数据库之间，以一种通用接口的形式，使各种数据库在用户面前呈现的形式是统一的，不管这个数据库是本地的 Visual Basic 数据库，还是 Visual Basic 所支持的远程数据库格式。

在 Visual Basic 中访问数据库的常用途径有 3 种：①通过数据（Data）控件访问；②通过数据访问对象（Data Access Object，DAO）访问；③通过 ActiveX 数据对象（ActiveX Data Object，ADO）访问。在这 3 种方法中，第一种不需要编程就可以访问数据库，操作起来最方便、易于掌握，但功能有限；第二种则是全面控制数据库的完整编程接口，提供了完全管理一个关系数据库系统所需的全部操作的属性和方法，包括创建数据库，定义表、字段和索引，建立表间的关系，定位和查询数据库等；而第三种是 Microsoft 目前最新的数据访问技术，是一种提供访问各种数据库的连接机制。它可以使用任何一种 ODBC 数据源，不只适合于 SQL Server、Oracle、Access 等数据库应用程序，也适合于 Excel 表格、文本文件、图形文件和无格式的数据文件。

本章分别采用 Data 控件和 ADO 两种数据库访问方式介绍 Visual Basic 中数据库的开发。

12.3 Data 控 件

在 Visual Basic 提供的众多访问数据库的方式中，Data 控件是最简单的一种。它是 Visual Basic 用于创建和访问数据库的内部标准控件。利用 Data 控件可以不使用代码完成以下功能。

① 连接本地和远程数据库。

② 访问指定的数据库表。

③ 在绑定控件上显示数据表数据。

④ 将对数据绑定控件中的修改保存至数据库。

⑤ 关闭数据库。

Data 控件在工具箱中的图标为。当 Data 控件被添加到窗体时，在窗体中会出现图标。各图标的功能如下：

按钮：用于移动到第一条记录。

按钮：用于移动到前一条记录。

按钮：用于移动到后一条记录。

按钮：用于移动到最后一条记录。

12.3.1 Data 控件的常用属性

Data 控件有许多属性，下面只介绍几种比较重要的属性。

① Caption 属性：返回或设置 Data 控件上显示的标题。

② Connect 属性：设置连接的数据库类型。Visual Basic 提供了 7 种可访问的数据库类型，其中比较常用的有 Microsoft Access、dBASE 和 FoxPro 等。默认连接的是 Access 格式的数据库。

③ DatabaseName 属性：返回或设置被访问的数据库的完整路径。可以在属性窗口中单击 DatabaseName 属性右边的按钮，在弹出的公用对话框中选择相应的数据库。例如，要连接“E:\VB\图书管理.mdb”数据库，则属性值设为“E:\VB\图书管理.mdb”。

④ DefaultType 属性：返回或设置 Data 控件使用 Jet 数据库还是 ODBC 数据库类型。Microsoft Access 和 Visual Basic 使用相同的 Jet 数据库引擎的称为 Jet 数据库，由 Jet 引擎直接生成和操作，不仅灵活而且速度快；而 ODBC 数据库即开放式数据库连接，包括遵守 ODBC 标准的客户/服务器数据库，如 Microsoft SQL Server、Oracle、Sybase 等，Visual Basic 可以使用任何支持 ODBC 标准的数据库。

⑤ Exclusive 属性：设置是单用户（独占）方式还是多用户方式访问指定的数据库。取值为 True 时，是单用户方式；为 False（默认值）时，是多用户方式。

⑥ ReadOnly 属性：设置是否以只读方式访问指定的数据库。取值为 True 时，是只读方式；为 False（默认值）时，是读/写方式。

⑦ Recordset 属性：返回或设置一个 Recordset 对象，这个对象是由一个数据控件的属性或一个已存在的 Recordset 定义的。

⑧ RecordSource 属性：返回或设置数据控件所链接的记录来源，可以是数据表名，也可以是查询名。在属性窗口中单击下拉按钮，在下拉列表中选择数据库中的记录来源。例如，选择图书管理数据库中的“图书信息”表。

⑨ BOFAction 和 EOFAction 属性：在运行时用户通过单击数据控件的指针按钮可移动记录到开始或结尾。BOFAction 属性是指当用户移动到开始时程序将执行的操作，EOFAction 属性是指当用户移动到结尾时程序将执行的操作。

12.3.2 Data 控件的常用方法

Data 控件的常用方法如下：

① Refresh 方法：当 DatabaseName、ReadOnly、Exclusive 或 Connect 属性的设置值发生改变时，可以调用 Refresh 方法打开或重新打开数据库，更新数据控件上显示的内容。

② UpdateRecord 方法：保存绑定控件的当前值。

③ UpdateControls 方法：可以从数据控件的记录集中再取回原先的记录内容，即恢复原先值。当在与数据控件链接的控件中修改了记录内容，可以用 UpdateControls 方法使这些控件恢复显示原来的值。

12.3.3 Data 控件的常用事件

Data 控件的常用事件如下：

① Reposition 事件：该事件是当某一个记录变成当前记录之后触发。通常利用该事件对当前记录的数据内容进行计算。

② Validate 事件：该事件与 Reposition 事件不同，是当某一记录成为当前记录之前，或在 Update、Delete、Unload 或 Close 操作之前触发。

12.3.4 Recordset 对象

在 Visual Basic 中由于数据库内的数据表不允许直接被访问，而只能通过记录集对象 Recordset 进行记录的操作和浏览。因此，记录集是一种浏览数据的工具。用户可根据需要，通过使用记录集对象选择数据。

Visual Basic 中的 Data 控件的 Recordset 属性就是一个记录集对象,具有自己的方法和属性，利用它们可以对数据库中的记录进行各种处理。下面是 Recordset 比较常用的属性和方法。

① AbsolutePostion 属性：返回当前指针值，如果是第一条记录，其值为 0。该属性为只读属性。

② Bof 属性：判断当前指针值是否在首记录之前，若为 True，则当前位置位于记录集的第一条记录之前。

③ Eof 属性：判断当前指针值是否在最后一条记录之后。

④ NoMatch 属性：在记录集中进行查找时，如果找到相匹配的记录，则该属性为 False，否则为 True。

⑤ RecordCount 属性：返回 Recordset 对象中的记录个数，该属性为只读属性。在多用户环境下，RecordCount 属性值可能不准确，为了获得准确值，在读取 RecordCount 属性值之前，可使用 MoveLast 方法将记录指针移动到最后一条记录上。

⑥ AddNew 方法：用于添加一条新记录，新记录的每个字段如果有默认值则取默认值，如果没有则为空。例如，给 Data1 的记录集添加新记录：

```
Data1.Recordset.AddNew
```

⑦ Delete 方法：用于删除当前记录的内容，在删除后应将当前记录移动到下一条记录。

⑧ Edit 方法：用于对可更新的当前记录进行编辑修改。

⑨ Find 方法集合：用于查找记录，包含 FindFirst、FindLast、FindNext 和 FindPrevious 4 种方法，其作用如表 12-3 所示。

表 12-3　Find 方法集合参照表

函　数　名	功　　能
FindFirst	查找满足条件的第一条记录
FindLast	查找满足条件的最后一条记录
FindNext	查找满足条件的下一条记录
FindPrevious	查找满足条件的上一条记录

⑩ Move 方法集合：用于移动记录，包含 MoveFirst、MoveLast、MoveNext 及 MovePrevious 4 种方法，这 4 种方法的功能分别是移到第一条记录、移到最后一条记录、移到下一条记录和移到前一条记录。

注　意

当在最后一条记录时，如果使用了 MoveNext 方法，EOF 的值会变为 True，如果再使用 MoveNext 方法就会出错。对于 MovePrevious 方法，如果前移，BOF 的值变为 True。

⑪ Update 方法：用于将绑定控件上修改的记录内容保存到数据库中。

12.3.5　数据绑定控件

利用 Data 控件可以使应用程序跟数据库连接起来，但是 Data 控件本身并不能显示数据库中的数据，它必须通过能与它绑定的控件来显示数据。可与 Data 控件绑定的控件有文本框、标签、图像框、图形框、列表框、组合框、复选框、网格、DB 列表框、DB 组合框、DB 网格、DataReport 控件和 OLE 容器等控件。将控件与数据库进行绑定可以按照以下步骤进行。

① 将 Data 控件添加到窗体上。

② 为 Data 控件设置相关属性。

③ 在窗体中添加要绑定的控件。

④ 将要绑定控件的 DataSource 属性设置为 Data 控件的 Name 属性值，如 Data1。

⑤ 将控件的 DataField 属性设置为数据表中的相应字段，如“书名”。

这样，就完成了相关控件跟数据库的绑定。

【例 12.1】 12.2.1 节利用数据库管理器创建了“图书管理”数据库。下面以“图书管理”为后台数据库，采用 Data 控件设计“图书管理”应用程序。

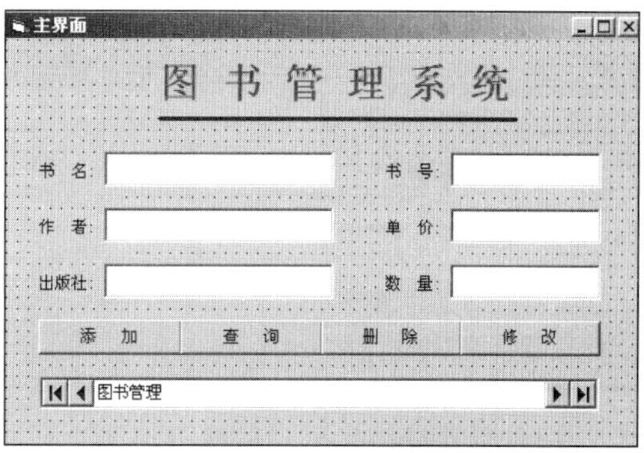

图 12-11　例 12.1 界面设计

界面设计：启动 Visual Basic 新建一个工程。往窗体中添加 1 个 Data1 控件、7 个标签框控件、1 个 Line 控件、6 个文本框控件和 4 个按钮控件。界面设计如图 12-11 所示。各控件属性设置如

表 12-4 所示。

表 12-4 控件属性设置

控 件	属 性	属 性 值	控 件	属 性	属 性 值
Data	Name	Data1	TextBox	Name	Text2
	Caption	图书管理		DataField	作者
	Connect	Access		DataSource	Data1
	DatabaseName	E:\VB\图书管理.mdb		Text	空白
	RecordSource	图书信息	TextBox	Name	Text3
Label	Name	Label1		DataField	出版社
	Caption	图书管理系统		DataSource	Data1
	ForeColor	红色		Text	空白
	Font	宋体、二号、粗体	TextBox	Name	Text4
Label	Name	Label2		DataField	书号
	Caption	书名		DataSource	Data1
Label	Name	Label3		Text	空白
	Caption	作者	TextBox	Name	Text5
Label	Name	Label4		DataField	单价
	Caption	出版社		DataSource	Data1
Label	Name	Label5		Text	空白
	Caption	书号	TextBox	Name	Text6
Label	Name	Label6		DataField	数量
	Caption	单价		DataSource	Data1
Label	Name	Label7		Text	空白
	Caption	数量	CommandButton	Name	Command1
Line	Name	Line1		Caption	添加
	BorderColor	蓝色	CommandButton	Name	Command2
	BorderWidth	3		Caption	删除
TextBox	Name	Text1	CommandButton	Name	Command3
	DataField	书名		Caption	查询
	DataSource	Data1	CommandButton	Name	Command4
	Text	空白		Caption	修改

没有编写任何代码，虽然可以浏览数据库中的数据，但是功能有限，如想通过应用程序主

界面为数据库添加、修改或删除一条图书记录等都不能实现。下面来实现“添加”“查询”“删除”和“修改”4 个功能。

（1）添加

利用 Data 控件为数据库添加一条新记录的操作步骤如下：

① 调用记录集对象 Recordset 的 AddNew 方法，在数据表中添加一条空白记录。

② 给各字段赋值。给字段赋值格式为：

```
Recordset.Fields("字段名") = 值
```

③ 调用 Update 方法，将添加的数据记录写入数据库，否则所做的输入将全部丢失。

当用户要添加一条记录，必须单击“添加”按钮（该按钮马上变成“更新”按钮），然后在绑定的 6 个文本框中输入相关的数据，再单击“更新”按钮，就可以将添加的记录添加到数据库中。所以“添加”按钮的事件过程代码如下：

```
Private Sub Command1_Click()                '"添加"按钮的事件过程
  If Command1.Caption = "添  加"
  Then
    Command1.Caption = "更  新"
    Data1.Recordset.AddNew
    Text1 = ""
    Text2 = ""
    Text3 = ""
    Text4 = ""
    Text5 = ""
    Text6 = ""
    Text1.SetFocus                          '强制性使 Text1 获得焦点
   Else
    Command1.Caption = "添  加"
    Data1.Recordset("书名") = Text1
    Data1.Recordset("作者") = Text2
    Data1.Recordset("出版社") = Text3
    Data1.Recordset("书号") = Text4
    Data1.Recordset("单价") = Text5
    Data1.Recordset("数量") = Text6
    Data1.Recordset.Update
   End If
End Sub
```

（2）查询

单击“查询”按钮，在出现的“查询”对话框中，选择“查询”的方式，在按“书名”查询、按“书号”查询和按“出版社”查询 3 种方式中选择其一，单击“查找”按钮就可以将满足条件的记录显示出来。因此要添加一个新的窗体 Form2，并向该窗体中添加 3 个 Frame 控件，3 个标签控件、3 个文本框和 2 个命令按钮，如图 12-12 所示。按照表 12-5 设置相关属性。

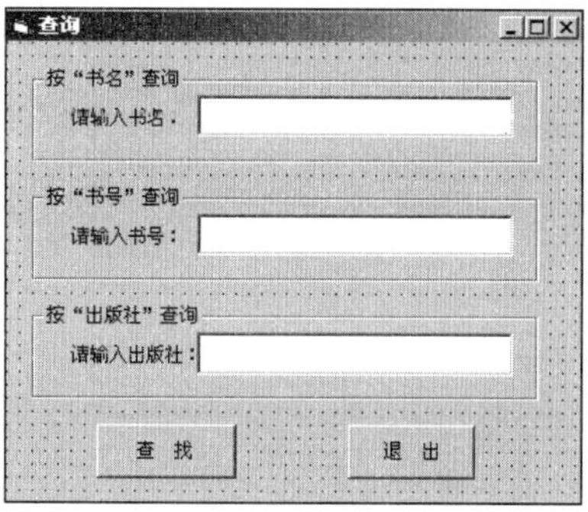

图 12-12 查询界面

表 12-5 控件属性设置

控　件	属　性	属 性 值	控　件	属　性	属 性 值
Frame	Name	Frame1	Frame	Name	Frame3
	Caption	按“书名”查询		Caption	按“出版社”查询
Label	Name	Label1	Label	Name	Label3
	Caption	请输入书名:		Caption	请输入出版社:
TextBox	Name	Text1	TextBox	Name	Text3
	Text	空白		Text	空白
Frame	Name	Frame2	CommandButton	Name	Command1
	Caption	按“书号”查询		Caption	查找
Label	Name	Label2	CommandButton	Name	Command2
	Caption	请输入书号:		Caption	退出
TextBox	Name	Text2			
	Text	空白			

在 Form1 中添加“查询”按钮的事件过程如下：

```
Private Sub Command2_Click()          '“查询”按钮的事件过程
  Form2.Show                         '显示“查询”对话框
End Sub
```

在 Form2 窗体模块中添加“查找”按钮的事件过程，编写如下代码：

```
Private Sub Command1_Click()          '“查找”按钮事件过程
    If Text1.Text <> "" Then         '用户选择按“书名”查询
        Form1.Data1.Recordset.MoveFirst
        '因为当前是在 Form2 窗体模块中，所以引用 Form1 中的控件必须加前缀 Form1
        Form1.Data1.Recordset.FindFirst ("书名=" & "'" & Text1 & "'")
        If Form1.Data1.Recordset.NoMatch Then
            MsgBox ("没有匹配的记录，请重新输入！ ")
            Text1.SetFocus
        Else
            Form1.Text1 = Form1.Data1.Recordset("书名")
            Form1.Text2 = Form1.Data1.Recordset("作者")
            Form1.Text3 = Form1.Data1.Recordset("出版社")
            Form1.Text4 = Form1.Data1.Recordset("书号")
            Form1.Text5 = Form1.Data1.Recordset("单价")
            Form1.Text6 = Form1.Data1.Recordset("数量")
            Form2.Hide
        End If
    ElseIf Text2.Text <> "" Then                 '用户选择按“书号”查询
        Form1.Data1.Recordset.MoveFirst
        Form1.Data1.Recordset.FindFirst ("书号=" & "'" & Text2 & "'")
        If Form1.Data1.Recordset.NoMatch Then
            MsgBox ("没有匹配的记录,请重新输入！ ")
```

```
            Text2.SetFocus
        Else
            Form1.Text1 = Form1.Data1.Recordset("书名")   '显示找到的记录
            Form1.Text2 = Form1.Data1.Recordset("作者")
            Form1.Text3 = Form1.Data1.Recordset("出版社")
            Form1.Text4 = Form1.Data1.Recordset("书号")
            Form1.Text5 = Form1.Data1.Recordset("单价")
            Form1.Text6 = Form1.Data1.Recordset("数量")
            Form2.Hide
        End If
    ElseIf Text3.Text <> "" Then              '用户选择按"出版社"查询
        Form1.Data1.Recordset.MoveFirst
        Form1.Data1.Recordset.FindFirst ("出版社=" & "'" & Text3 & "'")
        If Form1.Data1.Recordset.NoMatch Then
            MsgBox ("没有匹配的记录,请重新输入! ")
            Text3.SetFocus
        Else
            Form1.Text1 = Form1.Data1.Recordset("书名")
            Form1.Text2 = Form1.Data1.Recordset("作者")
            Form1.Text3 = Form1.Data1.Recordset("出版社")
            Form1.Text4 = Form1.Data1.Recordset("书号")
            Form1.Text5 = Form1.Data1.Recordset("单价")
            Form1.Text6 = Form1.Data1.Recordset("数量")
            Form2.Hide
        End If
    Else
        MsgBox ("你至少要选择一种查询方式! ")
    End If
End Sub
```

（3）删除

要从数据库的记录集中删除记录的操作分为 3 步：

① 定位被删除的记录使之成为当前记录。

② 调用 Delete 方法。

③ 移动记录指针。

在使用 Delete 方法时，当前记录不加任何提示被立即删除，并且对应的绑定控件不会及时更新显示下一条记录。因此必须移动到被删除记录的下一记录。

添加“删除”按钮的事件过程，编写如下代码：

```
Private Sub Command3_Click()    '"删除"按钮的事件过程
  If MsgBox("你确定要删除书名为《" & Text1.Text & "》的图书信息吗? ", _
  vbOKCancel + vbDefaultButton2) = vbOK Then
        Data1.Recordset.Delete
        Data1.Recordset.MoveNext
   End If
End Sub
```

（4）修改

Data 控件自动提供了修改现有记录的能力，当直接修改绑定控件的内容后，单击数据控件对象的任一箭头来改变当前记录，被修改的数据就会保存到数据库中。当然也可通过程序代码来修改记录，该操作分为 4 步：

① 定位要修改的记录使之成为当前记录。

② 调用 Edit 方法。

③ 给各字段赋值。

④ 调用 Update 方法，确定所做的修改。

添加“修改”按钮的事件过程，编写如下代码。

```
Private Sub Command4_Click()
    Data1.Recordset.Edit
    Data1.Recordset("书名") = Text1
    Data1.Recordset("作者") = Text2
    Data1.Recordset("出版社") = Text3
    Data1.Recordset("书号") = Text4
    Data1.Recordset("单价") = Text5
    Data1.Recordset("数量") = Text6
    Data1.Recordset.Update
End Sub
```

运行应用程序，各绑定控件已经能够显示被绑定的“图书信息”表中对应的数据，并且默认显示“图书信息”表中的第一条记录，如图 12-13 所示。单击▶按钮可以浏览下一条数据记录。

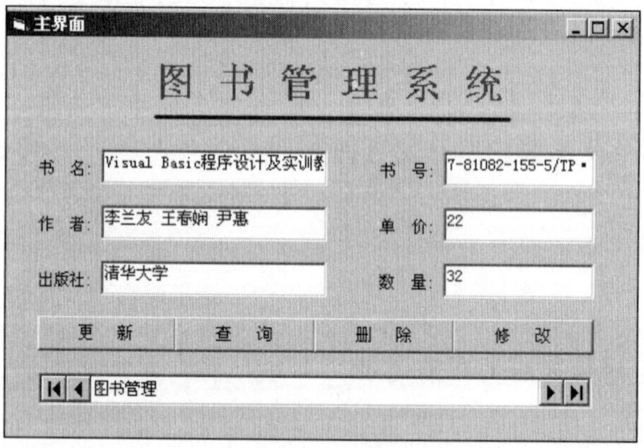

图 12-13 运行结果

12.4 ADO

ActiveX 数据对象（ActiveX Data Objects，ADO）是 Microsoft 公司开发的数据库应用程序面向对象的新接口，是建立在 OLE DB 底层技术之上的高级编程接口，具有更加简单、更加灵活的操作性能，具有强大的数据处理功能（如处理各种不同类型的数据源、分布式的数据处理等）和极其简单、易用的编程接口，因而得到了广泛的应用。大多数 Visual Basic 程序员选择通过 ADO 来访问包括 SQL Server、Oracle、Access 等数据库，甚至 Excel 表格、文本文件、图形文件和无格式的数据文件在内的任何一种 OLE DB 数据源。

ADO 对象模型由众多对象和集合组成，包括 Connection、Command、Parameter、Recordset、Field、Property 及 Error 7 个对象和 Fields、Properties、Parameters 及 Errors 4 个集合，如图 12-14 所示。

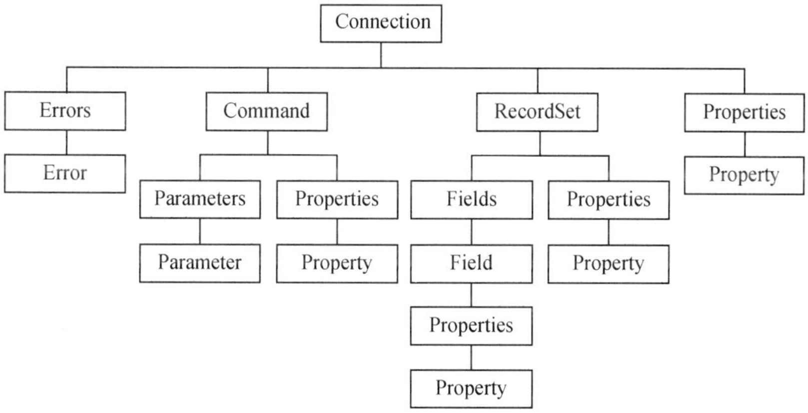

图 12-14 ADO 对象集合

Connection、Command、Recordset 和 Field 对象都有一个 Properties 集合。Connection 对象定义了提供者和数据库的名称，以及其他属性。数据库返回的每个错误都会产生 Error 对象。Command 对象用于定义 Recordset 或执行对数据库的操作。如果希望将参数提供给 Command 对象，则应该使用 Parameter 对象。Recordset 对象是保存于本地存储空间中临时的数据记录集合。Recordset 中的每一行都包含一列或者多列数据。其中的列被称为 Field 对象。

① Connection 对象：用于表示打开的与数据源的连接。

② Command 对象：代表打开的与数据源的连接。

③ Parameter 对象：代表与基于参数化查询或存储过程的 Command 对象相关联的参数或自变量。

④ Recordset 对象：代表来自基本表或命令执行结果的记录的全集。任何时候，Recordset 对象所指的当前记录均为集合内的单个记录。

⑤ Field 对象：代表使用普通数据类型的数据的列。

⑥ Property 对象：代表由提供者定义的 ADO 对象的动态特性。

⑦ Error 对象：包含与单个操作有关的数据访问错误的详细信息。

在这 7 个对象中，Connection、Recordset 和 Command 对象是 ADO 的核心对象。下面重点介绍这 3 个对象。

12.4.1 Connection 对象

Connection 对象用于建立与数据库的连接，通过连接可从应用程序访问数据源。它保存诸如指针类型、连接字符串、查询超时或连接超时和默认数据库等连接信息。所有的高级连接功能都是通过这个对象进行控制，包括事务控制、隔离级别的设置、不返回数据的 SQL 语句的执行。这些功能由 Connection 对象提供的属性和方法实现。

1. Connection 对象的常用属性

① ConnectionString 属性：设置或返回建立连接的字符串，用于建立和数据库的连接。它

包含了连接数据源所需的各种信息，在打开之前必须设置该属性。例如，不使用数据源名（DSN）打开连接如下：

```
Dim cnn As ADODB.Connection
Set cnn = New ADODB.Connection
Cnn.ConnectionString = "driver={SQL Server};" & _
   "server=SQL Server;uid=sa;pwd=pwd;database=pubs"
```

在这里设置连接的数据库为 SQL Server 数据库，连接的数据库在 SQL Server 服务器上，访问的用户名为 sa，口令为 pwd，访问的数据库名称为 pubs。

使用 DSN 和 ODBC 标记打开连接如下：

```
Set cnn = New ADODB.Connection
cnn.ConnectionString = "DSN=Pubs;UID=sa;PWD=pwd;"
```

在这里，数据源为 Pubs 连接，访问的用户名为 sa，口令为 pwd。

② ConnectionTimeout 属性：设置或返回在尝试建立连接时终止尝试并生成错误之前所等待的时间。等待连接打开的时间以 s 为单位，默认值为 15 s。

③ CursorLocation 属性：设置或返回用户选择的游标位置。取值为 adUseNone，表示不使用游标服务；取值为 adUseClient，表示使用客户端游标；取值为 adUseServer，表示使用服务器端游标。默认值是 adUseServer。只有在连接建立之前，设置该属性并建立连接才有效。对于已经建立的连接，设置该属性对连接不会产生影响。

④ DefaultDatabase 属性：设置或返回连接的一个默认的数据库。如果 ConnectString 中未指定数据库名称，就使用这里所指定的名称。对于 SQL Server 而言，其值通常是 pubs。

⑤ State 属性：设置或返回当前连接是处于打开状态、关闭状态或中间状态。

2. Connection 对象的常用方法

① Open 方法：打开到数据源的连接。使用 Connection 对象的 Open 方法可建立到数据源的物理连接。在该方法成功完成后连接是活跃的，可以对它发出命令并返回处理结果。其使用语法如下：

```
Object.Open ConnectionString,UserID,Password,Options
```

其中，参数 ConnectionString 是可选的字符串，包含连接信息，可以由 ConnectionString 属性提供；参数 UserID 是可选项，用于指定建立连接时所使用的用户名；参数 Password 也是可选的字符串，包含建立连接时所使用的口令；参数 Options 提供连接选择，是一个 ConnectionOptionEnum 值，决定该方法是在连接建立之后（异步）还是连接建立之前（同步）返回。

② Close 方法：关闭打开的对象及任何相关对象。使用 Close 方法可关闭 Connection 对象以便释放所有关联的系统资源。关闭对象并非将它从内存中删除，可以更改它的属性设置并且在此后再次打开。要将对象从内存中完全删除，可将对象变量设置为 Nothing。

③ Execute 方法：用于执行指定的查询、SQL 语句、存储过程或特定提供者的文本等内容。其使用语法如下：

```
Object.Execute CommandText, RecordsAffected, Options
```

其中，参数 CommandText 包含要执行的 SQL 语句、表名、存储过程或特定提供者的文本；参数 RecordsAffected 表示提供者向其返回操作所影响的记录数目；参数 Options 表示提供者应如何计算 CommandText 参数。

④ 事务处理方法：在 ADO 中，同样支持事务处理。如果希望控制一组操作的完成或取消，则可以选择使用事务处理方法。ADO 提供了 3 种事务处理方法。

- BeginTrans：开始一个事务。其后必须有 CommitTrans 和/或 RollbackTrans 相呼应。
- CommitTrans：提交一个事务，以完成对数据源的永久改变（要求使用之前必须调用 BeginTrans 方法）。
- RollBackTrans：取消一个事务，恢复对数据源做的临时性改变（要求使用之前必须调用 BeginTrans 方法）。

通常用 BeginTrans 方法开始一个新事务，使用 CommitTrans 或 RollBackTrans 方法结束事务。

12.4.2　Command 对象

Command 对象用来执行数据库中的命令，用于运行 SQL 语句或调用存储过程（即数据库中的 SQL 函数）。当执行的命令返回数据时，可以使用 Recordset 对象获取数据。

1. Command 对象的常用属性

① ActiveConnection 属性：所有 Command 对象是基于一个已建立的 Connection 对象的。本属性用来表示连接信息，一般是一个连接对象的名称。

② CommandText 属性：用来储存要执行的命令本身，可以是一条 SQL 命令、数据库表名或储存过程名。

③ CommandTimeOut 属性：用于确定 Command 命令执行的最长等待时间（s），默认值为 30 s。该值设置为 0 表示无时间限制。

④ Direction 属性：指示所标明的是输入参数、输出参数还是既是输出又是输入参数，或该参数是否为存储过程返回的值。取值为 AdParamUnknown，表示指示参数方向未知；为 AdParamInput，表示指示输入参数，此为默认值；为 AdParamOutput，表示指示输出参数；为 AdParamInputOutput，表示同时指示输入参数和输出参数；为 AdParamReturnValue，表示指示返回值。

⑤ State 属性：用于设置 Command 对象的状态。状态有两种：adStateClosed=0 表示关闭，adStateOpen=1 表示打开（默认值）。

2. Command 对象的常用方法

① Execute 方法：执行在 CommandText 属性中指定的查询、SQL 语句或存储过程。

② AppendChunk 方法：将数据追加到 Parameter 对象。

③ Append 方法：将 Parameter 对象添加到 Parameters 集合中。

④ Delete 方法：从 Parameters 集合中删除 Parameter 对象。

12.4.3　Recordset 对象

Recordset 对象只代表一个记录集，这个记录集是一个连接的数据库中的数据表，或者是 Command 对象的执行结果返回的记录集。Recordset 对象实际上是依附于 Connection 对象和 Command 对象之上的。通过建立及开启一个 Connection 对象，可以与数据库建立连接；通过使用 Command 对象，可以“告诉”数据库想要做什么，是插入一条记录，还是查找符合条件的记录；通过使用 Recordset 对象，可以方便自如地操作 Command 对象返回的结果。

1. Recordset 对象的常用属性

① ActiveConnection 属性：指定与数据提供者的连接信息，用来指定当前的 Recordset 对象属于哪个 Connection 对象。

② Bookmark 属性：书签标记，用来保存当前记录的位置。

③ CursorType 属性：指定 Recordset 对象所使用的光标类型。共有 4 种光标类型：取值为 0 表示前滚光标，光标只能向前移动，执行效率高，是 Cursor 的默认值；为 1 表示键盘光标，光标可向前或向后移动，Recordset 记录集同步反映自它创建后其他用户所做的修改和删除，但却不能同步反映自它创建后其他用户新增加的记录；为 2 表示动态光标，光标可向前或向后滚动，任何时候 Recordset 记录集都同步反映其他用户的任何操作；为 3 表示静态光标，光标可向前或向后移动，自创建后无法同步反映其他用户所做的任何操作，它的功能简单且消耗资源少。

④ LockType 属性：表示编辑时记录的锁定类型。它决定了当不止一个用户试图同时改变一个记录时，Recordset 如何处理数据记录。取值为 0 表示只读锁定，记录只读，不能更新 Recordset，为 LockType 的默认值；为 1 表示悲观锁定，编辑记录开始立刻锁定，直到提交给数据提供者；为 2 表示乐观锁定，一次锁定一条记录，只有调用 Update 方法提交数据时才锁定记录；为 3 表示乐观的批量更新，允许同时更新多条记录。

⑤ Filter 属性：用来设定一个过滤条件，以便对 Recordset 记录进行过滤。

⑥ Bof 属性：判断记录指针是否到了第一条记录之前。

⑦ Eof 属性：判断记录指针是否到了最后一条记录之后。

⑧ Source 属性：指定 Recordset 对象的数据源，可以是一个 Command 对象名、SQL 语句、数据库表或存储过程。

⑨ RecordCount 属性：返回 Recordset 对象的记录数（在使用键盘光标时，该属性返回的可能是不太准确的数值；一般情况下，并不用这种方法来统计 Recordset 中的记录数，因为它的性能并不稳定）。

2. Recordset 对象的方法

① Open 方法：打开一个 Recordset 对象。其语法格式为：

```
Rs.Open[Source][,ActiveConnection][,CursorType][,LursorType][,Options]
```

其中，Rs 为已经建立的 Recordset 对象；Source 为可选参数，可以是一个 Command 对象名、SQL 语句、数据库表或存储过程；ActiveConnection 定义与数据库的连接信息；CursorType 是 Recordset 对象所使用的光标类型；LockType 是编辑 Recordset 对象记录时所使用的锁定类型；Options 指示数据提供者如何处理 Source 的内容类型，其参数值及其意义如表 12-6 所示。

表 12-6　Options 参数值及其意义

Options 参数值	意 义 描 述
1	表示被执行的字符串包含一个命令文本
2	表示被执行的字符串包含一个表名
4	表示被执行的字符串包含一个存储过程名
8	没有指定字符串的内容（默认值）

② Close 方法：关闭一个 Recordset 对象，但并不从内存中删除该对象，只是无法读取其中的数据，但仍然可以读取它的属性。因此一个关闭的 Recordset 对象还可以用 Open 方法打开并保持其原有属性。其语法格式为：

```
Rs.Close
```

如果正进行编辑更新数据的操作，则在使用此方法之前必须先调用 Update 和 CancelUpdate 方法，否则将会出现错误。

③ MoveFirst 方法：把 Recordset 指针指向第一行记录。其语法格式为：

```
Rs.MoveFirst
```

④ MoveLast 方法：把 Recordset 指针指向最后一条记录（该 Recordset 必须支持书签）。其语法格式为：

```
Rs.MoveLast
```

⑤ MovePrevious 方法：把 Recordset 指针上移一行（使用前应判断 BOF 是否为真，该方法必须支持书签）。其语法格式为：

```
Rs.MovePrevious
```

⑥ MoveNext 方法：把 Recordset 指针下移一行（使用前应判断 EOF 是否为真）。其语法格式为：

```
Rs.MoveNext
```

⑦ Move 方法：把 Recordset 指针指向指定的记录。其语法格式为：

```
Move n [,start]
```

其中，n 为要移动的记录数，取正时表示向前（下）移动，取负时表示向后（上）移动；start 是可选参数，表示移动的起点。

⑧ AddNew 方法：增加一条空记录。其语法格式为：

```
Recordset.AddNew [FieldList, Values]
```

其中，FieldList 是新记录中字段的单个名称或一组名称或序号位置；Values 是新记录中字段的单个或一组值。如果 Fields 是数组，那么 Values 也必须具有相同成员数的数组，否则将发生错误。字段名称的次序必须与每个数组中的字段值的次序相匹配。

⑨ Delete 方法：删除当前记录或记录组。其语法格式为：

```
Recordset.Delete [value]
```

其中，value=1（默认值）表示该方法只删除当前记录；value=2 表示该方法删除所有由 Filter 属性设定的记录。

⑩ Update 方法：保存当前记录的任何变动。其语法格式为：

```
Recordset.Update
```

⑪ CancelUpdate 方法：取消前一个 Update 方法所做的一切修改。其语法格式为：

```
Recordset.CancelUpdate
```

使用 CancelUpdate 方法可取消对当前记录所做的任何更改或放弃新添加的记录。如果在调用 CancelUpdate 方法时添加新记录，则调用 AddNew 之前的当前记录将再次成为当前记录。如果尚未更改当前记录或添加新记录，调用 CancelUpdate 方法将产生错误。

12.4.4 采用 ADO 访问数据库的一般步骤

在本章前面章节中，重点讲述了 ADO 的 3 个核心对象，即 Connection、Command 和 Recordset。那么在实际开发中它们是怎样协调进行数据库访问的呢？在实际编程过程中使用 ADO 的一般步骤如下：①导入 ADO 库；②连接数据库；③打开记录集对象；④使用记录集；⑤断开连接。

1. 导入 ADO 库

ADO 虽然集成在 Visual Basic 6.0 环境中，但只是可选项。因此在创建项目之后，必须将 ADO 库导入 Visual Basic 工程中。要导入 ADO 库可以采取如下步骤：在 Visual Basic 集成开发环境中，选择“工程”→“引用”命令，弹出“引用”对话框，选择 Microsoft ActiveX Data Objects 2.6 Library 选项并单击“确定”按钮，就可以将 ADO 库导入 Visual Basic 工程中。

2. 连接数据库

当导入 ADO 库之后，接着就可以利用 Connection 对象创建一个数据源的连接。下面以 12.1.2 节创建的 Access 数据库为例连接数据库，其步骤如下：

```
Dim cnn As ADODB.Connection
Set cnn= New ADODB.Connection
cnn.Provider = "Microsoft.jet.OLEDB.4.0"
cnn.ConnectionString = "图书管理.mdb"
cnn.Open ConnectionString
```

> **注 意**
>
> 如果是 Access 97 的话，则要将 Microsoft.jet.OLEDB.4.0 改为 3.51。

3. 打开记录集对象

利用记录集对象可以从数据库取回需要的数据。例如，要返回“图书信息”表中的数据记录，可以采用如下代码：

```
Public rs As ADODB.Recordset              '声明一个记录集对象的变量
rs.Open "select * from 图书信息", cnn, adOpenStatic, adLockOptimisticConnection
```

下面要将记录集里的数据以字段的形式显示在控件中。

```
Text1.Text = Rs.Fields(0)                 '将书名显示在第一个文本框
Text2.Text = Rs.Fields(1)                 '将作者显示在第二个文本框
Text3.Text = Rs.Fields(2)                 '将出版社显示在第三个文本框
Text4.Text = Rs.Fields(3)                 '将书号显示在第四个文本框
Text5.Text = Rs.Fields(4)                 '将单价显示在第五个文本框
Text6.Text = Rs.Fields(5)                 '将数量显示在第六个文本框
rs.Close                                  '关闭记录集
```

4. 使用记录集

① 添加新的记录。要添加新的记录，必须先打开该记录集。

```
Rs.Open "select * from 图书信息", cnn, adOpenStatic, adLockOptimistic
```

然后调用记录集对象的 AddNew 方法添加新的记录：

```
rs.AddNew
rs.Fields(0) = Text1.Text
rs.Fields(1) = Text2.Text
rs.Fields(2) = Text3.Text
```

```
rs.Fields(3) = Text4.Text
rs.Fields(4) = Val(Text5.Text)
```

最后调用 Update 方法进行更新将数据写入数据库中：

```
rs.Update
rs.Close
```

② 修改记录集。修改记录集跟添加新的记录相同，在此不再讲述。

```
rs.Open "select * from 图书信息", cnn, adOpenStatic, adLockOptimistic
```

③ 删除记录。先打开该记录集：

```
rs.Open "select * from 图书信息", cnn, adOpenStatic, adLockOptimistic
```

在 ADO 中删除记录集中数据的方法为 Delete 方法，可以删掉一组记录。

```
rs.Delete adAffectCurrent
rs.Update
```

5. 断开连接

在应用程序结束之前，应该释放分配给 ADO 对象的资源，操作系统回收这些资源并可以再分配给其他应用程序：

```
Object.Close      'Object 为 ADO 对象
```

【例 12.2】 以前面新建的 Access 数据库“图书管理”为后台，采用 ADO 设计一个“图书管理”应用程序。界面设计与图 12-11 相似。不同的是将 Data 控件删除。

因为“添加”按钮、“查询”按钮、“删除”按钮和“修改”按钮都要用到 Connection 和 Recordset 对象，所以需要声明两个全局变量 cnn 和 rs。在主界面模块中的代码窗口中的“通用—声明”部分，添加如下代码：

```
Public cnn As ADODB.Connection
Public rs As ADODB.Recordset
```

在窗体刚显示时，要实现将数据库中的第一条数据记录显示出来，可以在窗体的 Form_Load 事件过程中添加如下代码：

```
Private Sub Form_Load()
  Set cnn = New ADODB.Connection
  Set rs = New ADODB.Recordset
  cnn.Provider = "Microsoft.jet.OLEDB.4.0"
  cnn.ConnectionString = "图书管理.mdb"
  cnn.Open ConnectionString
  rs.Open "select * from 图书信息", cnn, adOpenStatic, adLockOptimistic
  Text1.Text = rs.Fields(0)
  Text2.Text = rs.Fields(1)
  Text3.Text = rs.Fields(2)
  Text4.Text = rs.Fields(3)
  Text5.Text = rs.Fields(4)
  Text6.Text = rs.Fields(5)
  rs.Close
End Sub
```

编写“添加”按钮的 Click 事件过程如下：

```
Private Sub Command1_Click()
  If Command1.Caption = "添  加" Then
```

```
      Command1.Caption = "更  新"
      Text1 = ""
      Text2 = ""
      Text3 = ""
      Text4 = ""
      Text5 = ""
      Text6 = ""
      Text1.SetFocus           '强制性使 Text1 获得焦点
    Else
      Command1.Caption = "添  加"
      If Text1.Text <> "" And Text2.Text <> "" And Text3.Text <> "" And _
      Text4.Text <> "" And Text5.Text <> "" And Text6.Text <> "" Then
         rs.Open "select * from 图书信息", cnn, adOpenStatic, adLockOptimistic
         rs.AddNew
         rs.Fields(0) = Text1.Text
         rs.Fields(1) = Text2.Text
         rs.Fields(2) = Text3.Text
         rs.Fields(3) = Text4.Text
         rs.Fields(4) = Val(Text5.Text)
         rs.Fields(5) = Val(Text6.Text)
         rs.Update
         rs.Close
      Else
         MsgBox ("新添加的记录不能为空！")
      End If
    End If
End Sub
```

编写“查询”按钮的 Click 事件过程如下：

```
Private Sub Command2_Click()
   Form2.Show    '显示“查询”对话框
End Sub
```

在 Form2 窗体模块中添加“查找”按钮的事件过程，编写如下代码：

```
Private Sub Command1_Click()
    If Text1.Text <> "" Then      '用户选择按“书名”查询
       Form1.rs.Open "select * from 图书信息 " & "where 书名='" & Text1.Text & _
       "'", Form1.cnn, adOpenStatic, adLockOptimistic
       '因为当前是在 Form2 窗体模块中，所以引用 Form1 中对象须加前缀 Form1
       If Form1.rs.EOF Then
          MsgBox ("没有匹配的记录，请重新输入！")
          Text1.SetFocus
       Else
          Form1.Text1.Text = Form1.rs.Fields(0)
          Form1.Text2.Text = Form1.rs.Fields(1)
          Form1.Text3.Text = Form1.rs.Fields(2)
          Form1.Text4.Text = Form1.rs.Fields(3)
          Form1.Text5.Text = Form1.rs.Fields(4)
```

```
            Form1.Text6.Text = Form1.rs.Fields(5)
            Form2.Hide
        End If
    ElseIf Text2.Text <> "" Then    '用户选择按“书号”查询
        Form1.rs.Open "select * from 图书信息 " & "where 书号='" & _
        Text2.Text & "'", Form1.cnn, adOpenStatic, adLockOptimistic
        If Form1.rs.EOF Then
            MsgBox ("没有匹配的记录，请重新输入！")
            Text2.SetFocus
        Else
            Form1.Text1.Text = Form1.rs.Fields(0)
            Form1.Text2.Text = Form1.rs.Fields(1)
            Form1.Text3.Text = Form1.rs.Fields(2)
            Form1.Text4.Text = Form1.rs.Fields(3)
            Form1.Text5.Text = Form1.rs.Fields(4)
            Form1.Text6.Text = Form1.rs.Fields(5)
            Form2.Hide
        End If
    ElseIf Text3.Text <> "" Then    '用户选择按“出版社”查询
        Form1.rs.Open "select * from 图书信息 " & "where 出版社='" & _
        Text3.Text & "'", Form1.cnn, adOpenStatic, adLockOptimistic
        If Form1.rs.EOF Then
            MsgBox ("没有匹配的记录，请重新输入！")
            Text3.SetFocus
        Else
            Form1.Text1.Text = Form1.rs.Fields(0)
            Form1.Text2.Text = Form1.rs.Fields(1)
            Form1.Text3.Text = Form1.rs.Fields(2)
            Form1.Text4.Text = Form1.rs.Fields(3)
            Form1.Text5.Text = Form1.rs.Fields(4)
            Form1.Text6.Text = Form1.rs.Fields(5)
            Form2.Hide
        End If
    Else
        MsgBox ("你至少要选择一种查询方式！")
    End If
    Form1.rs.Close
End Sub
```

“查找”对话框的“退出”按钮的事件代码如下：

```
Private Sub Command2_Click()
  Unload Me
End Sub
```

“删除”按钮的Click事件代码如下：

```
Private Sub Command3_Click()    ' “删除”按钮的事件过程。
  If MsgBox("你确定要删除书名为《" & Text1.Text & "》的图书信息吗？", _
  vbOKCancel + vbDefaultButton2) = vbOK Then
```

```
        rs.Open "select * from 图书信息", cnn, adOpenStatic, adLockOptimistic
        rs.Delete adAffectCurrent
        rs.MoveNext
        Text1.Text = rs.Fields(0)
        Text2.Text = rs.Fields(1)
        Text3.Text = rs.Fields(2)
        Text4.Text = rs.Fields(3)
        Text5.Text = rs.Fields(4)
        Text6.Text = rs.Fields(5)
        rs.Close
    End If
End Sub
```

"修改"按钮的 Click 事件代码如下：

```
Private Sub Command3_Click()    '"删除"按钮的事件过程
   If MsgBox("你确定要删除书名为《" & Text1.Text & "》的图书信息吗？", _
   vbOKCancel + vbDefaultButton2) = vbOK Then
        rs.Open "select * from 图书信息", cnn, adOpenStatic, adLockOptimistic
        rs.Delete adAffectCurrent
        rs.MoveNext
        Text1.Text = rs.Fields(0)
        Text2.Text = rs.Fields(1)
        Text3.Text = rs.Fields(2)
        Text4.Text = rs.Fields(3)
        Text5.Text = rs.Fields(4)
        Text6.Text = rs.Fields(5)
        rs.Close
    End If
End Sub
```

运行结果如图 12-15 所示。

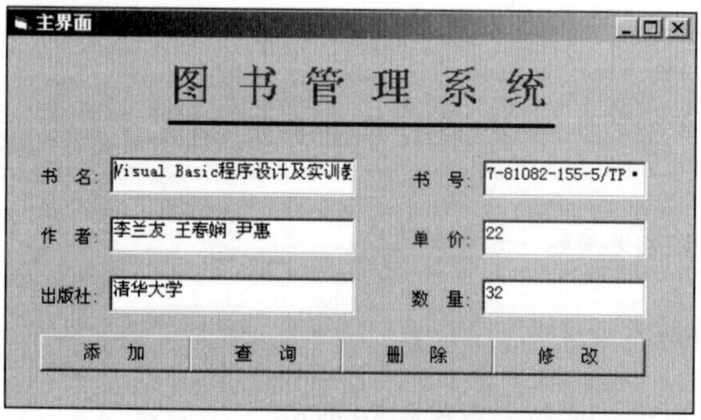

图 12-15 ADO 应用实例界面

习 题

一、简答题

1. 什么是数据库、关系、记录、字段和主键？

2. 在 Visual Basic 中可以访问哪些类型的数据库?

3. 怎样利用可视化数据管理器创建一个数据库?

4. 简述 Data 控件的属性和方法。

5. 利用 Data 控件说明如何将一个表中的字段绑定到一个文本框中。

6. ADO 对象模型由哪些对象组成?

二、编程题

在一个“学生信息管理系统”的后台数据库只有一个学生表，该表由如下字段组成：学号、姓名、性别、专业、籍贯和民族。

1. 请采用“数据库管理器”建立一个“学生”数据库，并在该数据库中创建一个数据表——“学生”表。

2. 请采用 Visual Basic 的数据对象实现对“学生”数据库进行添加、删除和更新等操作。程序的界面如图 12-16 所示。

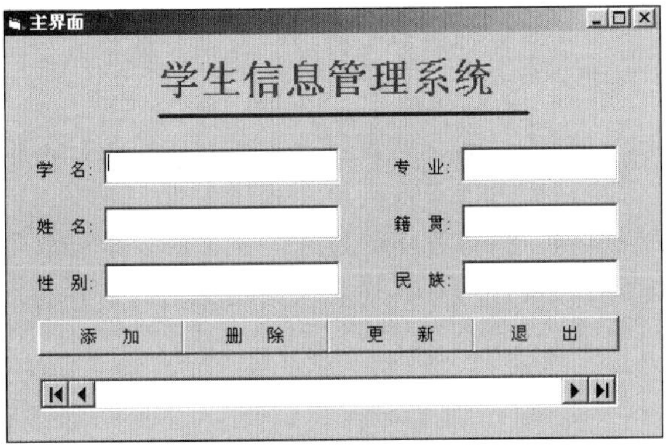

图 12-16　界面设计

附录 A

程序调试与软件测试

调试程序是设计正确代码必不可缺的重要环节，在程序设计过程中，出现错误是不可避免的，而且随着程序代码量的逐渐增加，错误还会成倍增加。程序调试就是对程序进行测试并查找出错误所在。

调试程序时，往往需要知道执行某段程序后，各个对象都发生了怎样的变化，各个变量的取值情况如何，某些条件为真还是假等。Visual Basic 提供了强大的调试工具，包括设置断点、逐语句执行或逐过程执行和调试窗口等，可以跟踪程序的执行，在跟踪过程中观察变量和属性值的变化等，从而可以深入到应用程序内部去观察，方便确定产生错误的原因。软件测试是为了发现错误而执行程序的过程。测试时要根据软件开发各个阶段的规格说明和程序的内部结构而精心设计一批有代表性的测试用例，并利用这些测试用例运行程序，以发现错误的过程。

一、错误类型

Visual Basic 的错误类型可以分为语法错误、编译错误、运行错误和逻辑错误。

1. 语法错误

语法错误通常是由于不正确书写代码而产生的。例如，多写、漏写、关键字写错，标点符号使用不当等。对于这种错误，用 Visual Basic 中提供的自动语法检查功能即可解决。当输入一行代码并按【Enter】键后，Visual Basic 系统就立即检测出错误，出错的那一行变成红色，出错部分被高亮显示并弹出消息对话框指出错误的原因；对于通过基本语法检查的语句，会自动将对象、常数等首字母变为大写，自动调整各单词之间的空格等。

例如，在附图 1 中，用户在输入“a=a-b+”表达式时没输入完，就按【Enter】键了，系统显示出错信息，提醒用户改正。

2. 编译错误

编译错误是指单击“启动”按钮，Visual Basic 开始运行程序前，先编译执行的程序段首产生的错误。此类错误是由于用户未定义变量、遗漏关键字等原因而产生的。这时也弹出一个对话框，如附图 2 所示，提示错误信息。出错的那一行被高亮显示，同时 Visual Basic 停止编译。这时，用户必须单击“确定”按钮，关闭出错提示对话框，然后对出错行进行修改。

例如，在附图 2 中，由于用户将变量名 flag 误输写为 flog，成为两个变量名，而在过程前面又选用了 Option Explicit 语句，强制显式声明模块中的所有变量，系统就对 flog 变量显示“变量未定义”的错误。此时，若用户撤销选用 Option Explicit 语句，虽然系统不显示错误，但会产生程序难以正确调试的问题。希望初学者一定要使用 Option Explicit 语句，以避免很多变量名输入的错误。

3. 运行错误

运行时的错误是 Visual Basic 在编译通过后，运行代码时发生的错误。这类错误往往是由指令代码执行了非法操作引起的。例如，除法运算中除数为零，类型不匹配，访问文件时文件夹或文件找不到等。

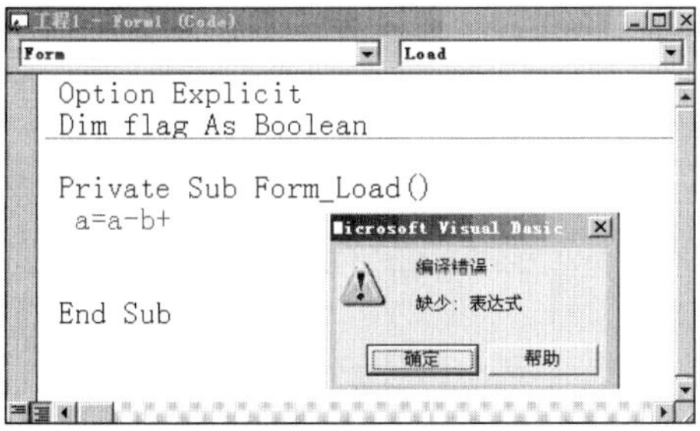

附图 1 语法错误

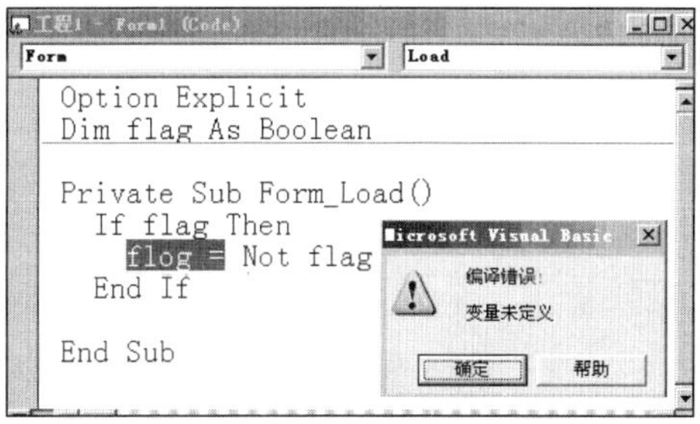

附图 2 运行错误

例如，属性 Fontsize 的类型为整型，若对其赋值的类型为字符串，系统运行时显示附图 3 所示的错误信息；当用户单击了“调试”按钮，进入中断模式，光标停留在引起出错的那一句上，此时允许修改代码，如附图 4 所示。

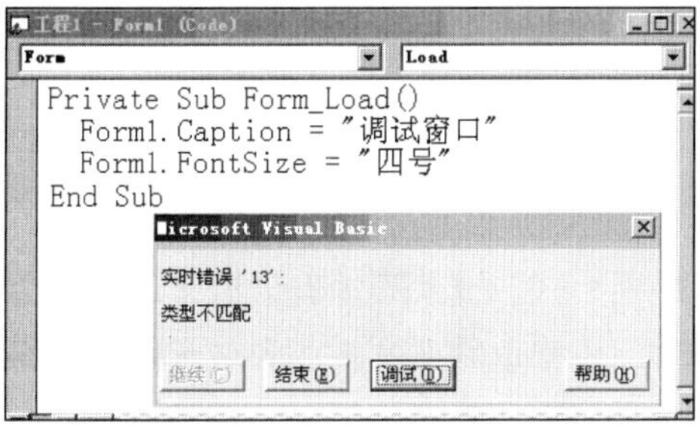

附图 3 运行时错误提示对话框

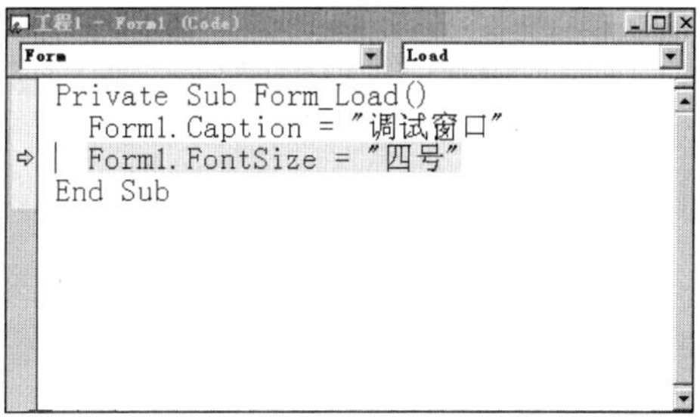

附图 4 代码窗口

4. 逻辑错误

逻辑错误是指程序能正常运行但是没有得到预期结果的错误。例如，运算符使用不正确，语句的次序不对，循环语句的起始、终值不正确。通常，逻辑错误不会产生错误提示信息，故错误较难排除，需要程序员仔细阅读分析程序，并具有调试程序的经验。

例如，计算 10!，若代码编写为：

```
Private Sub Form_Click()
    Dim s As Single
    For i=1 To 10
       s=s*i
    Next i
    Print s
End Sub
```

该程序可以运行，但是缺少 s = 1 起始语句，运行程序时输出的结果是 0。

二、调试与排错

Visual Basic 虽不能诊断或更正错误，但是提供了一些非常有用的工具，帮助分析运行是如何从过程的一部分流动到另一部分，分析变量和属性是如何随着语句的执行而改变的。使用调试工具，可以深入应用程序内部去观察，从而确定产生错误的原因。

（一）Visual Basic 的模式

作为一个集编辑、编译与运行于一体的集成环境，Visual Basic 工作状态可分为 3 种模式，即设计模式、运行模式和中断模式。为了测试和调试应用程序，用户在任何时候都要知道应用程序正处于何种模式之下。

1. 设计模式

启动 Visual Basic 6.0 并新建一个工程项目后，系统默认就是设计模式。此时标题栏中显示“工程 1-Microsoft Visual Basic[设计]”，如附图 5 所示。

附图 5 “设计”标题栏

在设计模式下，可以建立应用程序的用户界面，设置控件的属性，编写程序代码等。

2. 运行模式

完成工程的界面设计和代码设计后，单击▸运行程序，系统进入运行模式。在该模式下，可以测试程序的运行结果，与应用程序交互，但不能修改界面和代码，如附图 6 所示。

附图 6 “运行”标题栏

3. 中断模式

在运行模式，单击 ‖ 按钮中断运行，系统进入中断模式，或者程序有语法错误时也会进入中断模式。在中断模式下，可以利用各种调试手段检查或更改某些变量或表达式的值，或者在断点附近单步执行程序，以便发现错误或改正错误，如附图 7 所示。

附图 7 “中断”标题栏

（二）调试工具

Visual Basic 6.0 提供了强大的调试工具，可以在“调试”菜单中找到，也可以在“调试”工具栏中找到。通过它们可以便捷、有效地检测出程序中逻辑错误的地点和原因。“调试”工具栏在一般情况下是看不到的，可以在任何工具栏中右击，在弹出的快捷菜单中选择“调试”命令即可。附图 8 所示就是一个“调试”工具栏。附表 1 简要描述了每个工具的用途。

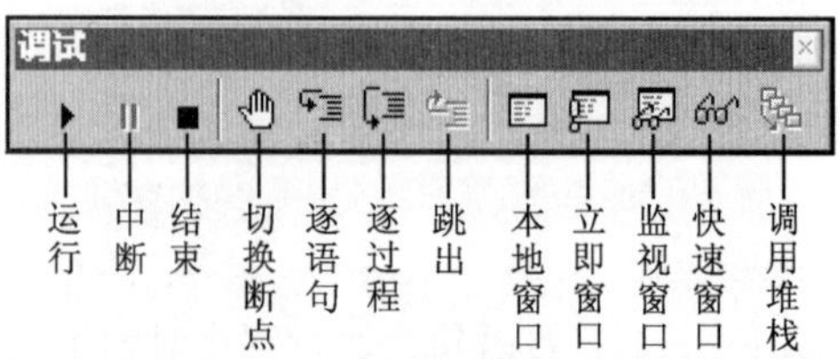

附图 8 “调试”工具栏

附表 1 调试工具及其用途

调试工具	调试工具用途
运行	从设计模式切换到运行模式或从中断模式切换到运行模式
中断	从运行模式切换到中断模式
结束	从中断模式或运行模式切换到设计模式
切换断点	程序会连续运行到光标所在行后转入中断模式，暂停应用程序的执行
逐语句	程序逐条语句执行，每执行一条语句后转入中断模式
逐过程	程序将整个函数或过程作为一条语句来执行
跳出	程序将连续执行完该过程的其余部分，返回调用过程的下一条语句并转入中断模式
本地窗口	显示当前过程中变量的值
立即窗口	当应用程序处于中断模式时，允许运行代码或查询变量值
监视窗口	显示选定表达式的值
快速窗口	当应用程序处于中断模式时，列出表达式的当前值
调用堆栈	在中断模式中，显示一个对话框，其中列出所有被调用且未完成运行的过程

（三）调试方法

1. 使用断点

为了排除程序中的错误，往往需要程序执行到某条语句时暂停下来，以便查看程序的运行状态、变量的取值、属性的内容、当前执行的过程，甚至修改程序代码。让程序暂停下来的一种简单方法就是设置断点。

断点是一行加有标记的语句，程序执行到该行时会暂停下来（断点语句并未被执行），这时可进行各种调试工作。在程序调试过程中，不仅需要设置断点，而且需要变换断点的位置，清除前面设置的断点。断点的设置既可以在设计时完成，也可以在中断模式下切换。

（1）设置断点

在代码窗口中将光标移动到欲设置断点的语句行，按【F9】键或单击语句行首的灰色标记区，也可以通过执行“调试”→“切换断点”命令完成断点的设置。如附图 9 所示，此时在标记区会出现一个大圆点，语句行变成了其他颜色。注意，根据需要，在程序中可以设置多个断点。

当程序执行到断点语句时，会暂停执行。用户可以在“立即”窗口中输入命令查看当前变量、属性的值。如附图 10 所示，在“立即”窗口中输入 print i,a,b 命令可以显示出当前 3 个变量的取值情况。如果需要程序继续执行下去可按【F5】键或单击工具栏中的按钮。

（2）取消断点

取消断点最简单的方法是，单击语句行首的灰色标记区中的断点标记，也可以将光标移动到断点所在的行后，执行“调试”→“切换断点”命令或按【F9】键，就可以将该断点清除掉。如果希望清除程序中设置的所有断点，可以【Ctrl+Shift+F9】键或执行“调试”→“清除所有断点”命令。

附图 9　设置断点

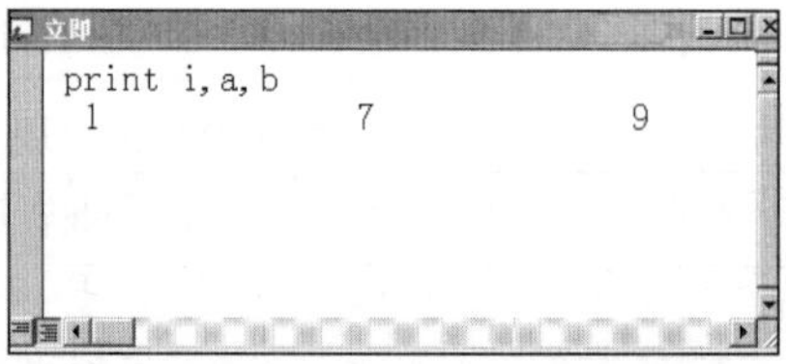

附图 10　查看当前变量运行情况

2. 跟踪执行轨迹

当已经知道某行语句存在问题时，使用断点查找错误是一个有效的方法，但通常程序出错的具体位置并不容易确定，只能够猜测到在某个范围内可能存在问题，这需要在此范围内跟踪程序的执行结果，逐条地单步执行语句，这种方式称为“跟踪”。

Visual Basic 提供了 4 种跟踪方式：逐语句、逐过程、跳出和运行到光标处。但需要注意的是，这 4 种方式都只能在中断模式下使用。

（1）逐语句

逐语句执行又称为单步执行，一次执行一条语句（不包括说明性语句和注释行），每执行完一条语句后就转入中断模式。这样可以逐条语句地跟踪检查变量或对象属性的值的变化，每执行一条语句，将鼠标指针放在某个变量的上面，就会显示出变量的值，如附图 11 所示。

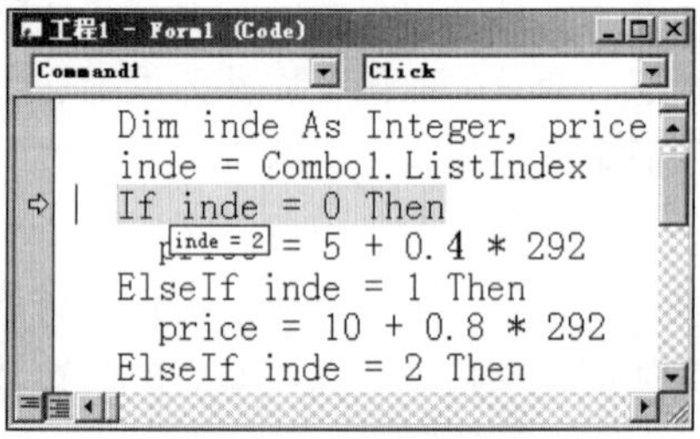

附图 11　逐语句调试

在逐语句调试下，用户可以使用“调试”工具栏或按【F8】键进入“逐语句”跟踪方式。继续逐语句执行。

（2）逐过程

在执行一般代码语句时，“逐过程”与“逐语句”相似，只有在当前的语句含有一个对过程的调用时，两者才会有差异。“逐语句”将进入被调用的过程，并在该过程中执行一个语句，与其不同的是，“逐过程”把被调用的过程视为一个基本单位来执行，然后转回到当前过程的下一语句。要使代码按这种方式执行，单击“调试”工具栏中的“逐过程”按钮。

在现实调试中，一般可以交替使用“逐语句”和“逐过程”。通过“逐过程”，可以跳过不想测试的过程代码，缩短调试时间；而通过“逐语句”，则可以详细测试可能出现错误的代码。用户可以使用“调试”工具栏或按【Shift+F8】组合键进入“逐过程”跟踪方式。

（3）跳出

跳出与前面两种方式很类似，它连续执行当前过程的剩余部分，并在调用过程的下一行中断执行。用户可以使用“调试”工具栏或按【Ctrl+Shift+F8】组合键进入“逐过程”跟踪方式。

（4）运行到光标处

如果比较肯定错误可能发生在某行代码中，这时就不需要单步调试执行，跳过对无关代码的跟踪，从光标处开始程序的分析。要采取“运行到光标处”调试方法，先将光标置于该行代码上，按【Ctrl+F8】组合键或执行“调试”→“运行到光标处”命令，程序就会执行到光标处后转入中断模式。

3. 使用调试窗口

Visual Basic 提供了 4 个调试窗口：“本地”窗口、“立即”窗口、“监视”窗口及“调用堆栈”窗口，用于在跟踪过程中监视变量、表达式的取值情况。用户可以利用“视图”菜单中的相应命令打开它们。

（1）“本地”窗口

“本地”窗口的功能是在中断模式下，显示当前过程的所有变量和活动窗体的所有属性，并能改变它们的值。“本地”窗口可以显示当前过程中所有变量的值。注意，“本地”窗口只能显示本过程，一般都与“单步执行”配合使用。

要借助“本地”窗口来查看某过程所有变量和活动窗体的所有属性，必须先启动“单步调试”(如“逐过程”或“逐语句”)，然后选择“视图”→“本地窗口”命令，就可以打开“本地”窗口，如附图 12 所示。

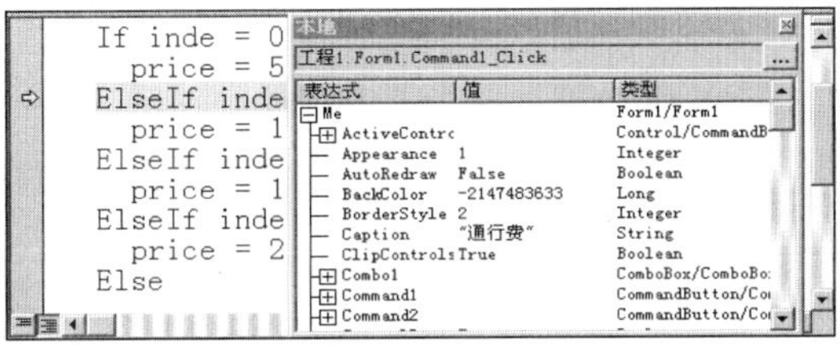

附图 12　“本地”窗口

在“本地”窗口中还可以更改变量与属性的取值，选中某些属性或变量，然后单击它们的取值，就可以更改其值了。不过更改属性的值只是在本次运行时有效，并不是真正改变了对象的属性设置。

（2）“立即”窗口

“立即”窗口的功能是帮助用户检查变量或属性的值，同时也可以通过它重新设置变量或属性的值。其优点是：不中断程序执行即可看到结果，以及不影响原有窗体外观。在程序进入中断模式后，一般会自动弹出“立即”窗口，如果界面上没有显示出“立即”窗口，可执行“视图”→“立即窗口”命令打开它。

Visual Basic 把“立即”窗口看作一个名称为 Debug 的对象，Print 是它的一个很重要的方法。在程序代码中添加如下语句：

```
Debug.Print  变量或属性
```

在程序中插入 Debug.Print 语句，能将变量或属性的值直接输出在“立即”窗口中，从而达到监视变量与属性值的目的。例如，在计算数组各元素的总和时，在代码中添加一条 Debug.Prints 语句，“立即”窗口中会显示出数组元素每次累加的结果，如附图 13 所示。

（3）“监视”窗口

调试应用程序时，一个计算可能未得到想要的结果，当某个变量或属性取特定的值或一个范围之内的值时，问题也可能会出现。许多调试问题不是由单条语句产生的，所以需要在整个过程中观察变量或表达式的情况。Visual Basic 提供的“监视”窗口可以完成这一任务。

“监视”窗口的功能是帮助用户自动对监视表达式所定义的表达式进行监视，当应用程序进入中断模式后，这些监视表达式会出现在“监视”窗口中，可在此处观察它们的值。

无论何时，只要表达式的值改变或等于一个特定的值，就可把应用程序设置为中断模式来直接观察表达式。例如，在循环计数器达到一个特定的值，可用一个监视表达式把应用程序设置为中断模式，而不是一次一条语句逐步执行数十行乃至数百次循环。在过程中，一个标志的值每次改变时，都可能会希望应用程序进入中断模式。

“监视”窗口用来监视表达式的值，在使用该窗口前，需要事先添加要监视的表达式。为“监视”窗口添加监视表达式的方法有两种。

方法一：使用“添加监视”窗口。具体操作步骤如下：

① 选择“调试”→“添加监视”命令，弹出“添加监视”窗口，在“表达式”文本框中输入要监视的表达式，例如，要监视变量 s 的值，效果如附图 14 所示。

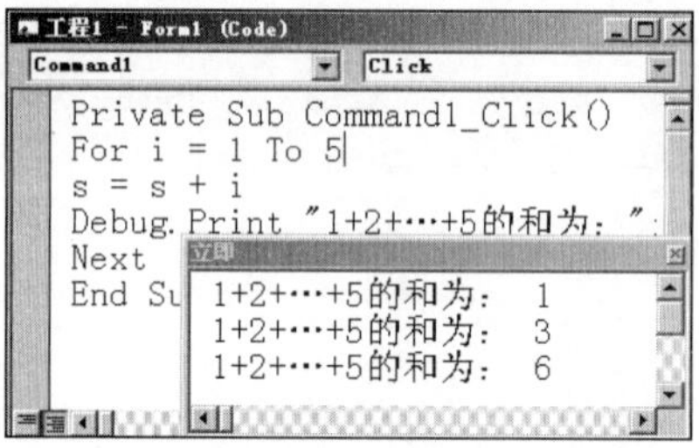

附图 13 “立即”窗口

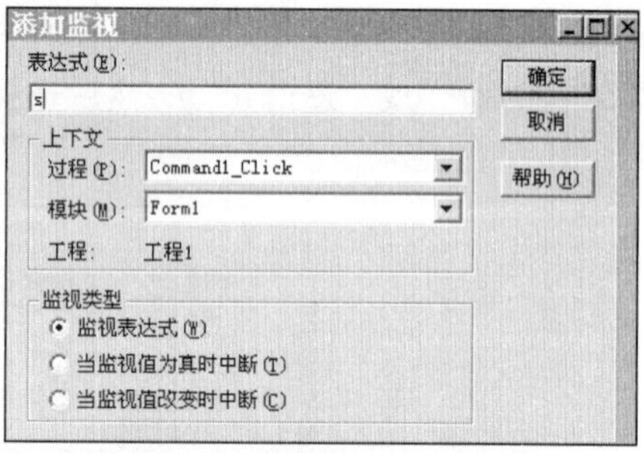

附图 14 “添加监视”窗口

② 在“上下文”选项组中选择被监视的表达式所在的过程和模块。

③ 在“监视类型”选项组中选择一种表达式的监视类型，如果选中“监视表达式”单选按钮，则“监视”窗口显示表达式的值。如果选中“当监视值为真时中断”单选按钮，则在程序运行中，当表达式的值为真（不为 0）时程序就进入中断模式。如果选中“当监视值改变时中断”单选按钮，则在程序运行中，一旦表达式的值改变，程序就进入中断模式。

④ 设置各项值。单击“确定”按钮即可为程序添加一个监视表达式，效果如附图 15 所示。重复上述操作，可添加多个监视表达式。

方法二：使用“快速监视”窗口。具体操作步骤如下：

① 在代码窗口中选定要监视的表达式。

② 选择“调试”→“快速监视”命令，或单击“调试”工具栏中的“快速监视”按钮，打开“快速监视”窗口，效果如附图 16 所示。

③ 单击“添加”按钮即可将所选的表达式设置为监视表达式。

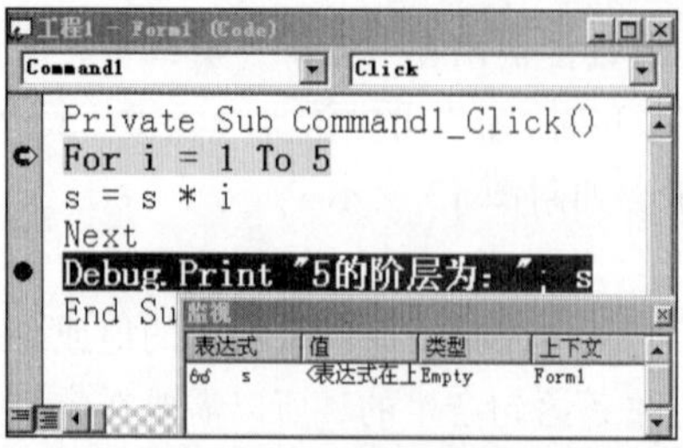

附图 15 “监视”窗口

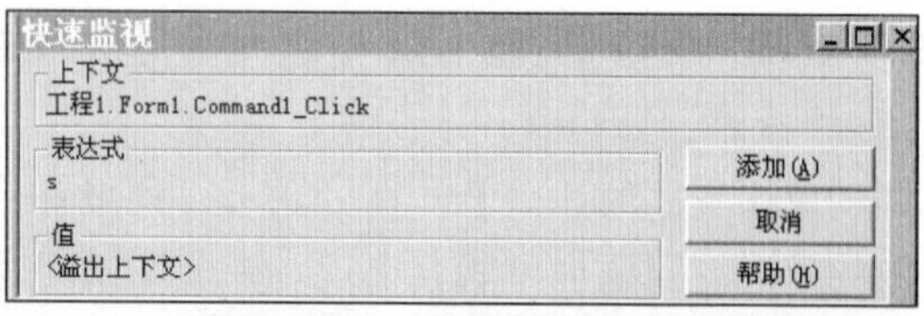

附图 16 “快速监视”窗口

（4）“调用堆栈”窗口

通过这个窗口可以显示正在执行的过程、程序和方法程序。第一个程序运行时，该程序名列在“调用堆栈”窗口中，如果调用了第一个程序中的子程序或子过程，同时又在执行第二个程序，则两个程序的名字均显示在“调用堆栈”窗口中。

三、软件测试

作为软件开发的重要环节，软件测试越来越受到人们的重视。随着软件开发规模的增大、复杂程度的增加，以寻找软件中的错误为目的的软件测试工作就显得更加困难。因此，为了尽可能多地找出程序中的错误，生产出高质量的软件产品，加强对测试工作的组织和管理就显得尤为重要。

软件测试是为了发现错误而执行程序的过程。测试时要根据软件开发各个阶段的规格说明和程序的内部结构而精心设计的一批有代表性的测试用例，并利用这些测试用例运行程序，以发现错误的过程。

软件测试分单元测试、集成测试、验收测试几个阶段，其中单元测试在编码完成之后由编程人员自己完成，集成测试和验收测试由专门的测试人员在用户和相关的管理部门人员参与下共同完成。验收测试对象为整个软件，包括全部文档。

软件测试的方法与技术大致可以分为静态测试与动态测试两种。静态测试又称人工测试，是人工代码复审或人工模拟计算机执行程序的过程。动态测试又称机器测试，是用事先设计好的测试数据在计算机上执行被测程序的过程。

动态测试常用方法有黑盒测试与白盒测试。黑盒测试又称功能测试，它是在测试人员已经知道了软件的功能设计规格的前提下，通过测试检验软件是否具有规格说明书规定的每一个功能，且每一个功能都能正常使用。黑盒测试一般在程序的接口进行，测试人员并不关心程序的内部逻辑结构和特性，对于测试人员来说，程序只是一个黑盒子。显然，为了证明程序的正确性，最好能对所有可能输入数据的所有可能排列组合都进行测试。

白盒测试又称结构测试，它是在测试人员已经知道了程序内部特性的前提下，通过测试检查程序中的每条路径是否都按预定要求正常工作。这种方法是把测试对象看作一个透明的盒子，测试人员可以根据程序的内部逻辑结构和数据结构等有关信息，设计或选择测试用例，使程序的所有独立的逻辑路径至少执行一次。

任何软件开发项目都要受到期限、费用、人力和机时等条件的限制，尽管为了充分暴露程序中所有隐藏错误，需要针对所有可能的数据进行测试，但事实证明这样做是不可能的。因此，必须要从数据极大的可用测试用例中精心地选择少量的测试数据，使采用这些测试数据能够达到最佳测试效果，能够把软件的隐藏错误暴露出来。

参 考 文 献

[1] 曹风华. Visual Basic 程序设计+Access 2007 数据库应用系统开发案例教程[M]. 北京：清华大学出版社，2012.

[2] 范荣强. Visual Basic 程序设计基础教程[M]. 北京：高等教育出版社，2011.

[3] 龚运新. Visual Basic 在自动控制中的编程技术[M]. 北京：清华大学出版社，2008.

[4] 刘白林. Visual Basic 数据库程序设计实用教程[M]. 西安：西安交通大学出版社，2009.

[5] 刘立群. Visual Basic 程序设计与应用[M]. 北京：机械工业出版社，2010.

[6] 柳青. Visual Basic 程序设计[M]. 北京：水利水电出版社，2011.

[7] 马鹏烜. Visual Basic 与 Access 应用[M]. 北京：清华大学出版社，2010.

[8] 谭浩强. Visual Basic 程序设计[M]. 北京：清华大学出版社，2004.

[9] 王贺明. Visual Basic 程序设计教程[M]. 北京：高等教育出版社，2009.

[10] 杨忠宝，康顺哲. VB 语言程序设计教程[M]. 北京：人民邮电出版社，2010.